Entwicklung des selektiven Laserstrahlschmelzens für Al-Ni-Legierungen

Development of Laser Powder Bed Fusion for Al-Ni-Alloys

Von der Fakultät für Maschinenwesen
der Rheinisch-Westfälischen Technischen Hochschule Aachen
zur Erlangung des akademischen Grades eines
Doktors der Ingenieurwissenschaften
genehmigte Dissertation

vorgelegt von

Georg Rödler

Berichter:

Univ.-Prof. Dr.-Ing. Johannes Henrich Schleifenbaum
Univ.-Prof. Dr. rer. nat. Peter Gumbsch

Tag der mündlichen Prüfung: 15. September 2022

ERGEBNISSE AUS DER LASERTECHNIK

Georg Rödler

Entwicklung des selektiven Laserstrahlschmelzens für Al-Ni-Legierungen

Bibliografische Information der Deutschen Nationalbibliothek
Die Deutsche Nationalbibliothek verzeichnet diese Publikation in der Deutschen Nationalbibliografie; detaillierte bibliografische Daten sind im Internet über https://portal.dnb.de abrufbar.

Georg Rödler:

Entwicklung des selektiven Laserstrahlschmelzens für Al-Ni-Legierungen

1. Auflage, 2022

Gedruckt auf holz- und säurefreiem Papier, 100% chlorfrei gebleicht.

Apprimus Verlag, Aachen, 2022
Wissenschaftsverlag des Instituts für Industriekommunikation und Fachmedien an der RWTH Aachen
Steinbachstr. 25, 52074 Aachen
Internet: www.apprimus-verlag.de, E-Mail: info@apprimus-verlag.de

Druck: CPI Druckdienstleistungen GmbH, Ferdinand-Jühlke-Straße 7 | 99095 Erfurt

ISBN 978-3-98555-118-7

D 82 (Diss. RWTH Aachen University, 2022)

Danksagung

Die vorliegende Arbeit entstand neben meiner Tätigkeit als wissenschaftlicher Mitarbeiter am Fraunhofer-Institut für Lasertechnik (ILT). Die vorgestellten Ergebnisse entstanden zu Teilen im Rahmen des Vorhabens HAlUr, welches aus dem Forschungsprogramm der strategischen Marktvorlaufforschung (MAVO) der Fraunhofer-Gesellschaft gefördert wurde. An dieser Stelle möchte ich allen Personen danken, die direkt oder indirekt zum Gelingen dieser Arbeit beigetragen haben.

Ich danke Herrn Prof. Dr.-Ing. Johannes Henrich Schleifenbaum für die Überlassung des Themas und die Betreuung der Arbeit. Herr Prof. Dr. rer. nat. Peter Gumbsch danke ich für die Übernahme des Koreferats sowie die kritische Durchsicht der Arbeit. Herrn Prof. Dr.-Ing. Thomas Bergs danke ich für die Übernahme des Prüfungsvorsitzes.

Darüber hinaus gilt mein Dank Dr.-Ing. Lucas Jauer für seine Präzision und Sorgfältigkeit in der Durchsicht dieser Arbeit, als auch seine fortwährende Diskussionsbereitschaft und Zuverlässigkeit. Herrn Dr.-Ing. Andreas Weisheit danke ich für die gewährten Freiräume und Anregungen.

Weiterhin möchte ich in besonders Dr-Ing. Johannes Preußner und Sabine Oeser vom Fraunhofer-Institut für Werkstoffmechanik (IWM) für die jahrelange exzellente Zusammenarbeit sowie Analyse- und Diskussionsbereitschaft in freundschaftlicher Atmosphäre danken. Ohne die fortwährenden konstruktiven inhaltlichen Diskussionen wäre die vorliegende Dissertation in dieser Qualität undenkbar gewesen.

Ein weiterer Dank geht an die Kollegen am ILT für die gegenseitige Unterstützung sowie die fachlichen Diskussionen, die für ein sehr gutes Arbeitsklima gesorgt haben. Besonders danke ich Talu Ünal-Saewe und Jasmin Saewe für den Ansporn sowie den freundschaftlichen und intensiven Austausch. Darüber hinaus möchte ich meinen Studenten danken, ohne deren unermüdlichen Einsatz die Erstellung dieser Dissertation nicht möglich gewesen wäre. Dieser Dank gilt Lars Möller, Felix Radtke, Maximilian Sonntag, Oleg Enns, Tobias Casaretto und Marcus Elster.

Von Herzen danke ich meinen Eltern für die immerwährende Unterstützung. Schließlich danke ich in besonderem Maße meiner Frau Jana für die bedingungslose Unterstützung und Geduld. Nur durch das unglaubliche Verständnis, als auch die kontinuierliche Stärkung und Schaffung von Freiräumen ist diese Arbeit erst ermöglicht worden.

Für meine Kinder
Johanna Vera und Juri Hermann Rödler

Kurzzusammenfassung

In Zeiten des Klimawandels ist die Emissionsreduktion ein zentraler Aspekt des gesellschaftlichen und politischen Bewusstseins und somit der Entwicklungstätigkeiten der Mobilitätsindustrie geworden. Aluminium kommt als einem der wichtigsten Leichtbauwerkstoffe hierbei eine besondere Rolle zu. Eine Erhöhung der Funktionseigenschaften aktueller Aluminiumlegierungen kann in diesem Kontext zur Realisierung von Gewichts- und daraus resultierend Emissionseinsparungen führen. Die Gewichtseinsparungen werden hierbei über eine dünnere Auslegung von Bauteilen sowie eine Substitution von Eisenbasiskomponenten ermöglicht. In der additiven Fertigung ist die Verarbeitung von hochfesten Aluminiumlegierungen aufgrund der ausgeprägten Heißrissneigung als herausfordernd zu beschreiben. Demnach kann eine „defektfreie" Verarbeitung aktuell nur unter Einsatz nanopartikulärer Zusätze oder Seltener Erden erfolgen. Al-Ni-Legierungen basierend auf dem α-Al + Al_3Ni-Eutektikum werden aufgrund der dokumentierten Resistenz vor Heißrissbildung sowie der mechanischen Eigenschaften als vielversprechende Kandidaten zur Verarbeitung mittels additiver Fertigungsmethoden identifiziert.

Im Rahmen dieser Arbeit erfolgt erstmalig eine umfassende Charakterisierung der mikrostrukturellen und mechanischen Eigenschaften für Al-Ni-Legierungen im additiv gefertigten Zustand sowie die Untersuchung der Auswirkungen ausgewählter Legierungszusätze. Dies umfasst Untersuchungen der Legierungen AlNi7,5, AlNi7,5Cu0,5, AlNi7,5Cu2,0, AlNi7,5Zr0,5 und AlNi7,5Mg1,0Si0,5 (Zahlen entsprechen Gew. %). Über die Erreichung definierter mechanischer Kennwerte (Zugfestigkeit bei Raumtemperatur/250 °C: 500 MPa/150 MPa) wird eine Etablierung dieser Werkstoffklasse für weiterführende Untersuchungen sowie den Einsatz in belasteten Strukturkomponenten angestrebt.

Im Rahmen von Parameterstudien mittels selektivem Laserstrahlschmelzen wird die additive Verarbeitbarkeit (Rissfreiheit, Bauteildichte ≥ 99,9 %) von Al-Ni-Legierungen bestätigt. Weiterhin können die eutektischen Phasen α-Aluminium und Al_3Ni ermittelt werden. Die Einformung der in einer α-Aluminiummatrix eingebetteten Al_3Ni-Phase erfolgt in zellularer Struktur. Insgesamt können über die betrachteten Legierungen und Zustände Festigkeitseigenschaften bei Raumtemperatur auf einem für Al-Legierungen vergleichsweise hohen Niveau ermittelt werden. Diese weisen Maximalwerte der Zugfestigkeit von 556 MPa auf. Dies trifft auch für Untersuchungen bei erhöhter Temperatur zu. Besonders ist hierbei die thermisch stabilisierende Zugabe von 0,5 Gew. % Zr hervorzuheben, durch welche bei einer Prüftemperatur von 250 °C eine Zugfestigkeit von 214 MPa realisiert werden kann. Bei Prüftemperaturen > 150 °C wird an den untersuchten Legierungen eine Abnahme der Bruchdehnung in Folge einer Versprödung der Korngrenzen dokumentiert. Die Ausnahme stellt hierbei die Legierung AlNi7,5Mg1,0Si0,5 dar. Im Rahmen der Untersuchung dieser Legierung kann eine Plastifizierung des Schädigungsverhaltens bei erhöhten Temperaturen dokumentiert werden. Über die Herstellung von komplexen Bauteilgeometrien wird abschließend das Leichtbaupotenzial von Al-Ni-Legierungen für die additive Fertigung demonstriert.

Abstract

In times of climate change, reducing emissions is a key aspect of the research done in the transportation industry. As one of the most important lightweight materials, aluminium occupies a crucial role in this regard. By increasing the functional properties of current aluminium alloys, manufacturers could, therefore, decrease the component weight, thereby reducing emissions. The weight can be lowered by either utilizing a more lightweight design or alternatively substituting iron-based components for the aluminium ones. It is challenging to process high-strength aluminium alloys with additive manufacturing because they are prone to hot-cracking. "Defect-free" manufacturing can, therefore, only be accomplished by using complex additions such as nano particles or rare earth elements. Due to their documented resistance against hot-cracking as well as their mechanical properties, Al-Ni-alloys based on the α-Al + Al_3Ni eutectic system are promising candidates for investigation with additive manufacturing.

Within this thesis a comprehensive characterization of the microstructural and mechanical properties of Al-Ni-alloys in the additive manufactured state is being conducted for the first time. Also, the effect of selected strengthening agents on additively manufactured components is being investigated. The following alloys are taken into consideration in the scope of the thesis: AlNi7.5, AlNi7.5Cu0.5, AlNi7.5Cu2.0, AlNi7.5Zr0.5 and AlNi7.5Mg1.0Si0.5 (values refer to Wt. %). By achieving certain thresholds of the mechanical properties (ultimate tensile strength at room temperature/250 °C: 500 MPa/150 MPa), these experiments shall lay the foundation for future research as well as for the application of Al-Ni alloys as structural components.

Within parameter studies conducted with laser powder bed fusion, it can be confirmed that Al-Ni-alloys can be processed (crack-free; part density ≥ 99.9 %) with additive manufacturing. The eutectic phases α-aluminium and Al_3Ni can be detected. The solidification structure within the melt tracks is characterized by a cellular Al_3Ni structure embedded within an α-aluminiummatrix. Throughout all alloys and states considered in this thesis, the tensile properties determined demonstrate a comparably high strength with a maximum value of 556 MPa. This finding also applies for investigations conducted at elevated temperatures. In particular, the addition of 0.5 Wt. % Zr can thermally stabilize the alloy and leads to the determination of an ultimate tensile strength of 214 MPa at 250 °C. Among the alloys investigated, the elongation at failure was reduced when the testing temperature is increased above 150 °C because of an embrittlement of the grain boundaries. An exception in this regard is the alloy AlNi7,5Mg1,0Si0,5. When Mg and Si are added, comparably ductile failure behaviour can be achieved at elevated temperatures. Furthermore, the lightweight potential of additively manufactured Al-Ni-alloys is being demonstrated by the fabrication of complex part geometries.

Inhalt

1 Einleitung

Aufgrund der voranschreitenden globalen Erderwärmung ist die Emissionsreduktion in den vergangenen Jahren ein zentraler Aspekt des gesellschaftlichen und politischen Bewusstseins geworden. Zur Erreichung klimapolitischer Ziele ist die Mobilitätsindustrie daher auf der Suche nach Möglichkeiten, eine leichtere Auslegung von Bauteilen bei Konstanz der Funktionseigenschaften zu erreichen, da hierdurch der anfallende Kraftstoffverbrauch sowie folglich die Emission von Treibhausgasen reduziert werden kann [1]. Der Einsatz von Aluminiumlegierungen als Leichtbauwerkstoff ist insbesondere in der Automobil- und Luftfahrtindustrie etabliert. Nach Angaben des Gesamtverbandes der Aluminiumindustrie erfolgt jährlich rund die Hälfte des Aluminiumeinsatzes innerhalb Deutschlands im Mobilitätssektor [2]. Der relative Anteil an Aluminiumlegierungen von 81 Gewichtsprozent (Gew. %) einer Boeing 747 steht beispielhaft für die Relevanz von Aluminium (Al) im Mobilitätssektor [3, 4]. Eine Erhöhung der Funktionseigenschaften aktuell eingesetzter Aluminiumlegierungen sowohl im Raumtemperatur-, als auch Hochtemperaturbereich (~ 250 °C), kann in diesem Kontext zur Realisierung von Gewichtseinsparungen führen. Gewichtseinsparungen können hierbei über eine dünnere Auslegung von Bauteilen sowie eine Substitution bestehender Eisenbasiskomponenten ermöglicht werden.

Topologieoptimierungen sind ein etabliertes Mittel, um Gewichtseinsparungen an Bauteilen durch einen reduzierten Einsatz von Material zu realisieren. Das additive Fertigungsverfahren des selektiven Laserstrahlschmelzens (LPBF, engl. Laser Powder Bed Fusion) ist im Kontext der Topologieoptimierung von besonderer Relevanz. Durch den schichtweisen additiven Fertigungsprozess kann eine endkonturnahe Fertigung von komplexen geometrischen Formen erfolgen. Die additive Fertigung hochfester Aluminiumlegierungen (Zugfestigkeit ≈ 500 MPa) ist aufgrund der vergleichsweise ausgeprägten Erstarrungsintervalle und Heißrissneigung als herausfordernd zu beschreiben [5, 6]. Demnach kann eine defektfreie Verarbeitung (Rissfreiheit, Bauteildichte ≥ 99,9 %) aktuell nur unter Einsatz verfahrensaufwändiger Zusätze wie Nanopartikel oder Seltener Erden wie Scandium (01.2022: 4500 € / kg [7]) erfolgen. Eine kommerziell verfügbare Al-Basislegierung, welche defektfrei mittels additiver Fertigungsprozesse verarbeitbar ist und durch welche unter Verzicht des Einsatzes von Seltener Erden reliabel Zugfestigkeitswerte ≥ 500 MPa an Raumtemperatur bzw. 150 MPa an 250 °C realisiert werden können, existiert aktuell nicht.

Al-Ni-Legierungen nahe der eutektischen Zusammensetzung (6,1 Gew. % Ni) werden unter anderem aufgrund der dokumentierten Resistenz gegenüber Heißrissbildung sowie der mechanischen Eigenschaften als vielversprechende Kandidaten zur Verarbeitung mittels additiver Fertigungsmethoden identifiziert. Das Ziel dieser Arbeit ist daher die erstmalige Charakterisierung der additiven Verarbeitbarkeit für Al-Ni-Legierungen mittels LPBF sowie der resultierenden mikrostrukturellen und mechanischen Eigenschaften in unterschiedlichen Legierungszuständen. Die weiterführende Motivation zur Auswahl und Untersuchung von Al-Ni-Legierungen mittels LPBF sowie die daraus resultierende spezifische Zielsetzung und Vorgehensweise dieser Arbeit ist abgeleitet aus dem Stand der Technik in Kapitel 3 dargestellt.

2 Grundlagen und Stand der Technik

Im folgenden Kapitel werden die theoretischen Grundlagen sowie der Stand der Technik für die im Rahmen dieser Arbeit relevanten Themengebiete erarbeitet. Dies umfasst einen Einblick in den Fertigungsprozess des selektiven Laserstrahlschmelzens, Eutektika, Aluminiumlegierungen, sowie eutektische Aluminium-Nickel-Legierungen.

2.1 Selektives Laserstrahlschmelzen

LPBF ist ein additives Fertigungsverfahren, welches auf der schichtweisen, selektiven Verschmelzung eines metallischen Pulverwerkstoffs mittels Laserstrahlung beruht. Im Folgenden erfolgt eine schematische Betrachtung der Prozesskette des LPBF, der im Rahmen dieser Arbeit relevanten Kenngrößen sowie der prozessinhärenten Erstarrungsbedingungen. Eine detailliertere Beschreibung des Prozesses sowie der charakteristischen Eigenschaften und auftretenden Wechselwirkungen ist [8, 9] zu entnehmen. Die Prozesskette des LPBF ist schematisch in Bild 1 dargestellt.

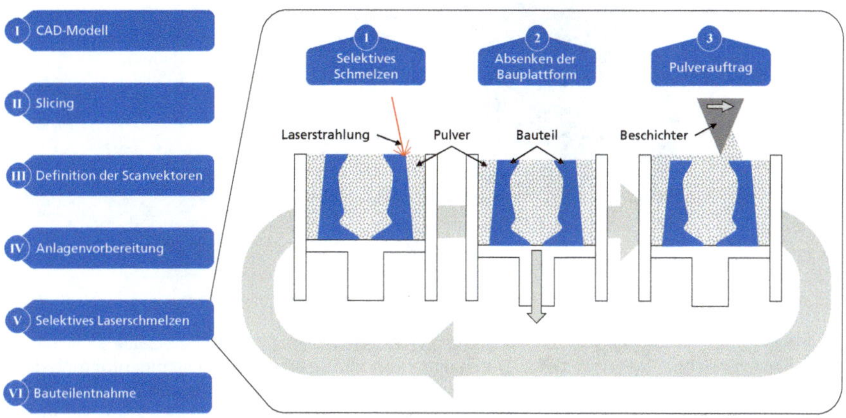

Bild 1 Prozesskette und Schema des Fertigungsprozesses des LPBF

Ausgehend von einem CAD-Modell erfolgt im Verfahrensschritt des Slicings die Zerlegung der aufzubauenden Geometrie in Schichten definierter Dicke D_S (~ 30-60 µm [9]). Jede Schicht korrespondiert hierbei mit einer selektiv zu verschmelzenden Lage des Pulverbettes. In Abhängigkeit der Prozessstrategie und Bauteilgeometrie erfolgt die Definition individueller Scanvektoren für jede zu verarbeitende Schicht. Die Scanvektoren entsprechen hierbei der Bahn der Laserstrahlung auf dem Pulverbett. Im Rahmen der Anlagenvorbereitung erfolgt die Befüllung der Prozesskammer mit sphärischem Metallpulver (~ 10-45 µm) sowie die Flutung der Prozesskammer mit Inertgas (z.B. Argon), um eine globale Schutzgasatmosphäre einzustellen. Der sequenzielle Fertigungsprozess durchläuft für den Aufbau jeder Lage die Prozessschritte des selektiven Schmelzens der Pulverschicht, dem

Absenken der Bauplattform um die definierte Schichtdicke D_S, sowie dem Pulverauftrag der nächsten Schicht. Die Interaktion von Laserstrahlung mit emittierten Rauchgasen und Partikeln wird durch einen in der Prozesskammer verlaufenden Schutzgasstrom vermindert. Die Bewegung der kollimierten Laserstrahlung auf dem Pulverbett wird durch Spiegelsysteme in Galvanometer-Scannern gewährleistet. Die Scangeschwindigkeit v_S wird hierbei maßgeblich durch die Trägheit der Scanner limitiert. Nach Durchlauf der Sequenz für jede definierte Schicht kann die Prozesskammer geöffnet und das Bauteil entnommen werden. Nicht umgeschmolzenes Pulver kann nach erfolgter Reinigung (z.B. Sieben) erneut im LPBF-Prozess eingesetzt werden.

Die mikrostrukturellen und mechanischen Eigenschaften eines mittels LPBF gefertigten Bauteils werden durch die eingesetzten Prozessparameter beeinflusst. Die maßgeblichen Prozessparameter im Rahmen dieser Arbeit umfassen die Laserleistung P_L, die Scangeschwindigkeit v_S, die Schichtdicke D_S, den Spurabstand Δy_S sowie den Strahldurchmesser in der Fokusebene d_S (Bild 2).

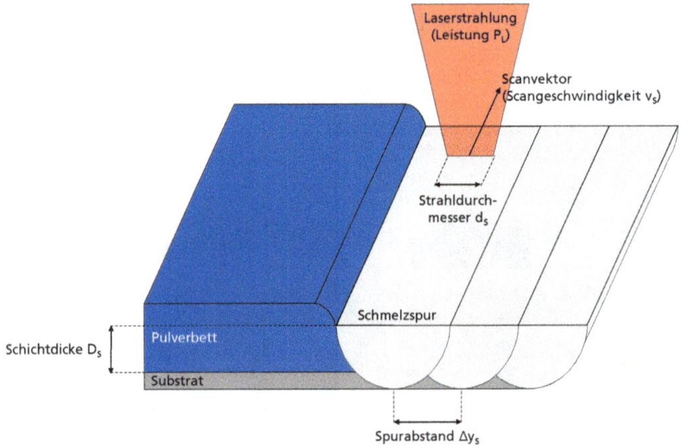

Bild 2 Schematische Darstellung der maßgeblichen LPBF-Prozessparameter samt in dieser Arbeit verwendeter Abkürzungen nach [10]

Eine systemische Kenngröße zum Vergleich verschiedener Prozessparametersätze stellt die Volumenenergiedichte E_V (Formel 1) dar. Durch diese Kenngröße erfolgt die Zusammenführung der Prozessgrößen der Laserleistung P_L [W], Scangeschwindigkeit v_S [mm/s], Schichtdicke D_S [mm] und des Spurabstandes Δy_S [mm] [8]. Die Prozessgrößen des Laserstrahldurchmessers sowie der Intensität des LPBF-Prozesses werden durch die Volumenenergiedichte nicht abgebildet.

Formel 1

$$E_V = \frac{P_L}{v_S \cdot \Delta y_S \cdot D_S} \; [J\ mm^{-3}]$$

Die Erstarrungsbedingungen des LPBF sind eine Folge der Prozessparameter, -strategie sowie des eingesetzten Pulverwerkstoffs. Ein charakteristisches Merkmal des LPBF ist im Vergleich zu konventionellen Fertigungsverfahren (z.B. Gießprozess) die Größenordnung der prozessinhärenten Kenngrößen der Erstarrung. Die Kenngrößen der Erstarrung umfassen die Erstarrungsgeschwindigkeit v_{EG} [m/s], den Temperaturgradienten G [K/m] sowie die Abkühlrate $\dot{T}$ [K/s]. Charakteristische Abkühlraten des LPBF betragen demnach etwa $10^5 - 10^6$ K/s (konventionell: ~ 10^0 - 10^1 K/s) [11–14]. Ursächlich für diese Differenz sind die verhältnismäßig hohe Dynamik des Fertigungsprozesses in Kombination mit der Größenordnung gängig realisierter Laserleistungen und Strahldurchmesser (d_S ~50-200 µm). Die Kenngrößen der Erstarrung haben einen maßgeblichen Einfluss auf das resultierende Gefüge (z.B. Morphologie, Größe und Verteilung der vorhandenen Phasen) sowie die mechanischen Eigenschaften aufgebauter Bauteile. Die Konsequenzen unterschiedlicher Größenordnungen der Kenngrößen der Erstarrung auf die Mikrostruktur werden am Beispiel von Eutektika in Kapitel 2.2.3 und 2.2.4 thematisiert. In Folge der Erstarrungsbedingungen weisen mittels LPBF gefertigte Bauteile im Vergleich zu Bauteilen im gegossenen Zustand Festigkeitseigenschaften auf einem vergleichsweise höheren Niveau auf [15]. Diese Erhöhung kann maßgeblich auf die Verkleinerung des mittleren Korndurchmessers (siehe Hall-Petch-Effekt 2.3.1) sowie die Induzierung von Eigenspannungen als Konsequenz der verkürzten Dauer der Erstarrung zurückgeführt werden [15].

Bedingt durch die verhältnismäßig hohe Dynamik des LPBF-Prozesses können die Kenngrößen der Erstarrung über den Verlauf gefertigter Schmelzspuren nicht als konstant angenommen werden. Die Verläufe der Kenngrößen der Erstarrung entlang der Erstarrungsfront einer Schmelzspur sind schematisch in Bild 3 dargestellt.

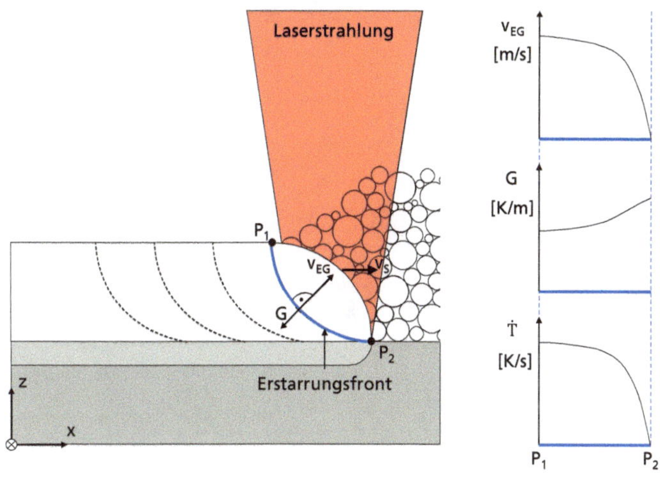

Bild 3 Schematische Übersicht über die Erstarrungsbedingungen einer mittels LPBF gefertigten Schmelzspur nach [16–18]

Die Erstarrungsgeschwindigkeit v_{EG} kann demnach als abhängig von der Scangeschwindigkeit v_S beschrieben werden. Das lokale Minimum der Erstarrungsgeschwindigkeit kann an der Unterseite einer Schmelzspur identifiziert werden (Punkt P_2). Eine Abweichung von diesem Punkt entlang der Erstarrungsfront in Richtung P_1 bedingt eine vergleichsweise rasche Vergrößerung der Erstarrungsgeschwindigkeit. Mit zunehmender Nähe zur Oberfläche der Schmelzspur approximiert der Wert der Erstarrungsgeschwindigkeit an die Scangeschwindigkeit v_S, welche dem Maximalwert der Erstarrungsgeschwindigkeit entspricht [19, 20]. Der Verlauf der Abkühlrate $\dot{T}$ entlang der Erstarrungsfront erfolgt gleichartig zum Verlauf der Erstarrungsgeschwindigkeit. Konträr zur Erstarrungsgeschwindigkeit und Abkühlrate erfolgt eine Vergrößerung des Temperaturgradienten G entlang der Erstarrungsfront in Richtung der Unterseite (Punkt P_2). Ursächlich für diesen Verlauf ist die vergleichsweise geringere Temperatur des Substratmaterials bzw. der darunter befindlichen Schichten. Die beschriebenen Kenngrößen der Erstarrung können über den in Formel 2 dargestellten Zusammenhang in Abhängigkeit gebracht werden. Demnach kann die Abkühlrate $\dot{T}$ als Produkt des Temperaturgradienten G und der Erstarrungsgeschwindigkeit v_{EG} dargestellt werden. [16, 17, 21]

Formel 2

$$\dot{T} = \vec{\nabla} T \cdot v_{EG} = G \cdot v_{EG}$$

Potenzielle Auswirkungen unterschiedlicher Erstarrungsbedingungen über den Verlauf von Schmelzspuren umfassen unter anderem lokale Änderungen der Erstarrungsmorphologie. Eine schematische Darstellung der resultierenden Erstarrungsmorphologien in Abhängigkeit der Kenngrößen der Erstarrung ist in Bild 4 dargestellt [22, 23].

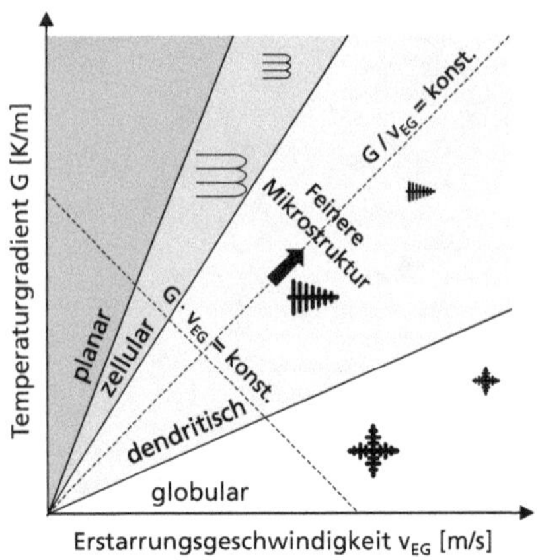

Bild 4 Schematische Darstellung resultierender Erstarrungsmorphologien in Abhängigkeit der Kenngrößen der Erstarrung nach [22, 23]

Änderungen der Erstarrungsmorphologie werden demnach über den Quotienten aus Temperaturgradient und Erstarrungsgeschwindigkeit (G/v_{EG}) bestimmt. Durch die in Bild 3 dargestellten Kenngrößen der Erstarrung über den Verlauf von Schmelzspuren werden Änderungen der Erstarrungsmorphologie im LPBF-Prozess maßgeblich auf lokale Änderungen der Erstarrungsgeschwindigkeit zurückgeführt. Von Punkt P_2 zu P_1 ist somit theoretisch ein Übergang einer planaren Erstarrungsmorphologie bis zur Ausprägung einer äquiaxialen Erstarrungsmorphologie denkbar. Neben potenziellen Änderungen der Erstarrungsmorphologie wird mit einer Erhöhung der Abkühlrate (Formel 2) eine Verkleinerung der Strukturgrößen dokumentiert.

2.2 Eutektika

Eutektika sind Phasengleichgewichte von Mehrstoffsystemen in einem Zustand definierter chemischer Zusammensetzung. Die Erstarrungstemperatur am Punkt der eutektischen Konzentration wird auch als eutektischer Punkt bezeichnet. Nach der Gibbsschen Phasenregel ist der Freiheitsgrad im Zustand des eutektischen Punktes gleich null. Durch die resultierende Äquivalenz von Solidus- und Liquidustemperatur im eutektischen Punkt weist dieser theoretisch kein Schmelz- bzw. Erstarrungsintervall auf. Eine Reduzierung der Temperatur unterhalb des eutektischen Punktes führt somit zur simultanen, vollständigen Erstarrung aller in der Schmelze befindlichen Phasenbestandteile. Eine Konsequenz der Erstarrung mit minimalem Erstarrungsintervall ist die Ausprägung einer vergleichsweise feinen Mikrostruktur. [24, 25]

Charakteristisch für Eutektika sind die korrespondierende Erstarrungsreaktion, Erstarrungsmorphologie sowie die resultierenden Mischeigenschaften beteiligter Phasen [26, 27]. Aufgrund der damit verbundenen Variabilität und Vielfältigkeit kommen Eutektika eine zunehmende Aufmerksamkeit in der aktuellen Werkstoffforschung zu [28]. Eutektika mit industrieller Relevanz sind etwa das Fe-C- oder das Al-Si-Eutektikum. Als Matrixphasen einer Vielzahl an Stahl- beziehungsweise Aluminiumlegierungen wird durch die Existenz dieser Eutektika die aktuelle Legierungsentwicklung maßgeblich geprägt [27]. Aufgrund des einzigartigen Erstarrungsverhaltens sowie der Abhängigkeit zu den beteiligten Phasen stellen Eutektika ein sehr variables und komplexes Thema der Werkstoffwissenschaft dar. Im Folgenden wird daher lediglich ein vereinfachter Überblick über die für diese Arbeit relevanten Teilbereiche gegeben. Eine umfangreichere und detailliertere Darstellung ist [27] zu entnehmen.

2.2.1 Arten an Eutektika

Für die Klassifikation von Eutektika werden in der Literatur verschiedene Vorgehensweisen vorgeschlagen. Die am weitesten verbreitete Klassifikation beruht auf den Arbeiten von Jackson und Hunt im Jahre 1966 [29]. Nach Jackson und Hunt erfolgt die Kategorisierung anhand des Quotienten aus Schmelzentropie ΔS_f und Gaskonstante R für jede beteiligte Phase. Die Erstarrung von Phasen mit geringen Schmelzentropien ($\sim\Delta S_f/R < 2$) erfolgt demnach mit einer „nicht-facettierten" Grenzfläche, während die Erstarrung von Phasen mit einer hohen Schmelzentropie ($\sim\Delta S_f/R > 2$) „facettierte" Grenzflächen bedingt. Binäre Eutektika werden nach dieser Klassifikation in drei Kategorien unterteilt:

- Nicht-facettierte / nicht-facettierte Eutektika (nf/nf)
- Nicht-facettierte / facettierte Eutektika (nf/f)
- Facettierte / facettierte Eutektika (f/f)

Sowohl nf/nf- als auch nf/f-Eutektika finden kommerziell Anwendung. Das Wachstum der Phasen von f/f-Eutektika erfolgt im Unterschied zu den anderen Kategorien nicht gekoppelt als Diffusionspaar, sondern separat. Aufgrund des unterschiedlichen Wachstumsmechanismus wird diesen Eutektika vergleichsweise wenig Aufmerksamkeit gewidmet [27]. Im Folgenden werden ausschließlich die Erstarrungsmechanismen und -morphologien der industriell etablierten nf/nf- und nf/f-Eutektika thematisiert.

2.2.2 Eutektische Erstarrung im thermodynamischen Gleichgewicht

Die Gibbs-Energie eines Systems ist eine Funktion des Drucks, der Temperatur und der chemischen Zusammensetzung. Als thermodynamisches Gleichgewicht wird unter gegebenen Rahmenbedingungen der Zustand minimaler Gibbs-Energie beschrieben. Die partielle molare Ableitung der Gibbs-Energie wird auch chemisches Potenzial μ genannt. Sind die chemischen Potenziale von zwei Phasen in einem gegebenen Zustand identisch, so befinden sich diese im thermodynamischen Gleichgewicht zueinander. Gleichgewichts-Phasendiagramme (ff. Phasendiagramme genannt) visualisieren die lokalen Phasen minimaler Gibbs-Energie in Abhängigkeit der Temperatur und der chemischen Zusammensetzung. Als Druck wird der atmosphärische Druck angenommen. Eine grundliegende Annahme von Phasendiagrammen ist die unbegrenzte Umwandlungszeit von Phasen zur Erreichung des thermodynamischen Gleichgewichts, welche in der Praxis jedoch nur näherungsweise gegeben ist. Dadurch kann unter anderem die Unterdrückung von Phasen in Folge einer Unterkühlung nicht dargestellt werden. [27, 30]

Eine Voraussetzung für eutektische Erstarrung besteht in der Existenz eines lokalen Minimums der Schmelztemperatur am Ort der eutektischen Konzentration. Weiterhin ist die Existenz einer Mischungslücke im Festen bzw. die fehlende Stabilität eines homogenen Stoffgemisches erforderlich, welche bis zum Erreichen der Schmelztemperatur des Eutektikums besteht. Das Schema eines eutektischen Phasendiagramms sowie der Erstarrung einer hypoeutektischen, eutektischen und hypereutektischen Legierung ist in Bild 5 dargestellt.

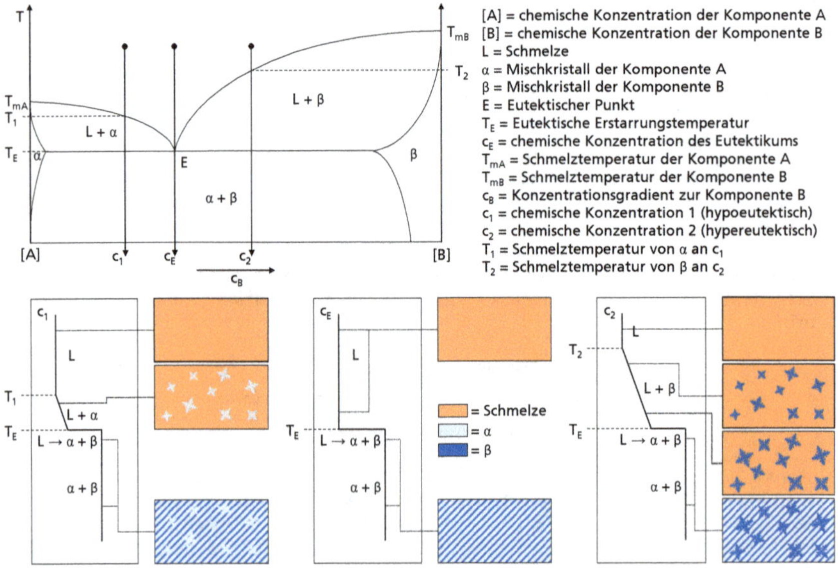

Bild 5 Schematische Darstellung eines eutektischen Phasendiagramms (oben) sowie der gleichgewichtsnahen Erstarrung einer exemplarischen hypoeutektischen (c_1, links), eutektischen (c_E, Mitte) und hypereutektischen (c_2, rechts) Legierung nach [24]

Eine Reduzierung der Temperatur an der eutektischen Konzentration c_E unterhalb der eutektischen Erstarrungstemperatur T_E am eutektischen Punkt E führt zur vollständigen und simultanen Erstarrung der α- und β-Mischkristalle in der zugehörigen charakteristischen Erstarrungsmorphologie (siehe Kapitel 2.2.4). Eine Abweichung von der eutektischen Konzentration führt zur Ausbildung eines Erstarrungsintervalls. Über den Verlauf des Erstarrungsintervalls erfolgt die Ausscheidung des jeweiligen Mischkristalls. Die chemische Konzentration der Schmelze verarmt damit an der jeweiligen Komponente und nähert sich der eutektischen Konzentration an. Bei Erreichen der eutektischen Konzentration und Temperatur erstarrt der verbliebene Anteil der Schmelze eutektisch. Durch das Maß der Abweichung der chemischen Zusammensetzung einer Legierung von der eutektischen Zusammensetzung wird somit der relative Anteil des in der Matrix befindlichen Eutektikums bzw. Mischkristalls (vgl. Bild 5 c_1 und c_2) mit dem Hebelgesetz bestimmt. Über die Art der eutektischen Erstarrung bzw. eine Nähe zum eutektischen Punkt kann generalisiert keine Aussage über die Auswirkung auf die resultierenden Eigenschaften getroffen werden. Potenzielle Auswirkungen umfassen Änderungen der mechanischen Eigenschaften, Mikrostruktur, Phasenzusammensetzung sowie auch der Verarbeitbarkeit von Werkstoffen z.B. in Folge eines reduzierten Erstarrungsintervalls (siehe Kapitel 2.3.2). [24, 25]

2.2.3 Eutektische Erstarrung unter Abweichung vom thermodynamischen Gleichgewicht

Im Folgenden erfolgt eine zentrierte Betrachtung der Auswirkungen der Abweichung vom thermodynamischen Gleichgewicht auf den eutektischen Wachstumsbereich. Eine Betrachtung der Auswirkungen der Abweichung auf die thermophysikalischen Kenngrößen ist dem Anhang (13.1) zu entnehmen. Eine Beeinflussung bzw. Verschiebung des eutektischen Wachstumsbereiches erfolgt in Abhängigkeit der Art des Eutektikums sowie dem Maß an Unterkühlung und Erstarrungsgeschwindigkeit. Der Bereich gekoppelt eutektischen Wachstums für ein nf/nf-Eutektikum sowie ein nf/f-Eutektikum ist in Abhängigkeit der Unterkühlung nach [31] schematisch in Bild 6 dargestellt.

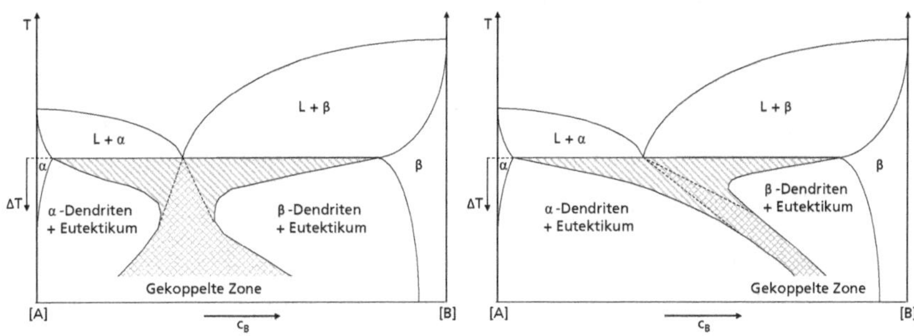

Bild 6 Eutektischer Wachstumsbereich als Funktion der Unterkühlung ΔT für ein nf/nf-Eutektikum (links) und ein nf/f-Eutektikum (rechts) nach [31]

Mit Hilfe der Temperatur der eutektischen fest-flüssig Phasengrenze als Funktion der Wachstumsrate und der Temperatur der Dendritenspitzen an der Erstarrungsfront wird die Bestimmung der Zone des gekoppelt eutektischen Wachstums für eine gegebene Unterkühlung ermöglicht [32]. Der Zusammenhang zwischen der Erstarrungsgeschwindigkeit v_{EG} und der Unterkühlung ΔT wird über das Kurz-Giovanola-Trigedi-Modell [33] und weiterführende Arbeiten aus [34, 35] für kolumnares dendritisches Wachstum wie folgt beschrieben.

Formel 3
$$\Delta T = (a \cdot v_{EG})^{1/n}$$

Da a und n materialspezifische Konstanten darstellen, wird das Maß der Unterkühlung maßgeblich von der Erstarrungsgeschwindigkeit bestimmt. In den dargestellten Phasendiagrammen (Bild 6) steht jeder Punkt unterhalb der eutektischen Erstarrungstemperatur in Zusammenhang mit einem gewissen Maß der Erstarrungsgeschwindigkeit bzw. Unterkühlung. Je niedriger der Punkt auf der Temperaturachse, desto größer ist das Maß der Unterkühlung. Die gekoppelte Zone markiert den Bereich, in dem das Wachstum einer vollständig eutektischen Mikrostruktur dominant ist. Der zugrundeliegende Effekt zur Ausprägung der eutektischen Zone bzw. des jeweiligen eutektischen Wachstumsbereiches wird auch als konkurrierendes Wachstum (engl. competitive growth) bezeichnet [36]. Als konkurrierend werden hierbei das Wachstum der Dendriten der jeweiligen Einzelkomponenten sowie des Eutektikums betrachtet. Da das Wachstum von Eutektika und Dendriten auf unterschiedlichen Mechanismen beruht, ist deren jeweilige Ausprägung in der Konkurrenzsituation abhängig vom Maß der Unterkühlung. Hierdurch kann auch außerhalb der nominellen eutektischen Zusammensetzung die Erstarrung als Diffusionspaar (Eutektika) schneller voranschreiten als die separate Erstarrung der Dendriten. In diesem Fall wird das Wachstum der Dendriten unterdrückt und eine vollständig eutektische Mikrostruktur bildet sich über ein Intervall chemischer Zusammensetzungen aus. Im Falle eines nf/nf-Eutektikums erfolgt das Wachstum der im Eutektikum beteiligten Dendriten der Einzelkomponenten mit annähernd gleicher Geschwindigkeit, wodurch eine symmetrische Ausprägung der Zone des eutektischen Wachstums erfolgt (Bild 6 links). Das Wachstum von facettierten Phasen (und damit auch des Eutektikums) ist in der Regel bei steigender Unterkühlung langsamer als das Wachstum nicht-facettierter Phasen [36]. Das Wachstum der Dendriten der nf-Phase kann daher an der eutektischen Zusammensetzung schneller erfolgen als das Wachstum des Eutektikums, wodurch eine asymmetrische Zone eutektischen Wachstums entsteht (Bild 6 rechts). Vollständig eutektische Mikrostrukturen können in diesem Fall ab einer gewissen Unterkühlung bzw. Erstarrungsgeschwindigkeit nur in hypereutektischen Zusammensetzungen erreicht werden. Weiterführende Beschreibungen des konkurrierenden Wachstums besonders im Hinblick auf unterschiedliche Formen und Maße der Unterkühlung sind [26, 31, 32, 36–38] zu entnehmen.

2.2.4 Eutektische Erstarrungsmorphologien

Ursächlich für die Ausbildung einer charakteristischen eutektischen Erstarrungsmorphologie ist die Diffusion von gelösten Atomen in der Schmelze an der fest-flüssig Phasengrenze in Kombination mit der bestehenden Mischungslücke im Festen. Die Ausbildung des resultierenden Konzentrationsgradienten an der fest-flüssig Phasengrenze ist nach [38] schematisch in Bild 7 dargestellt.

Aufgrund der existierenden Mischungslücke werden in der Schmelze gelöste B-Atome an der fest-flüssig Phasengrenze von erstarrten α-Dendriten abgewiesen und vice versa. Abgewiesene Atome diffundieren entlang der y-Koordinate, sodass die Bildung eines sinus-förmigen Konzentrationsgradienten an der fest-flüssig Phasengrenze erfolgt. An den Grenzflächen zwischen α- und β-Dendriten liegt die eutektische Zusammensetzung vor. In der Mittelachse der erstarrten α- und β-Dendriten liegt die A-reiche Konzentration c_1 bzw. die B-reiche Konzentration c_2 vor. Die Amplitude des Konzentrationsgradienten nimmt mit zunehmendem Abstand von der fest-flüssig Phasengrenze in x-Richtung ab. Der entstandene Konzentrationsgradient führt damit zur Fortführung des diskreten Erstarrungsverhaltens und zur Ausprägung charakteristisch eutektischer Erstarrungsmorphologien. Der Benetzungswinkel Θ stellt eine Materialkonstante dar und ist abhängig von der Oberflächenenergie der jeweiligen Phase. Die Feinheit der Mikrostruktur bzw. die Abstände der eutektischen Phasen zueinander (engl. eutectic spacing) werden daher bei einem gegebenen Maß an Unterkühlung maßgeblich von der Diffusionsgeschwindigkeit der gelösten Atome in der Schmelze und der Oberflächenenergie beteiligter Phasen beeinflusst. Je höher die Diffusionsgeschwindigkeit und je geringer die Oberflächenenergie, desto feiner ist die Mikrostruktur und desto geringer sind die eutektischen Abstände. [27]

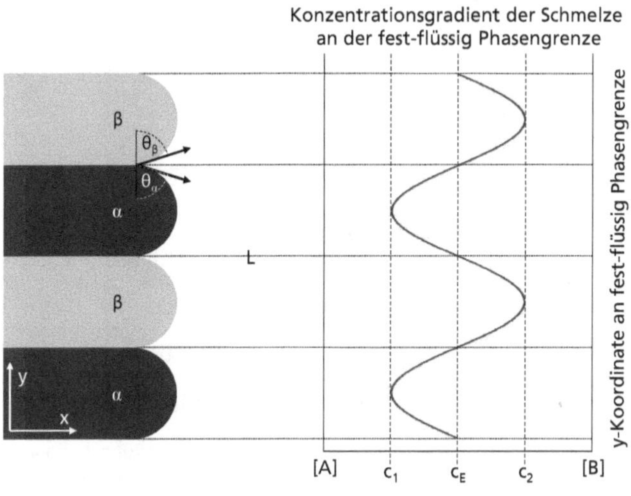

Bild 7 Darstellung der chemischen Konzentration der Schmelze an der fest-flüssig Phasengrenze eines Eutektikums nach [38]

Wie in 2.2.1 beschrieben stellt die Schmelzentropie ΔS_f das Entscheidungsmaß über die Art des Eutektikums dar. Demnach erfolgt anhand der Schmelzentropie die Klassifikation der beteiligten Phasen in facettiere und nicht-facettierte Phasen. Die charakteristische Erstarrungsmorphologie eines Eutektikums wird neben der Art des Eutektikums auch vom Volumenanteil der beteiligten Phasen maßgeblich beeinflusst [39]. Eine vereinfachte Visualisierung der resultierenden Erstarrungsmorphologien von nf/nf und nf/f-Eutektika in Abhängigkeit unterschiedlicher Volumenanteile (f_α, f_β) ist in Bild 8 dargestellt. Eine genauere Analyse des Spektrums möglicher Erstarrungsmorphologien ist [39] zu entnehmen.

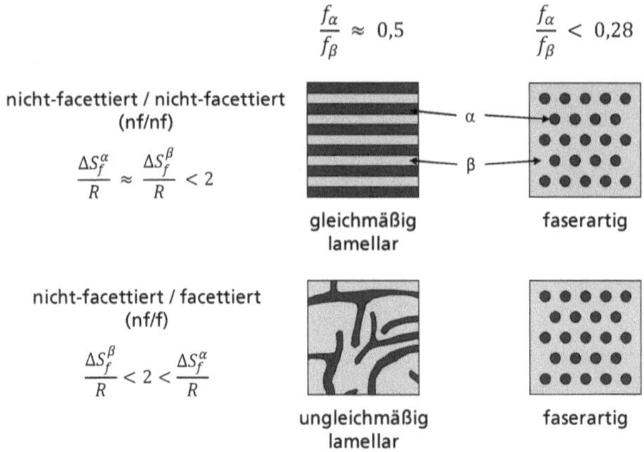

Bild 8 Erstarrungsmorphologien von nf/nf- und nf/f-Eutektika in Abhängigkeit der Volumenanteile der beteiligten Phasen $f_{\alpha,\beta}$ sowie dem Quotienten aus Schmelzentropie ΔS_f und Gaskonstante R nach [23]

Liegen die Volumenanteile der beteiligten Phasen eines nf/nf-Eutektikums in einem gleichartigen Verhältnis vor, erstarrt dieses gleichmäßig lamellar. Sofern eine der Phasen facettiert ist, erfolgt die Erstarrung des Eutektikums ungleichmäßig lamellar. Ursächlich für dieses Verhalten ist die, durch die Kristallstruktur bestimmte, präferierte Wachstumsrichtung der facettierten Phase. Sofern die Volumenanteile beteiligter Phasen von dieser Übereinstimmung abweichen (Volumenanteil einer Phase etwa < 28 %) kann die Erstarrung einer faserartigen Morphologie stabilisiert werden. Ursächlich für diesen morphologischen Wechsel ist die Tendenz des Systems zur Energieminimierung und die vergleichsweise geringere Grenzflächenenergie der Fasern im Vergleich zu Lamellen. Sowohl das Al-Si-, das Fe-C- als auch das in dieser Arbeit thematisierte Al-Al_3Ni-Eutektikum stellen nf/f-Eutektika dar, welche aufgrund der Phasenanteile einer faserartigen Erstarrungsmorphologie zuzuordnen sind. [27, 39]

Neben den genannten werkstoffphysikalischen Begründungen können die Prozessgrößen der Erstarrung ebenfalls Einfluss auf die resultierende Erstarrungsmorphologie haben. In diesem Kontext sind besonders die Abkühlrate und die daraus resultierende Erstarrungsgeschwindigkeit als Prozessgrößen hervorzuheben. Neben der generellen Feinung der Mikrostruktur kann beispielhaft der Wechsel der stabilen Erstarrungsmorphologie in eutektischen Sn-Zn-Legierungen durch eine Erhöhung der Erstarrungsgeschwindigkeit von einer lamellaren in eine faserartige Mikrostruktur genannt werden [40]. Eine Erhöhung der Erstarrungsgeschwindigkeit auf eine Größenordnung von etwa 5 m/s kann das Einfrieren der Schmelze bedingen [41]. In diesem Fall erfolgt keine Ausbildung der genannten Erstarrungsmorphologien, sondern eine vollständig von Mikrosegregation befreite Mikrostruktur. Ursächlich hierfür ist die zu rasche Erstarrung der Schmelze. Die in Bild 7 dargestellte Diffusion von gelösten Atomen zur Ausprägung der charakteristischen eutektischen Erstarrungsmorphologie wird damit verhindert [27, 42].

2.3 Aluminiumlegierungen

Aluminiumlegierungen sind nach Eisenlegierungen die weltweit am häufigsten eingesetzten Legierungen. Dies wird insbesondere durch die erreichbaren spezifischen Festigkeiten, Bruchdehnungen und Korrosionseigenschaften bei vergleichsweise geringen Kosten begründet [43]. Aluminium stellt mit 8,2 Gew. % das drittgrößte Vorkommen der Erdkruste dar, wodurch eine hohe Verfügbarkeit sichergestellt ist [44]. Ein maßgeblicher Faktor für den vergleichsweise niedrigen Preis von Aluminiumlegierungen ist die Recyclingfähigkeit von Aluminium, durch welche eine Reduktion des Energieeinsatzes auf 5 % im Vergleich zur Gewinnung aus dem Aluminiumerz Bauxit ermöglicht wird [45].

Aluminium ist ein nicht ferromagnetisches Metall mit einer kubisch flächenzentrierten Kristallstruktur und gehört zur dritten Hauptgruppe des Periodensystems der Elemente. Die Dichte von Aluminium beträgt 2,69 g/cm^3 [46]. An der Oberfläche bildet Aluminium unter Atmosphäre einen einige Nanometer (nm) dicken Oxidfilm aus. Aufgrund eines Pilling-Bedworth-Verhältnisses der Oxidschicht zum Aluminium von 1,28 wirkt diese als passivierende Deckschicht und begründet die charakteristische Korrosionsresistenz von Aluminium [47, 48]. Aufgrund der Dichte des Reinaluminiums stellen Aluminium-Legierungen im Leichtbau eine der wichtigsten Werkstoffgruppen dar und werden im Automobil- und Luftfahrtsektor weitreichend eingesetzt [3, 4, 49]. Aktuelle Ziele der Legierungsentwicklung umfassen unter anderem die Steigerung der Festigkeitseigenschaften im Hochtemperaturbereich ($\geq$ 250 °C) [50].

Aluminiumlegierungen werden nach dem jeweiligen Herstellungsverfahren in Guss- und Knetlegierungen unterteilt. In Abhängigkeit des Hauptlegierungselementes werden beide Typen an Aluminiumlegierungen verschiedenen Gruppen zugeordnet. Eine tabellarische Übersicht der unterschiedlichen Gruppen an Aluminiumlegierungen ist in Tabelle 1 dargestellt. Exaktere technische Spezifika und Legierungszusammensetzungen der über 500 existierenden Aluminiumlegierungen sind [51] zu entnehmen.

Gruppe	Hauptlegierungselement	Naturhart / Aushärtbar	Zugfestigkeit [N/mm²]	Hauptanwendungsbereich
		Gusslegierungen		
1xx.x	- (Al > 99 gew.%)	Naturhart	~70 – 175	Rotoren
2xx.x	Cu	Aushärtbar	~110 – 460	Luftfahrt
3xx.x	Si & Cu / Mg	Aushärtbar	~160 – 350	Gesamtheit Gussanwendungen
4xx.x	Si	Naturhart	~230 – 300	Architektur
5xx.x	Mg	Naturhart	~280 – 310	Schifffahrt
6xx.x	-	-	-	-
7xx.x	Zn	Aushärtbar	~240 – 300	Automotive
8xx.x	Sn	Naturhart	~140 – 220	Lager
		Knetlegierungen		
1xxx	- (Al > 99 gew.%)	Naturhart	~70 – 175	Elektrische / Chemische Industrie
2xxx	Cu	Aushärtbar	~170 – 520	Luftfahrt
3xxx	Mn	Naturhart	~140 – 280	Architektur
4xxx	Si	Beides möglich	~105 – 350	Schweiß- / Lotzusätze
5xxx	Mg	Naturhart	~140 – 380	Schifffahrt
6xxx	Mg & Si	Aushärtbar	~150 – 380	Strangpressprofile / Automotive
7xxx	Zn	Aushärtbar	~380 – 620	Luftfahrt
8xxx	Unterschiedlich (z.B. Sn,Li)	Beides möglich	Unterschiedlich	Unterschiedlich

Tabelle 1 Übersicht über die unterschiedlichen Legierungstypen und –gruppen an Aluminiumlegierungen nach [47]

Etwa 75-80 % der weltweiten Produktion an Aluminiumlegierungen können Knetlegierungen zugeordnet werden [52]. Sowohl in der Luftfahrt-, Automobil-, als auch der Verbraucherindustrie sind die meistgenutzten Knetlegierungen die der 2xxx-er, 5xxx-er, 6xxx-er und 7xxx-er Gruppe [49, 53–55]. Legierungen der 7xxxer-Gruppe stellen mit Zugfestigkeiten ≥ 500 MPa die Aluminiumlegierungen mit den höchsten Festigkeitswerten dar [47]. Die industriell etablierteste Gruppe der Gusslegierungen sind die 3xx.x-er Legierungen. Insbesondere in der Automobilindustrie entfallen etwa 85-90 % aller gegossenen Aluminiumkomponenten auf Legierungen mit einer Al-Si-Basis [56]. Aufgrund der verhältnismäßig hohen Diffusionsgeschwindigkeit gängiger festigkeitssteigernder Zusätze (z.B. Zn, Mg, Cu) in der eutektischen Al-Si Matrix im Verbund mit der verhältnismäßig niedrigen Solidustemperatur von 577 °C ist der Einsatz dieser Legierungen bei erhöhten Temperaturen limitiert [57, 58]. Demnach wird beispielhaft in [58] eine Reduktion der Zugfestigkeit an Prüfkörpern einer wärmebehandelten 390.0-Legierung von 250 MPa auf 50 MPa durch eine Erhöhung der Prüftemperatur von 25 °C auf 300 °C dokumentiert.

Eine weitere Differenzierung der Aluminiumlegierungen kann anhand der Möglichkeit der Erhöhung der Festigkeit in Folge einer Wärmebehandlung erfolgen. Legierungen, die diese Bedingung erfüllen, werden als aushärtbar eingestuft.

2.3.1 Ausscheidungsbildung in Aluminiumlegierungen

Der grundlegende Mechanismus der Festigkeitssteigerung aushärtbarer Legierungen basiert auf einer Ausscheidungsbildung während der Wärmebehandlung. Ausscheidungen können in kohärente, teilkohärente und inkohärente Ausscheidungen unterteilt werden. Schematische Darstellungen dieser Kategorien sind am Beispiel von Aluminiumlegierungen Bild 9 zu entnehmen.

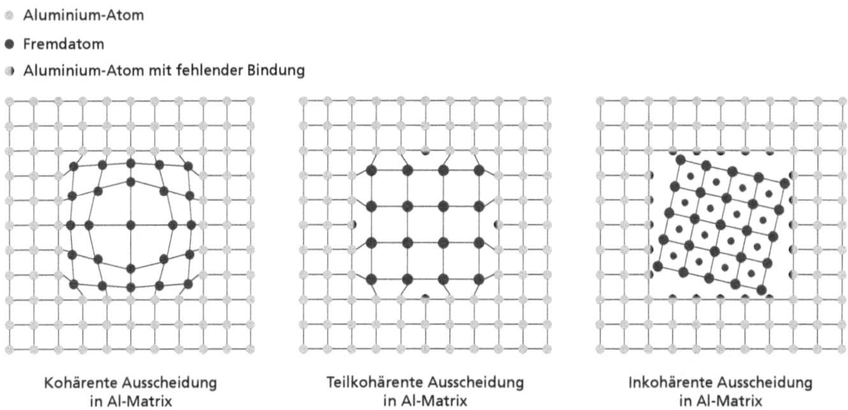

Bild 9 Darstellung der verschiedenen Arten an Ausscheidungen in Aluminiumlegierungen nach [25]

Die Art der Ausscheidung wird durch die Kristallstruktur und deren Fehlpassung zur Aluminiummatrix bestimmt. Kohärente Ausscheidungen weisen in der Regel denselben Gittertyp wie die Matrix auf. Der Unterschied der Gitterparameter wird vollständig über elastische Verzerrungen im Gitter ausgeglichen. Eine Änderung der Orientierungsbeziehungen besteht nicht. Mit steigender Fehlpassung der Gitterparameter kann die Spannung nur noch teilweise über elastische Verzerrung ausgeglichen werden. Durch die überschüssige Spannung erfolgt die Bildung von Versetzungen sowie einseitig inkohärenter Grenzflächen. Ausscheidungen dieses Typs werden als teilkohärent bezeichnet. Inkohärente Ausscheidungen weisen etwa durch einen unterschiedlichen Gittertyp eine derart große Fehlpassung zur Matrix auf, dass keine Orientierungsbeziehungen bestehen können und alle Grenzflächen zwischen Ausscheidung und Matrix inkohärent zueinander sind. [59, 60]

Neben der Art der Ausscheidungen hat auch die Ausscheidungsgröße einen Einfluss auf die Bewegung von Versetzungen in der Aluminiummatrix. Trifft eine Versetzung auf eine Ausscheidung mit einer Abmessung oberhalb eines materialspezifischen Grenzwertes oder liegt diese inkohärent in der Matrix vor, wird die Ausscheidung aufgrund der fehlenden Gleitebenen nach dem Orowan-Mechanismus von der Versetzung umgangen [61]. Liegen die Ausscheidungen feinverteilt und kohärent in der Matrix vor, werden diese Ausscheidungen nach dem Mechanismus von Kelly-Fine von der Versetzung geschnitten [61]. Die Abhängigkeit der Spannungsänderung bzw. Festigkeitssteigerung $\Delta\sigma$ von der Ausscheidungsgröße d ist schematisch in Bild 10 dargestellt. Über die durchgezogene Linie erfolgt die Visualisierung des in Abhängigkeit zur Ausscheidungsgröße dominanten Bewegungsmechanismus der Versetzungen. Über d_{max} wird die Ausscheidungsgröße mit dem maximalen Beitrag zur Festigkeitssteigerung dargestellt. [59, 60, 62]

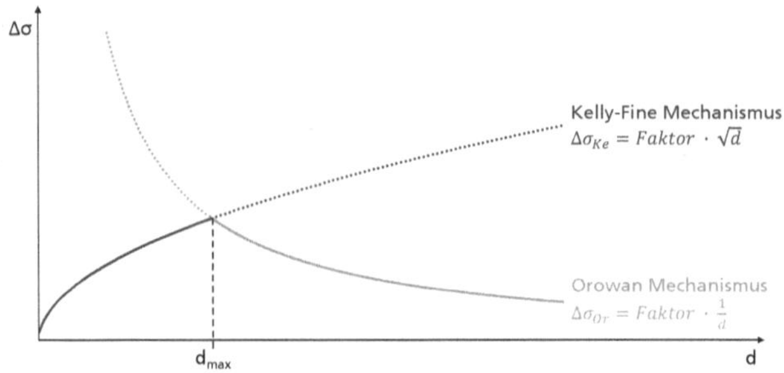

Bild 10 Darstellung der Spannungsänderung Δσ über die Ausscheidungsgröße d in Abhängigkeit der Bewegungsmechanismen von Versetzungen an Ausscheidungen nach [62]

Die Spannungsänderung Δσ kann auch als Maß der Behinderung der Versetzungsbewegung verstanden werden. Da die Bewegungen von Versetzungen immer dem Weg des geringsten Widerstandes folgen, ist für eine gegebene Ausscheidungsgröße d immer der Bewegungsmechanismus für eine Versetzung dominant, der lokal die geringste Behinderung darstellt (Bild 10 durchgezogene Linie). Das Schneiden von Ausscheidungen nach dem Mechanismus von Kelly-Fine ist daher bis zur Ausscheidungsgröße d_{max} energetisch günstiger. Ausscheidungen größer d_{max} werden nach dem Orowan-Mechanismus von Versetzungen umgangen. Im Zustand der maximalen Festigkeitssteigerung ($d = d_{max}$) liegen kohärente Ausscheidungen mit einer gewissen Fehlpassung vor, sodass Versetzungen zum Schneiden dieser ein Maximum an Energie aufwenden müssen [59].

Sofern Ausscheidungen als Keimbildner im Erstarrungsprozess entstehen, können diese ebenfalls über eine Kornfeinung einen Einfluss auf die Festigkeitseigenschaften bewirken. Aus der Hall-Petch-Beziehung kann wie in Formel 4 dargestellt der Zusammenhang zwischen mittlerem Korndurchmesser d_K und Festigkeitsunterschied Δσ abgeleitet werden [63–65]. R_e steht hierbei für die Streckgrenze, K für den Korngrenzwiderstand und σ_0 für die Startspannung der Versetzungsbewegung. Nach dem dargestellten Zusammenhang ist die Spannungsänderung bzw. das Maß der Streckgrenzenerhöhung umso größer je kleiner der mittlere Korndurchmesser ist.

Formel 4

$$R_e = \sigma_0 + \frac{K}{\sqrt{d_K}} \rightarrow\rightarrow\rightarrow \Delta\sigma = \frac{K}{\sqrt{d_K}}$$

2.3.2 Aluminiumlegierungen in der laserbasierten additiven Fertigung

Die laserbasierte additive Fertigung von Reinaluminium und dessen Legierungen kann aufgrund diverser Herausforderungen in der Verarbeitung als komplex beschrieben werden. Die Herausforderungen umfassen etwa die vergleichsweise hohe thermische Leitfähigkeit und geringe Viskosität von Aluminiumlegierungen [66–69]. Weiterhin kann die ausgeprägte Reflektivität von elementarem

Aluminium im Nahinfrarot-Bereich (NIR) bzw. Wellenlängenbereich gängig eingesetzter Laserstrahlquellen von 94 % genannt werden. In Folge dessen wird zum Aufschmelzen der Aluminiumlegierungen der Einsatz vergleichsweise hoher Laserleistungen erforderlich, was wiederum eine ausgeprägte Schmelzbaddynamik begründet [48, 70].

Auch wenn die Verarbeitung und Modifikation naheutektischer Al-Si-Gusslegierungen wie AlSi12, A356 und A357 dokumentiert ist, so kann als weitest verbreitete Aluminiumlegierung in der Verarbeitung mittels laserbasierter additiver Fertigung AlSi10Mg genannt werden [71–74]. Industriell etablierte Zugfestigkeiten und Bruchdehnungen dieser Legierung im wärmebehandelten Zustand betragen etwa 450 MPa und 10,2 % [75]. Die Festigkeitssteigerung dieser Legierung im Vergleich zu Al-Si-Legierungen basiert auf der Ausscheidung von Mg_2Si-Partikeln [76]. Eine Erhöhung der Prüftemperatur von AlSi10Mg ist mit einer verhältnismäßig großen Abnahme der Festigkeitseigenschaften verbunden. So kann nach [77] durch eine Erhöhung der Prüftemperatur von Raumtemperatur auf 250 °C eine Abnahme der Zugfestigkeit von 358 MPa auf 149 MPa ermittelt werden. Ursächlich für dieses Verhalten ist die Vergröberung der verfestigenden Ausscheidungen sowie der Reinsilizium-Phase in Kombination mit der verhältnismäßig tiefen eutektischen Erstarrungstemperatur von Al-Si-Legierungen von 577 °C [57, 77–81].

Scalmalloy® ist eine speziell für das LPBF qualifizierte, hochfeste Aluminiumlegierung. Die Legierung basiert auf der Modifikation einer schweißbaren 5083-Knetlegierung mit der Seltenen Erde Scandium sowie Zirkon [82]. Scandium wird von der europäischen Kommission aufgrund dessen Vorkommen und Lieferrisiken als kritisches Ausgangsmaterial klassifiziert [83]. Demnach ist für Scandiumoxid in den Jahren 2012-2018 ein Preis pro Kilogramm von 4600-5400 US-Dollar dokumentiert, während dieser im Jahr 2010 noch 1620 US-Dollar betragen hat [84]. Durch die Modifikation der chemischen Zusammensetzung der 5083-Knetlegierung werden im wärmebehandelten Zustand Zugfestigkeiten von 520 MPa und Bruchdehnungen von 14,5 % erreicht [85]. Die vergleichsweise hohen Werte der Zugfestigkeit und Bruchdehnung sind maßgeblich auf die Ausscheidung kohärenter, nanoskaliger $Al_3(Sc, Zr)$-Partikel, sowie die prozessbedingte Kornfeinung zurückzuführen [86–89]. Mit einer Erhöhung der Einsatztemperatur kann eine Abnahme der Festigkeitseigenschaften dokumentiert werden, sodass die Legierung bei einer Einsatztemperatur von 250 °C Zugfestigkeiten von 78 MPa aufweist [85].

Die Legierung Addalloy® ist ebenfalls eine speziell für das LPBF-Verfahren qualifizierte Legierung und beruht auf einem vergleichbaren Prinzip wie die Legierung Scalmalloy®. Analog erfolgt eine Modifikation der 5083-Knetlegierung. Die Modifikation beruht jedoch ausschließlich auf der Zugabe von Zirkon [90]. Die dokumentierte Zugfestigkeit dieser Legierung beträgt 389 MPa bei einer Bruchdehnung von 23,9 % im wärmebehandelten Zustand [91]. Die mechanischen Eigenschaften dieser Legierung werden maßgeblich auf den kornfeinenden Effekt in Folge eines Wiederaufschmelzens kolumnarer Körner sowie der Ausscheidung von Al_3Zr-Partikeln zurückgeführt [6]. Analog zu Scalmalloy® kann auch bei Addalloy® mit einer Erhöhung der Einsatztemperatur eine Abnahme der Festigkeitseigenschaften dokumentiert werden. Bei einer Einsatztemperatur von 250 °C werden demnach Zugfestigkeiten kleiner 100 MPa realisiert [92]. Eine tabellarische Darstellung der mechanischen Eigenschaften der beschriebenen Legierungen bei Raumtemperatur kann Tabelle 2 entnommen werden.

Name	Wärmebehandlung	Dehngrenze [MPa]	Zugfestigkeit [MPa]	Bruchdehnung [%]
AlSi10Mg	1.) Lösungsglühung: 530 °C / 0,5 h 2.) Auslagerung: 165 °C / 6,0 h	270	450	10,2
Scalmalloy®	Auslagerung: 325 °C / 4,0 h	490	520	14,5
AddAlloy®	Auslagerung: 400 °C / 8,0 h	365	389	23,9

Tabelle 2 Mechanische Kenngrößen industriell etablierter Aluminiumlegierungen für die additive Fertigung nach [75, 85, 91]

Aktuelle Forschungsarbeiten im Rahmen der Legierungsentwicklung von Aluminiumlegierungen für die laserbasierte additive Fertigung können zum größten Teil einem von zwei Ansätzen zugeordnet werden. Der erste Ansatz umfasst die Modifikation von bestehenden, schweißbaren Aluminiumlegierungen, um eine Zunahme der Festigkeitseigenschaften zu bewirken. Gegenwärtige wissenschaftliche Studien der Legierungsentwicklung im Rahmen dieses Ansatzes befassen sich im Besonderen mit der Zugabe weiterer Legierungselemente zu Al-Si-Gusslegierungen. Dementsprechend sind unter anderem Analysen an mittels LPBF gefertigten Prüfkörpern der Legierungssysteme Al-Si-Ni-(Ce / Fe) dokumentiert. Ziel dieser Studien ist eine Festigkeitssteigerung in Folge einer Ausscheidung von Al_3Ni-, Al_5FeNi- und $Al_{11}Ce_3$-Partikeln [93–95]. Im Rahmen dieser Analysen können Härtewerte von 180 HV an Al-Si-Ni-Legierungen ermittelt werden [93]. Im Zuge dieses Ansatzes wird ebenfalls die verfahrenstechnisch aufwändige Zugabe nanopartikulärer Zusätze zu Al-Si-Legierungen verfolgt. Konkret kann die Zugabe von TiB_2 zur Legierung AlSi10Mg genannt werden. Hierdurch wird eine Steigerung der Zugfestigkeit und Bruchdehnung auf 530 MPa bzw. 15 % realisiert [96]. Aufgrund der gleichartigen Kohärenz von Al_3Sc- und Al_3Er-Ausscheidungen in Aluminiummatrizen sind ebenfalls Untersuchungen am Legierungssystem Al-Er-Zr erfolgt [89, 97]. Analysen der Mikrostruktur dieser Legierungen weisen im Vergleich zu Legierungen mit identischen Zusätzen an Sc die Erstarrung gröberer Körner auf. Weiterhin wird eine ausgeprägtere Tendenz der Al_3Er-Ausscheidungen zur Vergröberung im Zuge von Wärmebehandlungen im Vergleich zu Al_3Sc festgestellt. [6, 97].

Der zweite fundamentale Ansatz in der Legierungsentwicklung von Aluminiumlegierungen in der laserbasierten additiven Fertigung beruht auf der Verbesserung der additiven Verarbeitbarkeit bestehender hochfester Aluminiumknetlegierungen. In der Literatur erfolgt sowohl die Verarbeitung und Modifikation hochfester Knetlegierungen der 2xxx-er [98–104], 6xxx-er [55, 105–110] und 7xxx-er [55, 111–116] Gruppe. In der ursprünglichen Zusammensetzung kann für diese Legierungen aufgrund der bestehenden Tendenz zur Heißrissbildung keine rissfreie additive Verarbeitbarkeit dokumentiert werden. Ursächlich hierfür sind die vergleichsweise ausgeprägten Erstarrungsintervalle dieser Legierungen in Kombination mit einer verminderten Fließfähigkeit. Einen weiteren Faktor stellt der Einsatz flüchtiger Legierungszusätze wie Zink, Magnesium und Lithium dar, welche partiell während des Verarbeitungsprozesses verdampfen [5, 6, 117]. Als erfolgreichste Modifikationen hochfester Knetlegierungen können die Arbeiten von [111] und [55] an der Legierung 7075 genannt werden. Demnach kann durch das Zulegieren von 4 Gew. % Silizium eine rissfreie Verarbeitung der Legierung mittels LPBF erfolgen. Mit dem Zusatz an Silizium erfolgt jedoch simultan eine Reduktion der Festigkeitseigenschaften [111]. Gleiches gilt für den Zusatz von Wasserstoff-stabilisierten Nanopartikeln aus Zirkon. Durch die kornfeinende und korngrenzstabilisierende Wirkung der Zirkon-Partikel kann ebenfalls eine rissfreie Verarbeitbarkeit auf Kosten einer Reduktion der Zugfestigkeit (nach T6-Wärmebehandlung) auf 400 MPa bei einer Bruchdehnung von 4,6 % erreicht werden [55].

Untersuchungen an Prüfkörpern additiv gefertigter Aluminiumbasislegierungen und -systeme, die von den benannten Ansätzen abweichen sind in der Literatur nur vereinzelt und rudimentär dokumentiert. Beispielhaft kann hierbei die additive Verarbeitung einer eutektischen Al-Ce-Legierung genannt werden [118].

Folgende Defizite können somit aus dem Stand der Technik erarbeitet werden. Aktuell existiert keine additiv verarbeitbare Aluminiumlegierung, die unter Ausschluss des Einsatzes nanopartikulärer Zusätze oder Seltener Erden Zugfestigkeiten ≥ 500 MPa aufweist [49, 53–55]. Weiterhin wird keine Aluminiumlegierung identifiziert die im additiv gefertigten Zustand bei einer Prüftemperatur ≥ 250 °C Zugfestigkeiten ≥ 150 MPa aufweist. Eine breitere Aufschlüsselung der Studien an Aluminiumlegierungen die aktuell im Rahmen laserbasierter additiver Fertigungsmethoden untersucht werden oder zur Anwendung kommen, ist [6] zu entnehmen.

2.4 Eutektische Al-Ni-Legierungen

2.4.1 Das α-Al + Al_3Ni-Eutektikum: Thermophysik und Mikrostruktur

Die im Rahmen dieser Arbeit behandelten Legierungen basieren auf dem α-Al + Al_3Ni-Eutektikum des binären Al-Ni-Legierungssystems. Das Phasendiagramm des Al-Ni-Legierungssystems, sowie ein Detailausschnitt dessen am betreffenden Eutektikum sind in Bild 11 dargestellt.

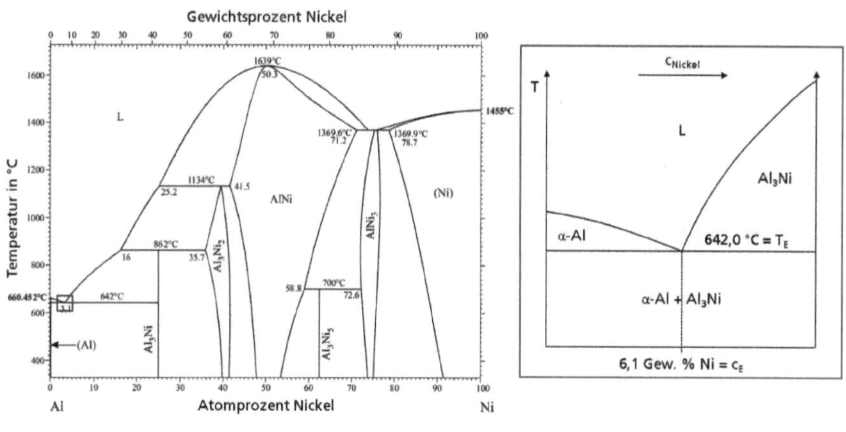

Bild 11 Al-Ni Phasendiagramm nach [119, 120] (links); Detailaufnahme des Al-Al_3Ni Eutektikums aus dem Al-Ni Phasendiagramm (rechts)

Im thermodynamischen Gleichgewicht beträgt die eutektische Erstarrungstemperatur 642,0 °C und die eutektische Konzentration 6,1 Gew. % Nickel [121]. Die beteiligten Phasen weisen im Gleichgewicht eine orthorhombische (Al_3Ni) und kubisch flächenzentrierte (α-Al) Kristallstruktur auf [122]. Beim betrachteten Eutektikum handelt es sich um ein nf/f-Eutektikum, da die α-Al-Phase einen nicht-facettierten und die Al_3Ni-Phase einen facettierten Charakter aufweist [123]. Aufgrund der jeweiligen Phasenanteile im Eutektikum [57] resultiert dies gemäß 2.2.4 in der Ausprägung einer faserartigen Erstarrungsmorphologie wobei die Einbettung von Al_3Ni-Fasern in einer α-Al-Matrix erfolgt. Die Orientierung der Al_3Ni-Fasern wird hierbei parallel zur Wachstumsrichtung dokumentiert [124]. Eine rasterelektronenmikroskopische Aufnahme der charakteristischen, faserartigen Mikrostruktur des α-Al + Al_3Ni–Eutektikums ist in Bild 12 dargestellt.

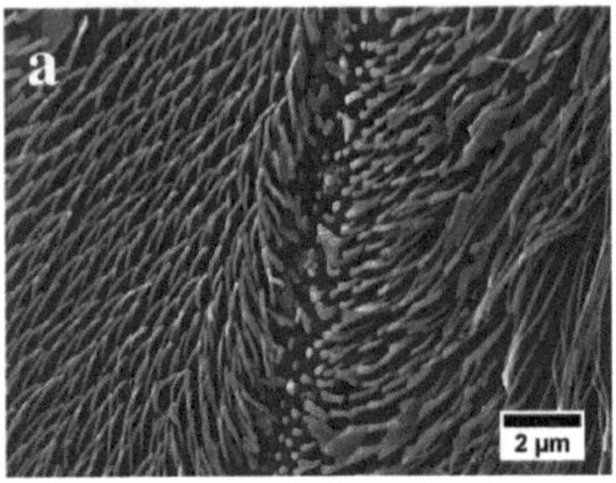

Bild 12 Rasterelektronenmikroskopische Aufnahme der Mikrostruktur des α-Al + Al_3Ni–Eutektikums aus [121]

Gemäß der Art des Eutektikums (nf/f) erfolgt die Verschiebung des eutektischen Wachstumsbereiches mit einer Erhöhung der Unterkühlung in Richtung des hypereutektischen Bereichs bzw. der Al_3Ni-Phase [125]. Im gerichtet erstarrten Zustand kann demnach im Zusammensetzungsintervall von 5,7 bis 9,2 Gew. % Nickel vollständig eutektisches Wachstum festgestellt werden [123]. Dies wird, wie in 2.2.3 beschrieben, mit der Tatsache erklärt, dass die Erstarrung als Diffusionspaar schneller voranschreitet als die separate Erstarrung der facettierten Al_3Ni-Phase [123, 126]. Die Auswirkungen einer Abweichung von der eutektischen Zusammensetzung werden in [127, 128] thematisiert. Im Zuge dieser Untersuchungen kann eine weitestgehende Konstanz der eutektischen Abstände mit einer Zunahme des Nickelgehalts dokumentiert werden, während simultan eine Vergrößerung der ermittelten Härtewerte der Prüfkörper identifiziert werden kann. Als mikrostrukturelle Besonderheit eutektischer Al-Ni-Legierungen kann die thermische Stabilität der Al_3Ni-Fasern genannt werden [121, 129–131]. Eine Vergröberung dieser Fasern wird erst bei Temperaturen oberhalb 475 °C dokumentiert [132]. Als Ursache für dieses Verhalten wird ein im Vergleich zur Aluminiummatrix unterschiedlich orientierter, etwa 3 nm dicker α-Aluminium Mantel ermittelt, welcher die Al_3Ni-Fasern kohärent umgibt [126]. Aufgrund der geringen Fehlpassung (3,9 %) und Grenzflächenenergie zwischen α-Aluminium Mantel und Al_3Ni-Fasern werden die Fasern somit effektiv am Wachstum und der Vergröberung gehindert [126].

2.4.2 Eigenschaften und Anwendungen eutektischer Al-Ni-Legierungen

Al-Ni-Legierungen basierend auf dem α-Al + Al_3Ni–Eutektikum sind in der Literatur aufgrund der attraktiven Eigenschaftskombination aus einer duktilen Aluminiummatrix mit festen, integrierten Al_3Ni-Fasern mittels konventioneller Fertigungsverfahren weitreichend untersucht [133, 134]. Vorteile dieser Legierungen im Vergleich zu anderen Aluminiumbasislegierungen sind der Feinheitsgrad des Eutektikums [135, 136], der verhältnismäßig geringe thermische Ausdehnungskoeffizient [137] sowie die Festigkeitseigenschaften und thermische Stabilität der Al_3Ni-Phase [121, 129]. Besonders im Vergleich zu Al-Si-Legierungen sind die vergleichsweise höheren Festigkeitseigenschaften sowie die höhere eutektische Erstarrungstemperatur (642,0 °C) bei gleichartiger Gießbarkeit zu nennen [57, 129, 138, 139]. Von besonderem Interesse im Kontext eutektischer Al-Ni-Legierungen ist die ausgeprägte Resistenz vor Heißrissbildung, welche mit der Fließfähigkeit des Eutektikums bzw. der Al_3Ni-Phase begründet wird [121, 122]. Weiterhin erfolgt eine Hervorhebung des ausgeprägten Korrosionswiderstandes eutektischer Al-Ni-Legierungen aufgrund der homogenen Verteilung der eutektischen Mikrostruktur in [140].

Die dokumentierten mechanischen Eigenschaften eutektischer Al-Ni-Legierungen variieren in der Literatur je nach Quelle und Herstellungsverfahren. Ermittelte Zugfestigkeiten im gegossenen Zustand variieren zwischen 130-308 MPa, Dehngrenzen zwischen 64-200 MPa und Bruchdehnungen zwischen 9,5-21 % [57, 122, 141, 142]. Das Bruchverhalten des Eutektikums ist nach [142] als spröde zu bezeichnen. Dieses Verhalten wird auf die Brüchigkeit der intermetallischen Al_3Ni-Phase zurückgeführt. Mit einer Feinung der Körner sowie der eutektischen Zellen bzw. Abstände kann eine vergrößerte Duktilität im Bruchverhalten dokumentiert werden. Die höchsten erreichten Festigkeitswerte sind mit einer Zugfestigkeit R_m von 308 MPa, einer Dehngrenze $Rp_{0,2}$ von 200 MPa und einer Bruchdehnung A von 14 % auf die Arbeiten aus [122] zurückzuführen. Die erreichten Eigenschaften dieser Arbeit sind auf das achtmalige Aufschmelzen mittels Lichtbogen und die damit verbundene Reduktion von Segregationen zurückzuführen. Bei einer Erhöhung der Prüftemperatur auf 250 °C kann eine Zugfestigkeit von 132 MPa, Dehngrenze von 120 MPa und Bruchdehnung von 20 % dokumentiert werden. In [57] ist die identische Fertigung und Analyse von Prüfkörpern einer eutektischen Al-Ni-Legierung und Al-Si-Legierung (Al-12,6 Gew. %Si) dokumentiert. Die ermittelten Kenngrößen der Dehngrenze, Zugfestigkeit und Bruchdehnung liegen dabei für eutektische Al-Ni-Legierungen ($Rp_{0,2}$ = 113 MPa; R_m = 188 MPa; A = 9,5 %) auf einem höheren Niveau als für die Al-Si-Legierung ($Rp_{0,2}$ = 68 MPa; R_m = 155 MPa; A = 6,7 %). In [47] ist der Vergleich einer eutektischen Al-Ni-Legierung mit der kommerziell verfügbaren Al-Si-Gusslegierung 413.0 bei einer Prüftemperatur von 350 °C erfolgt. Die ermittelten Werte der Dehngrenze und Zugfestigkeit der eutektischen Al-Ni-Legierung ($Rp_{0,2}$ = 44,1 MPa; R_m = 51,7 MPa; A = 14,3 %) weisen hierbei im Vergleich zur korrespondierenden 413.0-Legierung ($Rp_{0,2}$ = 21,4 MPa; R_m = 36,5 MPa; A = 38,2 %) vergrößerte Werte auf, während für die Bruchdehnung verringerte Werte ermittelt werden können.

Aufgrund der Kombination dieser Eigenschaften sowie der vergleichsweise geringen Dichte und hohen elektrischen sowie thermischen Leitfähigkeit [143, 144] werden eutektische Al-Ni-Legierungen als Kandidaten für den Einsatz als belastete Strukturbauteile bis in den Hochtemperaturbereich (~250 °C) sowie in potenziell korrosiven Medien erachtet [121, 122, 142, 145]. Eine legierungstechnische Steigerung der Zugfestigkeit bei erhöhten Temperaturen (≥ 250 °C) ist für Al-Ni-Legierungen von besonderem Interesse, da deren Realisierung den Austausch bisheriger Eisenkomponenten auch im Getriebestrang ermöglichen könnte [50, 122]. Diese Steigerung wird als notwendig erachtet, da die Eigenschaften binärer eutektischer Al-Ni-Legierungen zwar vielversprechend jedoch für einen Einsatz als Strukturbauteil im Raum- und Hochtemperaturbereich als unzureichend erachtet werden [129]. Ursächlich hierfür ist die im Vergleich zu den Al_3Ni-Fasern weiche und thermisch instabile α-Aluminiummatrix [121]. Durch Legierungszusätze wird daher neben der Steigerung der Festigkeitseigenschaften in Folge einer Ausscheidungshärtung ebenfalls eine Steigerung der thermischen Stabilität durch Stabilisierung der α-Aluminiummatrix angestrebt [129, 146].

2.4.3 Auswirkungen von Legierungszusätzen auf eutektische Al-Ni-Legierungen

Zur Verbesserung der mechanischen Eigenschaften sind in der Literatur unter anderem die Auswirkungen der Zusätze von Ca [147], Cr [136], Fe [57, 131], Mn [146], Sc [121, 132] und Zr [50, 122,

129, 135, 136, 148] auf eutektische Al-Ni-Legierungen dokumentiert. Da im weiteren Verlauf der Arbeit sowohl Zusätze von Zr und Cu als auch Mg & Si im Verbund zum Einsatz kommen, erfolgt im Folgenden eine fokussierte Betrachtung der Auswirkungen dieser Legierungszusätze. Untersuchungen zur Auswirkung von Legierungszusätzen an Cu und Mg & Si auf eutektische Al-Ni-Legierungen können in der Literatur nicht identifiziert werden. Im Folgenden erfolgt daher für diese Legierungszusätze eine Betrachtung der bekannten Eigenschaften und Wirkzusammenhänge der Ausscheidungsbildung in einer Aluminiummatrix.

2.4.3.1 Zirkon

Neben der Zugabe von Scandium ist die größte dokumentierte Steigerung der Festigkeitseigenschaften innerhalb eutektischer Al-Ni-Legierungen durch Zusätze von Zirkon dokumentiert. Zirkon ist ein etablierter Zusatz zur Festigkeitssteigerung von Aluminiumbasislegierungen [149, 150]. Festigkeitssteigerungen durch Zugabe von Zirkon werden maßgeblich auf die Bildung von Al_3Zr-Ausscheidungen zurückgeführt. Al_3Zr-Ausscheidungen weisen eine tetragonale Kristallstruktur sowie aufgrund der geringen Fehlpassung (< 4 %) zur α-Aluminiummatrix eine kohärente Beziehung zu dieser auf [151]. Im Vergleich zu weiteren etablierten intermetallischen Ausscheidungen in Aluminiummatrizen wie Al_2Cu oder Mg_2Si [152–156] ist die erhöhte thermische Stabilität der Al_3Zr-Ausscheidungen hervorzuheben. Bei Einsatztemperaturen größer 200 °C kann im Gegensatz zu den genannten Ausscheidungen bei Al_3Zr-Ausscheigungen keine signifikante Vergröberung dokumentiert werden [80, 81, 122, 157]. Ein Einfluss auf die Art der Erstarrungsmorphologie eutektischer Al-Ni-Legierungen kann durch Zugabe von Zirkon nicht festgestellt werden [148]. Durch Zugabe von 0,4 Gew. % Zr kann eine Kornfeinung und eine damit verbundene Reduktion von Kornbreite und –länge eutektischer Al-Ni-Körner um 50 % dokumentiert werden [50]. Untersuchungen des Ausscheidungsverhaltens von Prüfkörpern im geglühten Zustand (10 Stunden, 400 °C) können die Bildung nanoskaliger Al_3Zr-Ausscheidungen (2,5-4 nm) in der α-Aluminiummatrix eutektischer Al-Ni-Legierungen nachweisen [122]. Neben der Bildung der Al_3Zr-Ausscheidungen in der α-Aluminiummatrix kann ebenfalls die Segregation von Al_3Zr-Ausscheidungen an die α-Al/Al_3Ni-Grenzschicht festgestellt werden. Durch die damit verbundene Reduktion der Grenzflächenmobilität wird ein effektiver Schutz vor Vergröberung der eutektischen Mikrostruktur bis 400 °C und eine damit verbundene höhere thermische Stabilität eutektischer Al-Ni-Legierungen erzielt [122, 129]. Die Festigkeitssteigerung der Legierung in Folge der eutektischen Al_3Ni-Fasern sowie Matrix stabilisierenden Al_3Zr-Ausscheidungen wird daher auch als synergetisch oder kooperativ bezeichnet [50, 122]. Die Untersuchung des Einflusses einer Zugabe von 0,5 Gew. % Zr auf die mechanischen Eigenschaften eutektischer Al-Ni-Legierung ist in [122] erfolgt und kann Tabelle 3 entnommen werden.

Chemische Zusammensetzung [Gew. %]	Wärmebehandlung	Prüftemperatur [°C]	Dehngrenze [MPa]	Zugfestigkeit [MPa]	Bruchdehnung [%]
Al-Ni6,5	-	25	200	308	14
Al-Ni6,5	-	250	120	132	20
Al-Ni6,5-Zr0,5	Auslagerung: 400 °C / 10 h	25	255	350	12
Al-Ni6,5-Zr0,5	Auslagerung: 400 °C / 10 h	250	185	218	30

Tabelle 3 Mechanische Eigenschaften eine eutektischen Al-Ni und Al-Ni-Zr Legierung nach [122]

Durch Untersuchungen bei Raumtemperatur kann eine Vergrößerung von Dehngrenze und Zugfestigkeit ($Rp_{0,2}$ = 255 MPa; R_m = 350 MPa) im Vergleich zu binären eutektischen Al-Ni-Legierungen ($Rp_{0,2}$ = 200 MPa; R_m = 308 MPa) identifiziert werden. Die ermittelten Werte der Bruchdehnung der ternären Legierung (A = 12 %) sind im Vergleich zur binären Legierung (A = 14 %) reduziert. Bei einer Prüftemperatur von 250 °C wird ebenfalls durch die Zugabe von Zirkon eine Erhöhung von Zugfestigkeit, Dehngrenze und Bruchdehnung im Vergleich zur binären Legierung ermittelt. Durch die Zugabe von Zirkon zu eutektischen Al-Ni-Legierungen wird somit sowohl eine generelle Festigkeitssteigerung als auch eine thermische Stabilisierung der α-Aluminiummatrix realisiert. Die thermische Stabilisierung der α-Aluminiummatrix durch die Zugabe von Zirkon wird weiterführend in [122] bis zu einer Temperatur von 400 °C bestätigt.

2.4.3.2 Kupfer

Im Jahr 1901 wurde das Prinzip der Ausscheidungshärtung durch die Härtesteigerung einer Al-4,6 Gew. % Cu-Legierung in Folge einer Auslagerung von Alfred Wilm entdeckt [158, 159]. Bis heute stellt Kupfer durch dessen ausscheidungshärtende Wirkung eine der wichtigsten Zusätze zu Al-Legierungen dar, wodurch es unter anderem als Hauptlegierungselement der zweier Gruppen an Aluminiumguss- und Aluminiumknetlegierungen zum Einsatz kommt.

Die Löslichkeitsgrenze von Cu im α-Al-Mischkristall beträgt 5,7 Gew. % [62]. Gleichgewichtsnahe Abkühlungen von Al-Cu-Legierungen im Bereich des α-Mischkristalls führen zur Ausscheidung der stabilen Θ-Phase Al_2Cu und dementsprechend zur Verarmung des Mischkristalls entsprechend der Löslichkeit an Cu [160]. Abkühlgeschwindigkeiten außerhalb des thermodynamischen Gleichgewichtes führen zur Ausbildung eines übersättigten α-Mischkristalls und zur Unterdrückung der Al_2Cu-Phase. Die Ausscheidungsfolge in Al-Cu-Legierungen aus dem metastabilen, übersättigten α-Mischkristalls ist in Formel 5 angegeben [161]. Die korrespondierenden Gitterstrukturen sind in Bild 13 dargestellt. Θ''-Phasen werden hierbei auch GP II (Guinier-Preston-II-Zonen) genannt [160]. Das Auftreten der einzelnen Phasen ist abhängig von Auslagerungstemperatur, -zeit, Abkühlgeschwindigkeit und Cu-Konzentration, wobei sich benachbarte Stadien überlagern können. Eine Beschreibung der Ausscheidungsfolge bis zur Ausprägung von Guinier-Preston-I-Zonen (GP I) ist dem Anhang (13.2) zu entnehmen.

Formel 5

$$\alpha_{\ddot{u}bers.} \rightarrow Cu - Cluster \rightarrow GP\,I \rightarrow \theta''\,(GP\,II) \rightarrow \theta' \rightarrow \theta\,(Al_2Cu)$$

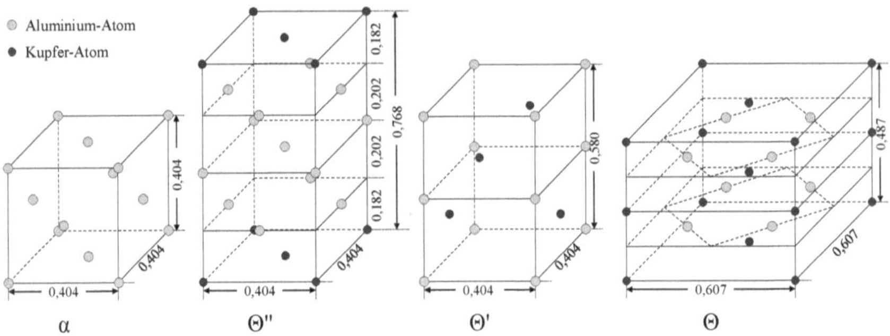

Bild 13 Gitterstrukturen des α-Al Mischkristalls sowie der Θ''-, Θ'- und Θ-Phase nach [59]. Zahlen entsprechen Abmessung in nm

Die vergleichsweise geringe benötigte Energie zur Keimbildung der metastabilen Phasen Θ'' und Θ' bedingt eine feindisperse Ausscheidung dieser (Teilchendichte ~ 10^{16}-10^{18} cm^{-3}, Teilchengröße ~ 10 µm) und somit eine Erhöhung der Festigkeit. Die Bildung von Θ''-Phasen (GP II-Zonen) erfolgt nach einer zur Keimbildung notwendigen Inkubationszeit im Temperaturintervall von 80 bis 250 °C. Θ''-Phasen weisen eine ähnliche stöchiometrische Zusammensetzung wie die stabile Al_2Cu-Phase auf ($Al_{1,75}Cu$). Trotz der tetragonalen Verzerrung der Gitterstruktur (a = 4,04 Å, c = 7,68 Å) im Vergleich zum α-Mischkristall (a = 4,04 Å, c = 4,04 Å) liegen Θ''-Phasen kohärent in der Kristallmatrix vor. Die Bildung der Θ'-Phasen kann entweder aus der kohärenten Θ''-Phase oder direkt aus dem übersättigten α-Mischkristall bei Warmauslagerungstemperaturen von 150 bis 300 °C erfolgen. Θ'-Phasen weisen die stöchiometrische Zusammensetzung von Al_2Cu sowie eine tetragonale Gitterstruktur (a = 4,04 Å, c = 5,80 Å) auf. Θ'-Phasen liegen demnach teilkohärent im α-Mischkristall vor. Die Bildung der stabilen Θ-Phase (Al_2Cu) erfolgt vornehmlich bei Temperaturen > 300 °C. Keimbildung und Wachstum der Θ-Phasen kann jedoch schon bei Temperaturen ab 150 °C erfolgen. Θ-Phasen weisen eine tetragonale Gitterstruktur (a = 6,07 Å, c = 4,87 Å) und als Konsequenz dessen Inkohärenz zum α-Mischkristall auf. In Folge der Inkohärenz erfolgt der Ausgleich von Verzerrungen im Gitter über Fehlpassungsversetzungen statt elastischen Verzerrungen (siehe 2.3.1). Im Vergleich zu den metastabilen Übergangsphasen erfolgt die Ausscheidung von Θ-Phasen mit vergrößertem Partikelabstand und -größe. Aufgrund dieser Eigenschaften hinsichtlich Größe und Inkohärenz ist der Beitrag von Θ-Phasen zur Festigkeitssteigerung zu vernachlässigen. [62, 160]

Im Kontext der Anwendung von Al-Cu-Legierungen im wärmebehandelten Zustand werden die mechanischen Eigenschaften dieser maßgeblich durch den Beitrag der Festigkeitssteigerung der feindispers verteilten, kohärenten Ausscheidungen erreicht. Durch die Vergröberung dieser Ausscheidungen ab 200 °C ist der Einsatzbereich dieser Legierungen hinsichtlich der Anwendungstemperatur eingeschränkt [80, 81]. Als Nachteil der Zugabe von Cu zu Al-Legierungen ist der negative Einfluss auf die Korrosionseigenschaften aufgrund der Potentialdifferenz zwischen Ausscheidungen und α-Mischkristall zu nennen [162].

2.4.3.3 Magnesium und Silizium

Die Zugabe von Magnesium und Silizium im Verbund zu Aluminium ist die Grundlage für zahlreiche aushärtbare Knetlegierungen (6xxx-er Gruppe). Mögliche Anwendungen von Al-Mg-Si-Knetlegierungen umfassen Walz-, Strangpress-, Schmiede- und Ziehprodukte. Die Anwendung erfolgt in der Regel im wärmebehandelten Zustand. Gängige Mengen an Mg- und Si-Zusätzen betragen innerhalb Al-Mg-Si-Knetlegierungen (kumuliert) 1 bis 2 Gew. % [62]. Über diesen Zusammensetzungsbereich besteht die Phasenkonstitution im thermodynamischen Gleichgewicht aus dem α-Al-Mischkristall sowie der intermetallischen β-Phase Mg_2Si [163]. Die obere Grenze der legierungstechnischen Zusätze wird hierbei mit der Löslichkeitsgrenze für Mg_2Si von 1,91 Gew. % begründet [163].

Das stöchiometrische Massenverhältnis der Gleichgewichtsphase Mg_2Si beträgt Mg : Si = 1,73 : 1. Abweichungen von diesem Massenverhältnis haben einen direkten Einfluss sowohl auf die Festigkeitseigenschaften der Legierung als auch die Löslichkeit der Mg_2Si-Phase. Demnach wird durch einen Si-Überschuss die Löslichkeit von Mg_2Si nur geringfügig beeinflusst, während ein Mg-Überschuss zu einer signifikanten Verringerung der Löslichkeit führt [164, 165]. Zusätzlich ist die Festigkeitssteigerung durch einen Si-Überschuss als überproportional im Vergleich zu einem analogen Mg-Überschuss oder einer gleichartigen Erhöhung des Mg_2Si-Gehaltes dokumentiert [166]. Diese überproportionale Erhöhung der Festigkeitseigenschaften wird neben der Auswirkung von Silizium auf Anzahl und Volumen der Ausscheidungsphasen auch auf die Beschleunigung der Kinetik der Kalt- und Warmaushärtung zurückgeführt [62]. Knetlegierungen der 6xxx-er Gruppe weisen in der Regel einen Si-Überschuss im Vergleich zum stöchiometrischen Masseverhältnis auf.

Im Folgenden werden ausschließlich die Ausscheidungsfolgen und -eigenschaften der Warmaushärtung von Al-Mg-Si-Legierungen dargestellt. Eine Beschreibung der Kaltaushärtungsprozesse ist dem Anhang (13.3) zu entnehmen. Aufgrund des Ablaufs entscheidender Vorgänge im Nanometerbereich sowie der Kristallisation metastabiler Phasen zu komplexen Elementarzellen besteht noch heute kein wissenschaftlicher Konsens über die exakte Kristallstruktur und stöchiometrische Zusammensetzung einiger metastabiler Phasen [62, 156]. Die stöchiometrische Zusammensetzung dieser Phasen wird, sofern möglich, mit Näherungswerten beschrieben.

Warmaushärtungsprozesse finden an Al-Mg-Si-Legierungen zwischen 80 und 250 °C statt. Gängige Warmaushärtungstemperaturen in der Anwendung befinden sich zwischen 160 und 190 °C. Maximale Härtewerte werden hierbei durch Ofenzeiten zwischen 5 und 8 Stunden erreicht. Die Ausscheidungsfolge der Warmaushärtung von Al-Mg-Si-Legierungen ist in Formel 6 dargestellt. [62]

Formel 6

$$\alpha_{\text{übers.}} \rightarrow Si/Mg/Co-Cluster \rightarrow GP(II) \rightarrow \beta'' \rightarrow \beta' \rightarrow \beta$$

Im Rahmen der Aufheizung von Al-Mg-Si Legierungen erfolgt die Bildung von Si-, Mg- sowie den im Anhang (13.3) beschriebenen Co-Clustern aus dem übersättigten α-Mischkristall [62]. Mit zunehmender Verweildauer erfolgt der Übergang dieser Cluster in nadelförmige GP(II)-Zonen. Aufgrund der gleichartigen Zusammensetzung und Form von GP(II)-Zonen und metastabilen β''-Phasen wird angenommen, dass GP(II)-Zonen die Keime der β''-Phasen darstellen [167, 168]. Die Bildung von β''-Phasen erfolgt bei Aushärtungstemperaturen von 125-200 °C [169]. Härtemaxima in Al-Mg-Si-Legierungen können auf die Ausscheidung feiner, nadelförmiger β''-Phasen zurückgeführt werden [170]. Entlang der Nadelachse weisen β''-Phasen hierbei eine kohärente Beziehung zur Al-Matrix auf [170]. Die stöchiometrische Zusammensetzung dieser β''-Ausscheidungen beträgt annähernd Mg_5Si_6 [156]. In Folge von Überalterungsprozessen erfolgt die strukturelle Umwandlung der β''-Phase zur teilkohärenten, stäbchenförmigen β'-Phase [171]. Die stöchiometrische Zusammensetzung der β'-Phase (Mg_9Si_5) entspricht näherungsweise Mg_2Si. Bei Temperaturen über 250 °C erfolgt eine diffusionslose Transformation der β'-Phase in die plattenförmige β-Gleichgewichtsphase (Mg_2Si) [161].

Allgemein können Ausscheidungsphasen von Al-Mg-Si-Legierungen vermehrt an Korngrenzen identifiziert werden [172]. Durch diese lokalisierte Ansammlung wird in der Folge die Neigung von Al-Mg-Si-Legierungen zu Versagen durch Korngrenzenbruch vermutet. Als Ursache für die Bildung der Ausscheidungsphasen an den Korngrenzen wird die um Größenordnungen schnellere Diffusionsgeschwindigkeit entlang der Korngrenzen im Vergleich zur Volumendiffusion angenommen [62]. Vergröberungen der Ausscheidungsphasen sowie die strukturelle Umwandlung der β''-Phase bedingen eine Abnahme der Festigkeitseigenschaften von Al-Mg-Si-Legierungen bei Einsatztemperaturen größer 200 °C [157].

2.4.4 Eutektische Al-Ni-Legierungen in der laserbasierten additiven Fertigung

Im Verlauf der Ausarbeitung der Dissertationsschrift ist die Veröffentlichung von zwei Artikeln erfolgt, welche unabhängig von den vorliegenden Arbeiten die additive Fertigung eutektischer Al-Ni-Legierungen thematisieren. In [173] erfolgt die Durchführung einer Phasenfeldsimulation der Mikrostruktur eutektischer Al-Ni-Legierungen unter LPBF-Erstarrungsbedingungen (z.B. angenommene Abkühlrate = 10^5 K/s). Im Rahmen der Simulationsergebnisse kann eutektisches Wachstum ermittelt werden. Weiterhin wird festgestellt, dass die vorliegende Mikrostruktur nur unzureichend durch die Jackson-Hunt Theorie [29] erklärt werden kann. Demnach wird in der Simulation im Vergleich zur Theorie eine siebenfach vergrößerte Unterkühlung sowie eine Verdopplung der eutektischen Abstände dokumentiert. Die in [174] dargestellten Arbeiten umfassen sowohl experimentelle Untersuchungen als auch Phasenfeldsimulationen zur Mikrostruktur (nah-)eutektischer Al-Ni-Legierungen im LPBF gefertigten Zustand. Untersucht werden die Legierungszusammensetzungen Al-6,1 Gew. % Ni, Al-8,0 Gew. % Ni, Al-10,0 Gew. % Ni und Al-15,0 Gew. % Ni. Die Herstellung der Prüfkörper ist unter Einsatz einer Schichtdicke von 50 µm, einer Scangeschwindigkeit von 100 mm/s und einem Spurabstand von 135 µm erfolgt. Die eingesetzte Laserleistung wird dabei in Abhängigkeit von der betrachteten Legierung auf 264 W, 230 W, 191 W oder 83 W festgesetzt. Weiterhin wird eine Vorheizung von 150 °C im LPBF-Prozess implementiert. Im Rahmen der Analysen wird für die Mikrostruktur eine Abhängigkeit von dem betrachteten Nickelgehalt sowie der lokalen Erstarrungsgeschwindigkeit festgestellt. Demnach wird an Prüfkörpern mit einem Nickelgehalt von 10 Gew. % eine für das Eutektikum charakteristische faserartige Mikrostruktur beschrieben, während eine zellulare Ausprägung bei einem Nickelgehalt von 6,1 Gew. % dokumentiert wird. Ein Übergang aus faserartiger zu zellularer Mikrostruktur kann an Prüfkörpern der Zusammensetzung Al-8,0 Gew. % Ni dokumentiert werden. Der Übergang der mikrostrukturellen Ausprägung erfolgt diskret und in Abhängigkeit des Abstandes zur Schmelzlinie (ff. Interlayer genannt) bzw. zum Startpunkt der Erstarrung. Die mikrostrukturelle Ausprägung wird somit mit der lokalen Erstarrungsgeschwindigkeit in Verbindung gebracht. Nahe des Interlayers (Abstand etwa ≤ 20 µm) wird hierbei die Ausprägung einer charakteristisch faserartigen Mikrostruktur ermittelt. In vergrößertem Abstand zum Interlayer bzw. mit vergrößerter Erstarrungsgeschwindigkeit wird eine zellulare Mikrostruktur festgestellt. Mit einer Erhöhung des Nickelgehaltes auf 15 Gew. % wird die dominante Ausscheidung primärer Al_3Ni-Mischkristalle dokumentiert.

3 Motivation, Zielsetzung und Vorgehensweise

Im Rahmen dieses Kapitels wird auf die spezifische Motivation, Zielsetzung und Vorgehensweise der vorliegenden Arbeit eingegangen. Die Motivation umfasst dabei die spezifischen, aus dem Stand der Technik abgeleiteten Beweggründe sowohl zur Untersuchung eutektischer Basissysteme zur Verarbeitung von Aluminiumlegierungen mittels LPBF (3.1) als auch zur Untersuchung von Al-Ni-Legierungen mittels LPBF (3.2). Weiterhin werden die Motive zur Auswahl der Legierungszusammensetzung Al-7,5 Gew. % Ni (AlNi7,5) als Basiswerkstoff betrachtet (3.3). Im Kontext der Zielsetzung werden die zu beantwortenden Forschungsfragen abgeleitet (3.4). Die Darstellung der Vorgehensweise dieser Arbeit erfolgt in 3.5.

3.1 Motivation zur Untersuchung eutektischer Basissysteme mittels LPBF

Im Folgenden soll eine Darstellung ausgewählter Charakteristika von Eutektika erfolgen (vgl. 2.2), welche im Kontext der Verarbeitung mittels LPBF als vorteilhaft anzusehen sind und somit die im Rahmen dieser Arbeit erfolgte Auswahl eines eutektischen Basissystems begründen. Ein grundlegendes Charakteristikum von Eutektika stellt die Eigenschaftskombination der beteiligten eutektischen Phasen dar. Diese ist grundsätzlich nicht als vorteilhaft anzusehen, jedoch wird aufgrund der Vielzahl an Eutektika hierdurch ein Spektrum an vielfältigen und potenziell attraktiven Eigenschaftskombinationen zur Auswahl geboten. Im Kontext der Verarbeitung hochfester Aluminiumlegierungen mittels LPBF ist als weiteres Charakteristikum insbesondere das minimale Erstarrungsintervall am eutektischen Punkt zu nennen. Wie in 2.3.2 beschrieben, ist ein maßgeblicher Faktor der fehlenden Verarbeitungsmöglichkeit von hochfesten Aluminiumknetlegierungen der 6xxx-er und 7xxx-er Gruppe mittels LPBF deren Heißrissneigung in Folge ausgeprägter Erstarrungsintervalle [5, 6]. Durch diesen Gegensatz wird somit an (nah-)eutektischen Legierungen eine verbesserte Verarbeitungsmöglichkeit mittels LPBF erwartet. Weiterhin wird durch die simultane Erstarrung aus der Schmelze eine vergleichsweise feine Ausprägung der eutektischen Phasenverteilung bzw. Mikrostruktur erreicht. Durch diese Feinung der mikrostrukturellen Ausprägung wird im Kontext der Hall-Petch-Beziehung (vgl. 2.3.1) eine Steigerung der Festigkeitseigenschaften erwartet [63–65].

3.2 Motivation zur Untersuchung von Al-Ni-Legierungen mittels LPBF

Die grundlegende Motivation zur Untersuchung eutektischer Al-Ni-Legierungen sowie additiver Fertigungsverfahren kann Kapitel 2 entnommen werden. Im Folgenden sollen die daraus abgeleiteten Zusammenhänge hervorgehoben werden, die spezifisch die Motivation zur Untersuchung von Al-Ni-Legierungen im Verbund der Fertigung mittels LPBF darstellen. Als Al-Ni-Legierungen werden im Kontext der vorliegenden Arbeit solche Legierungen bezeichnet, die auf der Phasenzusammensetzung des α-Al + Al_3Ni-Eutektikums basieren. Ein entscheidender Faktor für die Untersuchung von Al-Ni-Legierungen spezifisch mittels additiver Fertigungsmethoden ist die Lokalisation des α-Al + Al_3Ni-Eutektikums in der Nähe des Reinaluminiums bei 6,1 Gew. % Nickel [26]. Die spezifischen Dichten (nah-)eutektischer Al-Ni-Legierungen sind somit ähnlich zu gängigen Aluminiumlegierungen und Leichtbauwerkstoffen. Darüber hinaus steht die Phasenkonstitution des Eutektikums im Gegensatz zu aktuell eingesetzten Al-Legierungen basierend auf dem Al-Si-Eutektikum. Durch die Beteiligung der intermetallischen Al_3Ni-Phase an Stelle einer elementaren Si-Phase wird eine Steigerung der Festigkeitseigenschaften erwartet. Die Eigenschaftskombination einer duktilen α-Aluminiummatrix mit vergleichsweise festen, integrierten Al_3Ni-Fasern wird demnach im Kontext der Anwendung als vorteilhaft erwartet [133, 134]. Durch die dokumentierte Resistenz der Al_3Ni-Phase vor Vergröberung bis zu einer Temperatur von 400 °C wird diese Steigerung der Festigkeitseigenschaften auch bei erhöhten Temperaturen angenommen [126]. Ebenfalls ist in der Literatur eine simultane Zunahme von Zugfestigkeit, Bruchdehnung und Mikrohärte an Al-Ni-Legierungen mit einer Erhöhung der Abkühlrate im Intervall von 10^0 – 10^2K/s dokumentiert [127, 142, 175–177]. Als Ursache für dieses Verhalten kann eine Feinung der Körner sowie der charakteristischen eutektischen Faserabstände ermittelt werden. Eine Überprüfung der Skalierungsmöglichkeit dieser Steigerung auf die in 2.1 thematisierten prozessinhärenten Abkühlraten des LPBF (10^5 – 10^6 K/s) ist noch nicht erfolgt. Neben den Auswirkungen auf die Funktionseigenschaften ist ebenfalls die dokumentierte Resistenz von eutektischen Al-Ni-Legierungen gegenüber Heißrissen hervorzuheben. Durch die dafür ursächliche Kombination aus Fließfähigkeit und vergleichsweise geringem Erstarrungsintervall wird im Gegensatz zu hochfesten Knetlegierungen eine verbesserte technische Verarbeitbarkeit mittels Prozessen der laserbasierten additiven Fertigung erwartet [121, 122]. Zusammenfassend wird von Al-Ni-Legierungen somit neben einer verbesserten Verarbeitbarkeit mittels additiver Fertigungsprozesse eine Steigerung der Festigkeitseigenschaften im Vergleich zu gängig eingesetzten Al-Si-Legierungen im Raum- und Hochtemperaturbereich (bis 250 °C) erwartet. Untersuchungen zur additiven Verarbeitbarkeit von Al-Ni-Legierungen oder den korrespondierenden mechanischen Eigenschaften im LPBF gefertigten Zustand sind in der Literatur nicht dokumentiert.

3.3 Motivation zur Auswahl der Legierung AlNi7,5 als Basiswerkstoff

Im Rahmen der Arbeit wird die Legierung AlNi7,5 als Basiswerkstoff für die durchzuführenden Untersuchungen verwendet. Die Wahl der Zusammensetzung der binären Basislegierung zu AlNi7,5 ist als Kompromiss gegenläufiger Einflussfaktoren anzusehen. Wie in 2.3.2 beschrieben wirken sich verhältnismäßig kleine Erstarrungsintervalle positiv auf die technische Verarbeitbarkeit von Al-Legierungen mittels additiver Fertigungsverfahren aus. Dies begründet die Auswahl einer chemischen Zusammensetzung nahe der nominell eutektischen Zusammensetzung (6,1 Gew. % Ni). Das α-Al + Al_3Ni-Eutektikum gehört der Kategorie der nf/f-Eutektika an und wird, wie in 2.4.1 beschrieben, durch einen asymmetrischen Verlauf des eutektischen Wachstumsbereichs hin zur intermetallischen Phase gekennzeichnet [36, 125]. Um der Ausscheidung von α-Al-Primärausscheidungen entgegenzuwirken, wird daher eine nominell hypereutektische Zusammensetzung mit erhöhtem Ni-Gehalt gewählt. Weiterhin wird mit einer Vergrößerung des Ni-Gehaltes eine Zunahme der Festigkeit proportional zum Phasenanteil der intermetallischen Al_3Ni-Phase vermutet [125]. Ein Einfluss des Nickelgehaltes auf die eutektischen Abstände kann in der Literatur nicht dokumentiert werden [128]. Nickel weist im Vergleich zu Aluminium eine vergrößerte Dichte von 8,91 g/cm^3 auf. Die Zunahme des Nickelgehaltes ist somit proportional zur Massenzunahme der Ausgangslegierung und sollte begrenzt werden um weiterhin eine Option für die Anwendung als Leichtbauwerkstoff darzustellen. Die Dichte von AlNi7,5 beträgt 2,85 g/cm^3 und ist ähnlich zu aktuell eingesetzten Al-Basislegierungen (AlSi10Mg: 2,68 g/cm^3). Informationen bezüglich der spezifischen Festigkeit von Al-Ni-Legierungen mit variablem Nickelgehalt können in der Literatur nicht identifiziert werden. Aufgrund des Zeitpunktes der Veröffentlichung von [174] nach Abschluss der experimentellen

Tätigkeiten dieser Arbeit ist keine Berücksichtigung der dargestellten mikrostrukturellen Ergebnissen bei der Auswahl des Basiswerkstoffes erfolgt.

3.4 Zielsetzung

Die folgende Zielsetzung der Arbeit ergibt sich auf Basis der vorangegangenen Kapitel sowie den aufgezeigten Defiziten des Standes der Technik. Ein zentrales Ziel stellt die Erarbeitung von Charakteristika der Legierung AlNi7,5 im LPBF gefertigten Zustand dar. Diese umfasst Untersuchungen zur additiven Verarbeitbarkeit und Mikrostruktur sowie die erstmalige Charakterisierung der mechanischen Kennwerte und Schädigungsmechanismen von Al-Ni-Legierungen im LPBF gefertigten Zustand. Dabei wird eine Steigerung der Funktionseigenschaften im Vergleich zum Stand der Technik angestrebt, um Fortschritte im Kontext realer Anwendungen zu ermöglichen. Ein weiteres Ziel ist daher die Entwicklung einer Aluminiumlegierung welche reliabel Zugfestigkeiten ≥ 500 MPa im LPBF gefertigten Zustand aufweist. Weiterhin wird die Entwicklung einer Aluminiumlegierung als Ziel definiert welche reliabel Zugfestigkeiten ≥ 150 MPa im LPBF gefertigten Zustand bei Prüftemperaturen ≥ 250 °C aufweist. Im binären Legierungszustand wird angenommen, dass die zu ermittelnden mechanischen Eigenschaften diesen spezifischen Zielsetzungen nicht genügen, jedoch eine so hohe Grundfestigkeit erreicht werden kann, dass das Erreichen der angestrebten Werte auf Basis von Legierungszusätzen möglich wird. Hieraus folgt die Untersuchung des Einflusses ausgewählter Legierungszusätze in definierter Art und Menge sowie einer anschließenden Auslagerung auf die mikrostrukturellen und mechanischen Eigenschaften von Al-Ni-Legierungen. Das Erreichen der angestrebten Eigenschaften würde eine Steigerung des Leichtbaupotenzials additiver Fertigungsprozesse sowie des Leichtbauwerkstoffs Aluminium im Allgemeinen als Folge der Entwicklung hochfester und temperaturbeständiger Aluminiumlegierungen ermöglichen.

Auf Basis dieser Zielsetzungen ergeben sich folgende Forschungsfragen:

1. Wie wirkt sich die Verarbeitung mittels LPBF auf die mikrostrukturellen und mechanischen Eigenschaften der Legierung AlNi7,5 aus?
2. Wie wirkt sich die Zugabe von Legierungszusätzen definierter Art und Menge, sowie eine anschließende Auslagerung auf die mikrostrukturellen und mechanischen Eigenschaften von Al-Ni-Legierungen im LPBF gefertigten Zustand aus?

3.5 Vorgehensweise

Die vorliegende Arbeit ist in zehn Hauptkapitel gegliedert (siehe Bild 14). Ausgehend von der Relevanz von Al für den Leichtbau und die additive Fertigung wird einleitend das Thema der Arbeit motiviert (Kapitel 1). In Kapitel 2 werden die theoretischen Grundlagen erarbeitet und der Stand der Technik dargestellt. Hieraus werden die spezifische Motivation, Zielsetzung und Vorgehensweise dieser Arbeit in Kapitel 3 abgeleitet. Eine Beschreibung des experimentellen Versuchsaufbaus sowie der Versuchsplanung erfolgt in Kapitel 4. Weiterhin werden hierbei ebenfalls die eingesetzten Analysemethoden, -geräte und Materialien dargestellt. Zum Beginn des Ergebnisteil wird die additive Verarbeitung des Basiswerkstoffs AlNi7,5 mittels LPBF unter Variation der Prozessparameter Laserleistung und Scangeschwindigkeit überprüft (Kapitel 5). Im Rahmen der Arbeit wird der Basiswerkstoff AlNi7,5 als „binäre Basislegierung" bezeichnet. Die additive Verarbeitung von Prüfkörpern wird bei der Herstellung von rissfreien Prüfkörpern mit einer Bauteildichte ≥ 99,9 % als gegeben angenommen und im Folgenden als „defektfrei" gekennzeichnet. Der Zustand von Prüfkörpern im mittels LPBF gefertigten Zustand wird im Verlauf dieser Arbeit als „unbehandelt" angegeben. Anschließend erfolgt eine Analyse der Mikrostruktur der Prüfkörper zur Untersuchung der vorliegenden Phasenzusammensetzung, Erstarrungsmorphologie, Textur, Kornstruktur und Korngrößenverteilung der binären Basislegierung im LPBF gefertigten Zustand (Kapitel 6). Zur Charakterisierung der mechanischen Eigenschaften und Versagensmechanismen werden Zugversuche und Bruchflächenanalysen durchgeführt. Die Durchführung der Zugversuche erfolgt hierbei unter Raumtemperatur sowie erhöhter Temperatur (bis 280 °C). Ebenfalls erfolgt eine Untersuchung der vorliegenden Eigenspannungen innerhalb gefertigter und ausgelagerter Prüfkörper.

Im Anschluss an die Untersuchungen der binären Basislegierung erfolgt die Untersuchung der Auswirkung sowohl der Legierungszusätze Cu und Zr als auch Mg & Si im Verbund auf die Materialeigenschaften in Kapitel 7. Hierzu werden in einem ersten Schritt die Zusatzmengen der Legierungszusätze bestimmt. Die Auswahl der Zusatzmengen erfolgt hierbei auf Basis errechneter thermodynamischer Phasengleichgewichte sowie dem in der Fachliteratur dokumentierten Ausscheidungsverhalten der ausgewählten Legierungszusätze. Die aus dieser Auswahl resultierenden ternären und quaternären Legierungen werden im Kontext dieser Arbeit als „höherwertige Legierungen" bezeichnet. Weiterhin erfolgt die Verarbeitung der höherwertigen Legierungen mittels LPBF unter Einsatz der identifizierten Prozessparameter für die binäre Basislegierung zur Untersuchung der Übertragbarkeit der ermittelten Ergebnisse. Analog zur binären Basislegierung erfolgt die Validierung der additiven Verarbeitbarkeit hinsichtlich Riss- und Defektausprägung. Die Validierung der chemischen Zusammensetzung der höherwertigen Legierungen erfolgt über optische Emissionsspektrometrie (ICP-OES; engl. inductively coupled plasma-optical emission spectrometry) an eingesetzten Pulverwerkstoffen sowie gefertigten Prüfkörpern. Um eine Ausscheidungshärtung der festigkeitssteigernden Zusätze zu bewirken, erfolgt die Bestimmung von Wärmebehandlungsparametern für die höherwertigen Legierungen. Zur Auswahl von Parametern der Wärmebehandlung werden Auslagerungsversuche unterschiedlicher Dauer sowie Zugversuche durchgeführt. Neben der Untersuchung der mechanischen Eigenschaften der höherwertigen Legierungen in unterschiedlich ausgelagerten Zuständen erfolgt analog zur binären Basislegierung die Ermittlung der mechanischen Kennwerte und Schädigungsmechanismen bei unterschiedlichen Prüftemperaturen (bis 280 °C). Zur Bestimmung der Auswirkung der jeweiligen Legierungszusätze erfolgt die Auswertung hierbei vergleichend mit den Ergebnissen der binären Basislegierung. Zur Untersuchung der Wirkmechanismen der Ausscheidungsbildung erfolgen Analysen mittels Rasterelektronenmikroskopie (REM) und Transmissionselektronenmikroskopie (TEM) an Prüfkörpern der höherwertigen Legierungen im wärmebehandelten Zustand.

Zur Validierung der additiven Verarbeitungsmöglichkeit von Al-Ni-Legierungen für komplexere Bauteilgeometrien erfolgt darüber hinaus die Fertigung ausgewählter Demonstratorgeometrien in Kapitel 8. Die Zusammenfassung der erbrachten Ergebnisse erfolgt in Kapitel 9. Abschließend werden in Kapitel 10 auf Basis der erbrachten Ergebnisse mögliche Ansätze für zukünftige Forschungsvorhaben abgeleitet.

Bild 14 Schematische Darstellung der Struktur der Arbeit

4 Anlagentechnik, Analysemethoden und eingesetzte Materialien

Dieses Kapitel bietet einen Überblick über die im Rahmen der Arbeiten verwendeten Anlagen, Geräte und Materialien für die additive Verarbeitung sowie die nachgeschalteten Verfahren der Präparation und Analyse. Neben den technischen Spezifika der LPBF-Anlage wird in 4.1 ebenfalls die Versuchsplanung der durchgeführten Parameterstudien beschrieben. Eine Darstellung der eingesetzten analytischen Verfahren, Geräte und notwendigen Präparationstechniken erfolgt in 4.2. Die Charakterisierung der eingesetzten Pulverwerkstoffe ist maßgeblicher Bestandteil von 4.3.

4.1 Selektives Laserstrahlschmelzen

4.1.1 Versuchsanlage

Experimentelle Versuche werden an einer Aconity MIDI LPBF-Anlage der Aconity3D GmbH durchgeführt. Als Laserstrahlquelle wird ein Nd:YAG Laser YLS-1000-SM der IPG Photonics Corporation mit einer Ausgangsleistung von 1000 W und einer Wellenlänge von 1070 nm verwendet. Der Fokusdurchmesser des gaußförmigen Laserstrahls beträgt 80 µm (vgl. 13.4). Für Messungen der Strahlkaustik ist der Einsatz eines Spiricon Kamerasystems der Ophir Spiricon Europe GmbH erfolgt. Strahlablenkungen werden über einen galvanometrischen Scanner des Typs intelliSCAN30 der SCANLAB GmbH realisiert. Zur Anpassung der Brennweite sowie zur Kompensation geometrischer Verzerrungen zur Außenseite der zylindrischen Bauplattform ist ein varioSCANde40i der SCANLAB GmbH integriert. Prüfkörper können im zylindrischen Bauraum über einen Durchmesser von 170 mm und eine Höhe von 250 mm aufgebaut werden. Eine Gesamtaufnahme sowie eine Detailaufnahme der geöffneten Prozesskammer der LPBF-Anlage sind in Bild 15 dargestellt.

Bild 15 Gesamtaufnahme der LPBF-Anlage Aconity Midi (links); Detailaufnahme der geöffneten Prozesskammer (rechts), 1: Faseraufnahme und Kollimation, 2: Zoomoptik, 3: Galvanometrischer Scanner, 4: Schutzgasabsaugung/-zufuhr, 5: Bauplattform, 6: Pulverreservoir, 7: Schieberaufnahme

4.1.2 Versuchsplanung

Im Rahmen der in dieser Arbeit durchgeführten Parameterstudien an der binären Basislegierung AlNi7,5 erfolgt die Variation der Prozessparameter Laserleistung und Scangeschwindigkeit. Die Prozessparameter Spurabstand und Schichtdicke werden während der durchgeführten Parameterstudien konstant gehalten. Die Prozessparameter für die höherwertigen Legierungen werden auf Basis geeigneter (Rissfreiheit, Bauteildichte ≥ 99,9 %) Prozessparameter für AlNi7,5 gewählt. Der Variationsbereich der Prozessparameter im Rahmen durchgeführter Parameterstudien ist Tabelle 4 zu entnehmen. Die angegebenen Leistungswerte entsprechen stets der mittels eines Leistungsmesskopfes effektiv gemessenen Laserleistung. Zur Messung der Laserleistung ist der Einsatz eines Leistungsmesskopfes des Typs Cube der PRIMES GmbH erfolgt. Durch Auswahl von Kombinationen an Prozessparametern aus dem dargestellten Variationsbereich erfolgt im Rahmen dieser Arbeit nach Formel 1 die Betrachtung eines Spektrums an Volumenenergiedichten von 40 – 250 J/mm³.

Prozessparameter	Variationsbereich
Schichtdicke D_S [µm]	30
Spurabstand Δy_S [µm]	130
Laserleistung P_L [W]	125, 180, 285, 385, 490, 565
Scangeschwindigkeit v_s [mm/s]	400, 600, 800, 1200, 1400, 1600, 1800, 2000

Tabelle 4 Variationsbereich ausgewählter Prozessparameter im Rahmen der Parameterstudie der binären AlNi7,5-Legierung

Für jeden untersuchten Prozessparametersatz werden zur Absicherung der Ergebnisse jeweils mindestens zwei Prüfkörper gefertigt. Die Positionierung der Prüfkörper auf der Substratplatte erfolgt randomisiert, um einen Einfluss der Positionierung auf die Ergebnisse der Parameterstudien zu reduzieren. Die Dimensionen aufgebauter Prüfkörper der Parameterstudien betragen abhängig vom durchgeführten LPBF-Versuch 8 x 10 x 10 mm³ oder 10 x 10 x 10 mm³ (Länge x Breite x Höhe). Die unterschiedlichen Dimensionen der Prüfkörper werden über einen Wechsel zu einer quadratischen Prüfkörpergeometrie nach erfolgter Basisanalyse begründet. Ein systematischer Einfluss der unterschiedlichen Prüfkörpergeometrien auf die auftretende Defektgröße, -anzahl oder -art kann nicht festgestellt werden. Eine beispielhafte fotografische Aufnahme der Prüfkörper eines LPBF-Versuchs und deren Belichtungsreihenfolge auf der Substratplatte, ist in Bild 16 dargestellt.

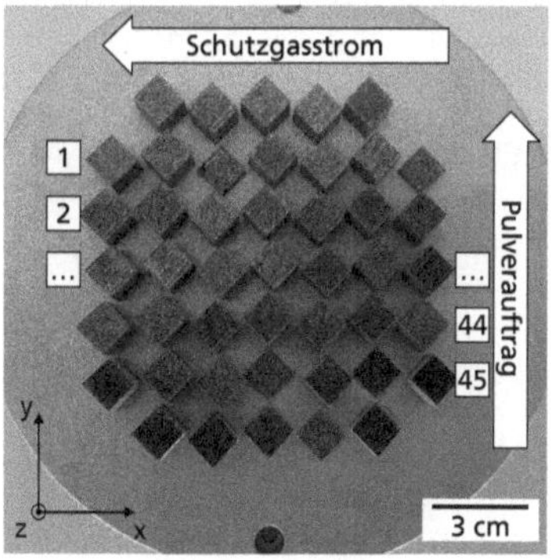

Bild 16 Beispielhafte fotografische Aufnahme von Prüfkörpern einer durchgeführten Parameterstudie auf der Substratplatte

Während des Schmelzprozesses können durch entstehenden Metalldampf sowohl lose als auch schmelzflüssige Pulverpartikel mitgerissen werden [9, 178]. Während Metalldampf bzw. Kondensat über den Schutzgasstrom zum Filter abtransportiert wird erfolgt in Abhängigkeit des Partikeldurchmessers die Landung mitgerissener Pulverpartikel auf dem Pulverbett [9]. Um den Einfluss dieser morphologisch veränderten Partikel auf den LPBF-Prozess zu reduzieren, wird die Reihenfolge der zu belichtender Prüfkörper entgegengesetzt zum Schutzgasstrom gewählt (Bild 16).

Da der Fokus der Parameterstudien auf der fundamentalen Überprüfung der Verarbeitbarkeit geometrisch simpler Formen beruht, erfolgt ausschließlich die Betrachtung von Hatch-Parametern. Die

Belichtungsvektoren und deren Abfolge sind im Verhältnis zum Schutzgasstrom schematisch für einen Prüfkörper in Bild 17 in Abhängigkeit der Schichtanzahl n dargestellt.

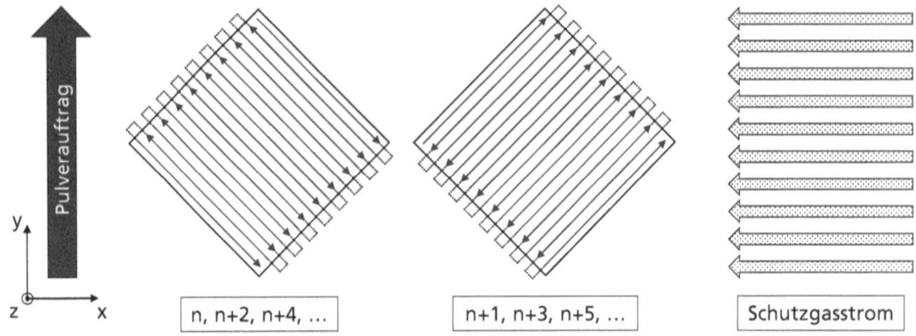

Bild 17 Schematische Darstellung der Prüfkörper und Belichtungsvektoren pro Schicht n im Verhältnis zur Richtung des Schutzgasstroms und Pulverauftrags

Die Prüfkörper weisen in jeder aufzubauenden Schicht eine 45° Verkippung in Bezug zur Richtung des Schutzgasstroms (Bild 17) auf. Dies wird über eine alternierende ± 90° Rotation der Prüfkörper um die z-Achse nach jeder belichteten Schicht gewährleistet. Auf diese Weise erfolgt die Belichtung in jeder zweiten Lage identisch. Hierdurch kann sowohl eine Homogenisierung des Energieeintrags als auch eine Reduzierung innerer Spannungen erreicht werden [179]. Der Verlauf der Belichtungsvektoren innerhalb einer Schicht ist bidirektional angeordnet. Aufgrund der Ausrichtung der Scanvektoren parallel zu den Bauteilkanten wird über die 90°-Rotation der aufzubauenden Prüfkörper um die z-Achse ebenfalls eine 45° Ausrichtung der Scanvektoren zum Schutzgasstrom gewährleistet. Hierdurch erfolgt eine weitere Reduktion der Interaktion von Laserstrahlung mit Kondensat.

4.2 Analysegeräte und –verfahren

Aufgebaute Prüfkörper im Rahmen dieser Arbeit werden hinsichtlich der vorliegenden Defektausprägung und Mikrostruktur charakterisiert. Hierfür erfolgt die metallographische Präparation der Prüfkörper. Dies umfasst die Auftrennung der Prüfkörper parallel zur Aufbaurichtung sowie das Einbetten, Schleifen und Polieren. Sofern die Charakterisierung der Mikrostruktur erfolgt, kann im Anschluss an die metallographische Präparation eine Ätzung erfolgen. In Abhängigkeit des gewählten Analyseverfahrens erfolgt eine Ätzung unter Variation der Ätzdauer (20-120 Sekunden) und Konzentration des Ätzmittels (10-20 %). Im Rahmen aller durchgeführten Ätzungen dieser Arbeit wird Natronlauge (NaOH) als Ätzmittel verwendet.

Lichtmikroskopische Aufnahmen (LOM) werden über ein motorisiertes BX 63 Mikroskop der Olympus Corporation sowie ein Eclipse ME 600 der Nikon Corporation aufgenommen. Die Auswertung dieser Bilder hinsichtlich auftretender Defekte erfolgt mit Hilfe der Olympus Stream Motion Software. Die Identifikation von Defekten erfolgt hierbei über die Binarisierung aufgenommener Bilder anhand eines manuell veränderbaren Grauschwellenwertes. Vollmaterial wird hierdurch in weiß, Defekte in schwarz dargestellt. Durch die Auswertung des Verhältnisses schwarzer Flächenanteile zur Gesamtfläche des Bildausschnitts der Prüfkörper wird die Kenngröße der Bauteildichte ermittelt. Der Vorgang ist schematisch in Bild 18 dargestellt.

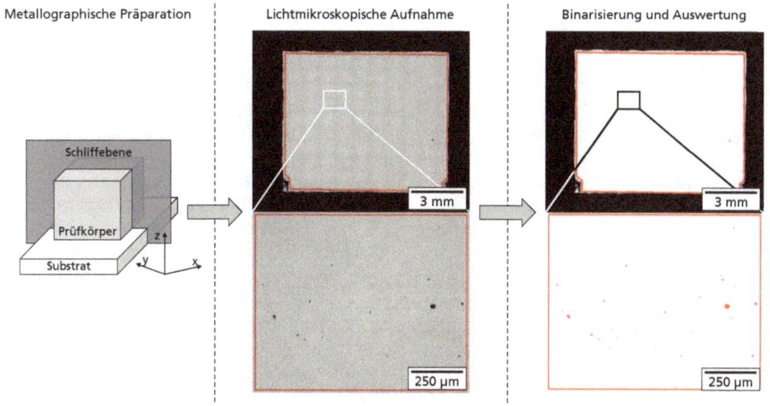

Bild 18 Schematische Darstellung der Ermittlung der Bauteildichte anhand von lichtmikroskopischen Aufnahmen polierter Querschliffe

Zur Bestimmung des Schweißregimes aufgebauter Prüfkörper erfolgt die Bestimmung des Aspektverhältnisses (Schmelzspurtiefe/Schmelzspurbreite) belichteter Schmelzspuren anhand lichtmikroskopischer Aufnahmen polierter Querschliffe. Die Schweißregime des LPBF werden in das Wärmeleitungsschweißen, Einschweißen (auch Übergangsschweißen genannt) und Tiefschweißen unterteilt [9]. Je nach Quelle erfolgt diese Zuordnung anhand unterschiedlicher Kenngrößen des Aspektverhältnisses [9, 180, 181]. Für diese Arbeit wird die Unterteilung nach [9] herangezogen. Demnach tritt bei einem Aspektverhältnis kleiner 0,5 Wärmeleitungsschweißen auf. Ein Aspektverhältnis zwischen 0,5 und 2 wird dem Einschweißen und ein Aspektverhältnis größer 2 dem Tiefschweißen zugeschrieben. Hochgeschwindigkeits-Röntgenaufnahmen in [182] und [183] zeigen, dass der LPBF-Prozess in der Regel im Schweißregime des Einschweißens stattfindet. Eine Besonderheit der letzten belichteten Lage von LPBF-Prüfkörpern ist, dass diese nicht mehr durch eine nachfolgende Lage wiederaufgeschmolzen wird. Folglich kann innerhalb der letzten belichteten Lage die Ermittlung von Schmelzspurtiefe, als auch Schmelzspurbreite erfolgen, wodurch Ausmessungen der Schmelzspurgeometrie innerhalb dieser Lage durchgeführt werden (vgl. Bild 19). Die Ermittlung der Schmelzspurbreite erfolgt hierbei über Verdopplung der lichtmikroskopisch zu identifizierenden halben Schmelzspurbreite. Zur statistischen Absicherung erfolgt für jeden zu untersuchenden Prüfkörper die Ausmessung von 15 Schmelzspuren.

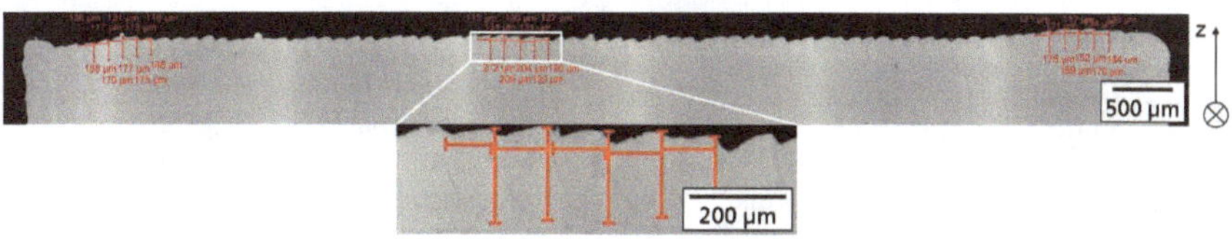

Bild 19 Ausmessung des Aspektverhältnisses der Schmelzspuren der letzten belichteten Lage anhand von lichtmikroskopischen Aufnahmen an polierten Querschliffen

Für mikrostrukturelle Untersuchungen werden REM-Aufnahmen an einem Rasterelektronenmikroskop des Typs Zeiss Supra 40 VP der Carl Zeiss Microscopy Deutschland GmbH durchgeführt. Die Visualisierung von Aufnahmen erfolgt hierbei sowohl unter Einbezug emittierter Rückstreuelektronen mittels AsB-Detektor (engl. Angular selective backscattered electrons) als auch emittierter Sekundärelektronen mittels InLens-Detektor (Everhart-Thornley-Detektor). Über den AsB-Detektor wird hierdurch ein Elementarkontrast und durch den InLens-Detektor ein oberflächensensitiver Topographiekontrast gewährleistet. Messungen der chemischen Zusammensetzung über energiedispersive Röntgenspektroskopie (EDX) werden über ein Pegasus XM4-Spektrometer der AMETEK GmbH sowie der zugehörigen Genesis Software realisiert. Weiterhin erfolgen mikrostrukturelle Analysen über Elektronenrückstreubeugung (EBSD; engl. electron backscatter diffraction). Hierfür erfolgt der Einsatz einer EBSD-Kamera des Typs DigiView III sowie der Software Orientation Imaging Microscopy™ der AMETEK GmbH. Aufnahmen der inversen Polfigur (IPF) von Prüfkörpern zur Identifikation von Vorzugsrichtungen der Kornorientierung erfolgen über den gesamten Verlauf der Arbeit über normierte hkl-Indizes der Orientierung [001] (Bild 20 links). Zur Interpretation ermittelter Kornorientierungen ist die Orientierung der Aufbaurichtung (BD, engl. build direction) eines Prüfkörpers zum Elektronenstrahl bzw. zur Ebenennormalen (ND, engl. normal direction), Querachse (TD, engl. transverse direction) und Referenzrichtung (RD, engl. reference direction) im Rahmen von EBSD-Analysen maßgebend. Eine schematische Darstellung der Richtungsbeziehungen der TD, RD und ND zum Elektronenstrahl kann Bild 20 (rechts) entnommen werden. Die Richtungsbeziehung der BD ist abhängig von der Implementierung des Prüfkörpers. Die Darstellung dieser Richtungsbeziehung erfolgt in Bild 20 (rechts) daher nur exemplarisch. Die Implementierung von zu analysierenden Würfelprüfkörpern dieser Arbeit ist sowohl in einer 45° Ausrichtung zum Detektor als auch zur Elektronenstrahlquelle erfolgt. Die Orientierung der implementierten Würfelprüfkörper wird hierbei so gewählt, dass die Aufbaurichtung, wie in Bild 20 (rechts) schematisch dargestellt, in Richtung der Elektronenstrahlquelle zeigt.

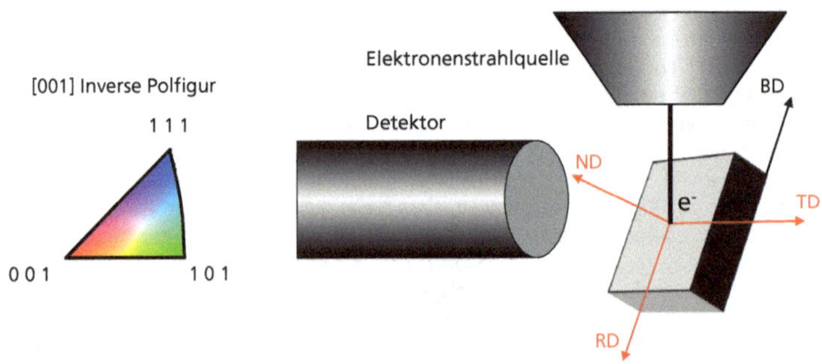

Bild 20 Farbkodierung der Im Rahmen dieser Arbeit eingesetzten inversen Polfigur der hkl-Indizes [001] (links); schematische Darstellung der Richtungsbeziehungen im Rahmen von EBSD-Aufnahmen (rechts)

An ausgewählten Prüfkörpern erfolgt für weiterführende mikrostrukturelle Untersuchungen die Durchführung von Aufnahmen mittels TEM. Hierfür wird ein TEM des Typs Tecnai Osiris der Thermo Fisher Scientific Inc. eingesetzt. Die Visualisierung der Aufnahmen erfolgt über Verteilungsbilder, Hellfeldabbildungen sowie ringförmige Dunkelfeldabbildungen (HAADF, engl. High-angle annular dark-field imaging). Im Rahmen der Präparation für TEM-Aufnahmen erfolgt die Entnahme von etwa 50-70 µm dicken Lamellen mit Hilfe einer fokussierten Ionenstrahlsonde (FIB, engl. focused ion beam) vom Typ Dual Beam Strata 400S der Thermo Fisher Scientific Inc. Die Entnahme der Lamellen ist hierbei aus der Querschliff- bzw. x/z-Schliffebene (vgl. Bild 30) der Prüfkörper erfolgt.

Zur Bestimmung von Rauheitswerten gefertigter Prüfkörper wird ein Alicona Infinite Focus der Alicona Imaging GmbH eingesetzt. Röntgendiffraktometrische (XRD) Messungen zur Phasenanalyse sowie der Quantifizierung von Eigenspannungen an gefertigten Prüfkörper im unbehandelten und wärmebehandelten (WBH) Zustand erfolgen über ein D8 Discover Röntgendiffraktometer der Bruker Corporation. Die Detektion von Röntgenquanten erfolgt über einen Lynxeye XE-T (1D) Detektor. Für die Messungen kommt über einen Messbereich von -45° bis +45° die $\sin^2\Psi$-Methode unter einem Kippwinkel von 12° zum Einsatz. Messungen der Eigenspannungen erfolgen sowohl am Profil als auch an der Draufsicht von Prüfkörpern. Hieraus können die vorliegenden Eigenspannungen entlang der Prüfkörperlänge, -dicke und -höhe in Längs-, Quer- und Aufbaurichtung abgeleitet werden. Die Orientierung der Prüfkörper ist in Abhängigkeit der jeweiligen Richtungen schematisch in Bild 21 dargestellt. Weiterhin können Bild 21 die Koordinaten der Messpunkte der Eigenspannungsmessung an gefertigten Prüfkörpern entnommen werden. Eine detaillierte Beschreibung der eingesetzten Methodik der Eigenspannungsmessung ist [184] zu entnehmen.

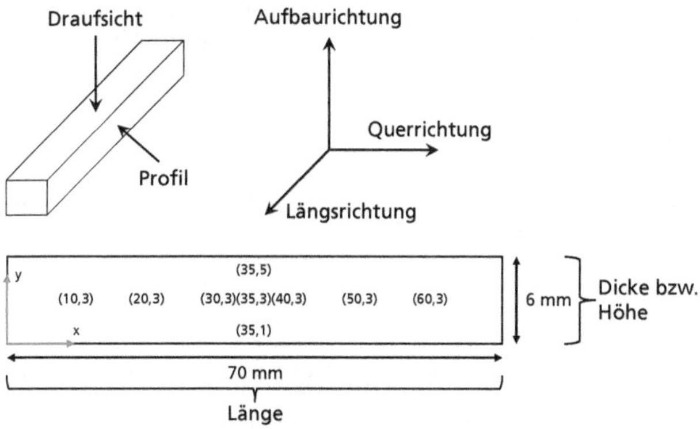

Bild 21 Schematische Darstellung der Prüfkörperorientierung, Richtungsabhängigkeit und Messkoordinaten (x, y) im Rahmen durchgeführter Eigenspannungsmessungen. Angaben der Koordinaten in mm im Bezug zum Ursprung des x-/y-Koordinatensystems

Zur Bestimmung der statischen mechanischen Kennwerte der Al-Ni-Legierungen werden Zugversuche bei variablen Prüftemperaturen durchgeführt. Im Vorfeld der Versuche werden Prüfkörper der Dimension 70 x 6 x 8 mm³ (Länge x Breite x Höhe) mittels LPBF in horizontaler Ausrichtung gefertigt und auf die Zugprobenform B 4 x 20 der DIN EN ISO 50125 (M6 Gewinde) abgedreht [185]. Die Durchführung der Zugversuche erfolgt an einer Zugprüfmaschine des Typs Instron 8861 der Instron Corporation bei einer Versatzgeschwindigkeit von 0,002-0,0025 mm/s. Die Variation der Prüftemperatur erfolgt hierbei von RT bis 280 °C. Die Bandbreite der untersuchten Prüftemperaturen umfasst somit RT, 100 °C, 150 °C, 200 °C, 250 °C und 280 °C. Zum Vergleich der ermittelten Ergebnisse mit dem Stand der Technik werden Ergebnisse der Zugprüfung an Prüfkörpern der Legierung Scalmalloy® herangezogen. Die ermittelten mechanischen Kennwerte werden vom Fraunhofer IWM zur Verfügung gestellt und basieren auf bereitgestellten Prüfkörpern der APWORKS GmbH. Die Bedingungen der Zugprüfung der Prüfkörper von Scalmalloy® sind in [186] dargestellt.

Thermodynamische Phasenrechnungen im Rahmen dieser Arbeit werden mittels der Thermo-calc Software der gleichnamigen Firma unter Nutzung der Version 2019b durchgeführt. Zur Berechnung wird die Datenbank TCAL6 (Al-Alloys v6.0) herangezogen.

Abweichungen der Endkontur gefertigter Demonstratorbauteile werden über ein 3D-Scansystems des Typs ATOS Compact Scan 5M der Carl Zeiss AG erfasst. Die Quantifizierung der Abweichung erfolgt über einen Abgleich mit dem CAD-Modell des Bauteils und wird über die zugehörige Software GOM Inspect realisiert.

Die Partikelgrößenverteilung und Feuchte eingesetzter Pulverwerkstoffe wird mittels eines Camsizer X der Retsch GmbH bzw. über einen MS-70 Moisture Analyzer der A&D Company, Limited ermittelt. Bestimmungen der Schüttdichte eingesetzter Pulverwerkstoffe erfolgen gemäß DIN EN ISO 3923-1 [187].

Ein Großteil der mikrostrukturellen und mechanischen Untersuchungen dieser Arbeit ist in Zusammenarbeit mit dem Fraunhofer-Institut für Werkstoffmechanik (IWM) erfolgt. Ebenfalls sind die durchgeführten TEM-Analysen im Unterauftrag am Karlsruher Institut für Technologie (KIT) durchgeführt worden. Zur eindeutigen Kennzeichnung der Urheber erfolgt im Verlauf der Arbeit an den jeweiligen Ergebnissen ein Verweis auf den Durchführungsort mit [Fraunhofer IWM] bzw. [KIT].

4.3 Eingesetzte Materialien

Für alle durchgeführten Versuche wird die Knetlegierung EN-AW 5083 als Substratwerkstoff herangezogen. Die Herstellung der eingesetzten Pulverwerkstoffe erfolgt mittels Vakuum Induktionsschmelzens und anschließender Inertgasverdüsung (VIGA, engl. Vacuum induction melting gas atomization) und wird von der Nanoval GmbH durchgeführt. Abweichungen der chemischen Zusammensetzung der Pulverwerkstoffe von der Soll-Zusammensetzung werden mittels ICP-OES Messungen quantifiziert und sind Tabelle 5 zu entnehmen. Um das Maß der Reaktion der Pulverwerkstoffe mit vorliegendem Restsauerstoff während des Verdüsungsprozesses zu quantifizieren, erfolgt die Analyse aller Pulverwerkstoffe mittels Heißextraktion hinsichtlich des vorliegenden Sauerstoffgehaltes. Der durch diese Analysen maximal ermittelte Sauerstoffgehalt eines Pulverwerkstoffs beträgt 0,1 Gew. % und entspricht damit gängigen Kontaminationen von Verdüsungsprozessen [188].

Legierung	Soll-Zusammensetzung [Gew. %]						Ist-Zusammensetzung Prüfkörper [Gew. %]					
	Al	Ni	Cu	Zr	Mg	Si	Al	Ni	Cu	Zr	Mg	Si
AlNi7,5	Basis	7,5					Basis	7,20				
AlNi7,5Cu4,0	Basis	7,5	4,0				Basis	7,60	4,10			
AlNi7,5Zr0,5	Basis	7,5		0,5			Basis	7,26		0,50		
AlNi7,5Mg1,0Si0,5	Basis	7,5			1,0	0,5	Basis	7,21			0,90	0,69
AlNi7,5Zr0,25Mg0,5Si0,25	Basis	7,5		0,25	0,50	0,25	Basis	7,10		0,26	0,65	0,36

Tabelle 5 Soll- und Ist-Zusammensetzung eingesetzter Pulverwerkstoffe

Der Bezug auf Legierungen im Rahmen dieser Arbeit erfolgt ausschließlich über deren Soll-Zusammensetzung. Die Herstellung von Prüfkörpern des ternären Al-Ni-Cu-Legierungssystems mit einem Cu-Anteil < 4 Gew. % erfolgt über die Mischung und Homogenisierung der vorlegierten Pulverwerkstoffe AlNi7,5 und AlNi7,5Cu4,0. Die Homogenisierung der erzeugten Pulvermischungen wird über einen 30-minütigen Taumelprozess innerhalb eines Schüttelmischers des Typs Turbula® der WAB-Group gewährleistet.

REM-Aufnahmen sowie korrespondierende Querschliffe der eingesetzten Pulverwerkstoffe sind Bild 22 zu entnehmen. Alle Pulver weisen eine sphärische Morphologie auf. Abweichungen von dieser Morphologie, etwa in Form von Satellitenbildung, sind nur vereinzelt zu identifizieren. Gaseinschlüssen in Form von Hohlräumen können ebenfalls nur vereinzelt in den Querschliffen der Pulverpartikel ermittelt werden.

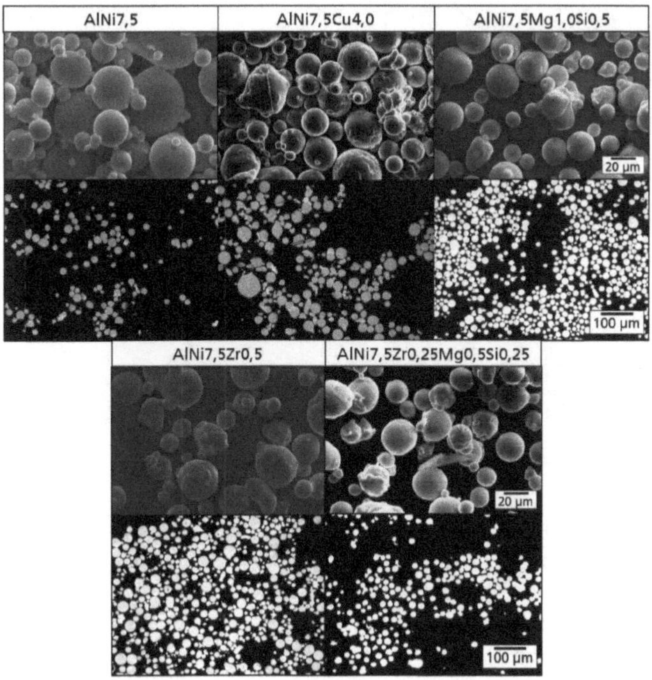

Bild 22 REM-Aufnahmen (oben) sowie LOM-Aufnahmen (unten) von Querschliffen eingesetzter Pulverwerkstoffe

Ein erhöhter Feinanteil bedingt eine Verringerung der Fließfähigkeit eingesetzter Pulverwerkstoffe. Eine verringerte Fließfähigkeit wiederum kann sich z.B. in Form eines inhomogenen Pulverauftrags negativ auf den LPBF-Prozess auswirken [189, 190]. Zur Quantifizierung des Feinanteils eingesetzter Pulverwerkstoffe erfolgt daher die Überprüfung der nominellen Partikelgrößenverteilung von 10-45 µm. Die Ergebnisse der volumengewichteten Analyse der Partikelgrößenverteilung können Bild 23 und Tabelle 6 entnommen werden. Die statistischen Quantile d_{10}, d_{50} und d_{90} beschreiben hierbei den Partikeldurchmesser, bei dem 10, 50 bzw. 90 % der Gesamtpartikel einen kleineren Partikeldurchmesser aufweisen. Die Quantifizierung des Feinanteils erfolgt über das d_{10}-Quantil. Eine Erhöhung des Feinanteils führt somit zu einer Reduktion des d_{10}-Partikeldurchmessers. Ein negativer Einfluss des Feinanteils auf die Verarbeitung von Al-Basiswerkstoffen mittels LPBF ist z.B. in [191] dokumentiert. Im Rahmen dieser Arbeit ist der Einsatz eines Pulverwerkstoffs mit einem d_{10}-Quantil von 5,4 µm erfolgt [191]. Die Summenverteilung gibt den relativen Anteil an Partikeln mit einem Partikeldurchmesser kleiner dem Bezugspunkt an. Über die Dichteverteilung wird eine Aussage über den relativen Anteil an Pulverpartikeln innerhalb eines bestimmten Intervalls an Partikeldurchmessern getroffen.

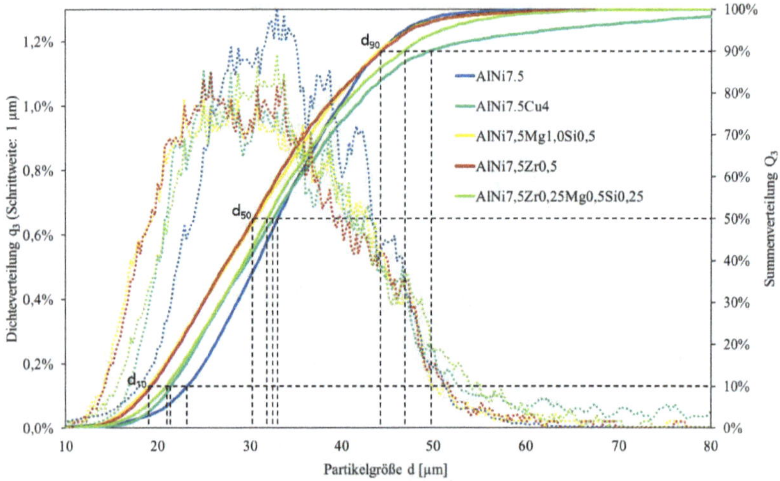

Bild 23 Grafische Darstellung der Summen- und Dichteverteilung untersuchter Pulverwerkstoffe

Legierung	d_{10} [µm]	d_{50} [µm]	d_{90} [µm]
AlNi7,5	23,2	33,0	44,3
AlNi7,5Cu4,0	21,5	32,5	49,6
AlNi7,5Mg1,0Si0,5	19,1	30,6	44,2
AlNi7,5Zr0,5	19,3	30,4	44,4
AlNi7,5Zr0,25Mg0,5Si0,25	21,0	31,9	46,8

Tabelle 6 Tabellarische Darstellung der ermittelten statistischen Kenngrößen der Partikelgrößenverteilung untersuchter Pulverwerkstoffe

Im Vergleich zwischen den Pulverwerkstoffen kann für die Legierungen AlNi7,5Zr0,5 (d_{10} = 19,3 µm) und AlNi7,5Mg1,0Si0,5 (d_{10} = 19,1 µm) der größte und für die Legierung AlNi7,5 der kleinste Feinanteil (d_{10} = 23,2 µm) im Rahmen der betrachteten Pulverwerkstoffe ermittelt werden. Die maximale Abweichung, sowohl des d_{10}-, als auch des d_{90}-Quantils von der nominellen Partikelgrößenverteilung (10-45 µm) beträgt 4,6 µm.

Um die Schüttdichten der Pulverwerkstoffe in einem Zylinder mit definiertem Volumen über deren Gewicht zu ermitteln, erfolgt zunächst die Bestimmung der Dichte der Werkstoffe als Vollmaterial nach Formel 7. Die Formelzeichen w und ρ stellt hierbei den Gewichtsanteil bzw. die Dichte der jeweiligen Komponenten (1 bis n) der betrachteten Legierung dar.

Formel 7

$$\frac{1}{(\frac{w_1}{\rho_1} + \frac{w_2}{\rho_2} + \cdots + \frac{w_n}{\rho_n})}$$

Über das Verhältnis der auf 1 cm³ normierten ermittelten Gewichte im befüllten Zylinder zur Dichte der jeweiligen Werkstoffe als Vollmaterial kann die Schüttdichte bestimmt werden. Die ermittelten Schüttdichten eingesetzter Pulverwerkstoffe sind in Tabelle 7 dargestellt.

Legierung	Dichte als Vollmaterial [g/cm³]	Ermitteltes Gewicht (Pulver) [g/cm³]	Schüttdichte [%]
AlNi7,5	2,849	1,512	53,06
AlNi7,5Cu4,0	2,935	1,440	49,07
AlNi7,5Mg1,0Si0,5	2,830	1,515	53,53
AlNi7,5Zr0,5	2,858	1,471	51,48
AlNi7,5Zr0,25Mg0,5Si0,25	2,844	1,450	50,99

Tabelle 7 Ermittelte Dichten als Vollmaterial sowie Schüttdichten eingesetzter Pulverwerkstoffe

Durch die Analyse der Feuchtigkeit der Pulverwerkstoffe kann eine Pulverfeuchte von maximal 1,0 % der Gesamtmasse ermittelt werden. Pulverfeuchte kann sich negativ zum Beispiel in Form eines inhomogenen Pulverauftrags während des LPBF-Prozesses auswirken. Weiterhin kann insbesondere bei Aluminiumlegierungen durch Restfeuchte im Pulverwerkstoff die Ausprägung von Wasserstoffporosität erfolgen. Um diese potenziellen Einflüsse zu reduzieren, erfolgt vor jedem LPBF-Prozess die Trocknung des jeweiligen Pulverwerkstoffs in einem Ofen bei 100 °C für eine Mindestdauer von zwölf Stunden. Durch Messungen der Pulverfeuchte an den eingesetzten Pulverwerkstoffen im getrockneten Zustand kann ein Masseanteil an Feuchte von maximal 0,5 % ermittelt werden.

5 Additive Verarbeitbarkeit von Al-Ni-Legierungen

Dieses Kapitel widmet sich entsprechend der ersten Forschungsfrage der grundlegenden Überprüfung der defektfreien (Rissfreiheit, Bauteildichte $\rho \geq 99{,}9$ %) Verarbeitungsmöglichkeit der Legierung AlNi7,5 mittels LPBF. Hierzu wird eine Parameterstudie nach 4.1.2 durchgeführt. Die Bewertung von Parametersätzen erfolgt nach den folgenden Kriterien:

1. Verarbeitungsmöglichkeit auf typischen LPBF-Anlagen im Einsatz gegeben (Laserleistung $P_L \leq 400$W)

2. Mittlere Bauteildichte $\rho \geq 99{,}9$ %

3. Rissfreiheit

Die Resultate der Parameterstudie nach dem Qualitätskriterium der mittleren Bauteildichte sind in Abhängigkeit der eingesetzten Laserleistung und Scangeschwindigkeit in Bild 24 dargestellt. Die Darstellung der Bauteildichte erfolgt über Falschfarben, die Darstellung der Volumenenergiedichte über Isolinien. Die effektiven Messpunkte der interpolierten Darstellung sind über Kreuze gekennzeichnet. Die mittlere Bauteildichte in Abhängigkeit der Volumenenergiedichte für verschiedene Laserleistungen ist Bild 25 zu entnehmen.

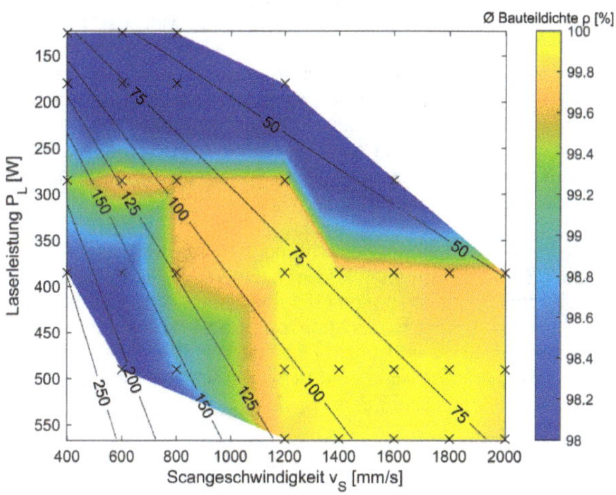

Bild 24 Auftragung der mittleren Bauteildichte in Abhängigkeit der Laserleistung P_L [W] und Scangeschwindigkeit v_S [mm/s]. Darstellung der Volumenenergiedichte E_V [J/mm³] als Isolinien

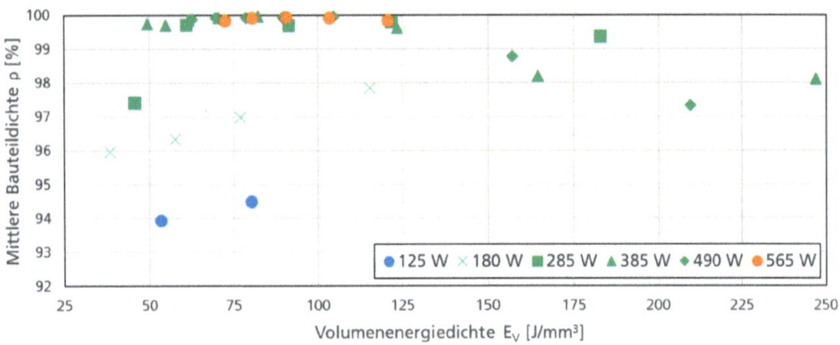

Bild 25 Darstellung der mittleren Bauteildichte ρ [%] in Abhängigkeit der Volumenenergiedichte E_V [J/mm³] für unterschiedliche Laserleistungen P_L [W]

Im Rahmen der durchgeführten Versuche der Parameterstudie kann der empirische Zielwert von Bauteildichten ≥ 99,9 % erreicht werden. Im betrachteten Variationsbereich kann ein Prozessfenster identifiziert werden, welches im Intervall der Scangeschwindigkeit von 1200 bis 2000 mm/s unter Einsatz von Laserleistungen ≥ 385 W die Fertigung von Prüfkörpern mit einer mittleren Bauteildichte ≥ 99,7 % ermöglicht. Die im Vergleich zur Leistungsgrenze typischer LPBF-Anlagen im Einsatz (400 W) hohe notwendige Laserleistung zur Erreichung von Bauteildichten ≥ 99,7 % wird maßgeblich auf die in 2.3.2 beschriebene Reflektivität von Aluminium im NIR-Bereich zurückgeführt. Ab einer Volumenenergiedichte von 50 J/mm³ können mittlere Bauteildichten ≥ 99,7 % erreicht werden. Eine Volumenenergiedichte von 50 J/mm³ wird somit im betrachteten Variationsbereich als untere Grenze zur effektiven Aufschmelzung der Pulverpartikel während des Schmelzprozesses angenommen. Die Herstellung von Prüfkörpern mit einer mittleren Bauteildichte ≥ 98 % kann unter Einsatz von Laserleistungen ≤ 180 W nicht identifiziert werden, obwohl in diesem Parameterraum Volumenenergiedichten bis zu 115 J/mm³ erreicht werden. Als Ursache für dieses Verhalten wird eine ineffizientere Einkopplung der Laserenergie ins Pulvermaterial aufgrund der vergleichsweise geringen Intensität der Laserstrahlung angenommen.

In der Bewertung von Parametersätzen ist neben der Betrachtung der mittleren Bauteildichte auch die Art des dominant auftretenden Defektes von Interesse. Im Rahmen der Parameterstudie kann die Klassifikation nach fünf unterschiedlichen Kategorien erfolgen: Risse + Anbindungsfehler, Anbindungsfehler, Risse, Gasporosität und defektfrei. Lichtmikroskopische Aufnahmen von Querschliffen der einzelnen Kategorien sind exemplarisch in Bild 26 dargestellt. Die partiell in Querschliffen sichtbaren Aussparungen am Prüfkörperrand (Bild 26 unten links) sind nicht auf Defekte, sondern auf bewusst eingebrachte Gravuren zurückzuführen.

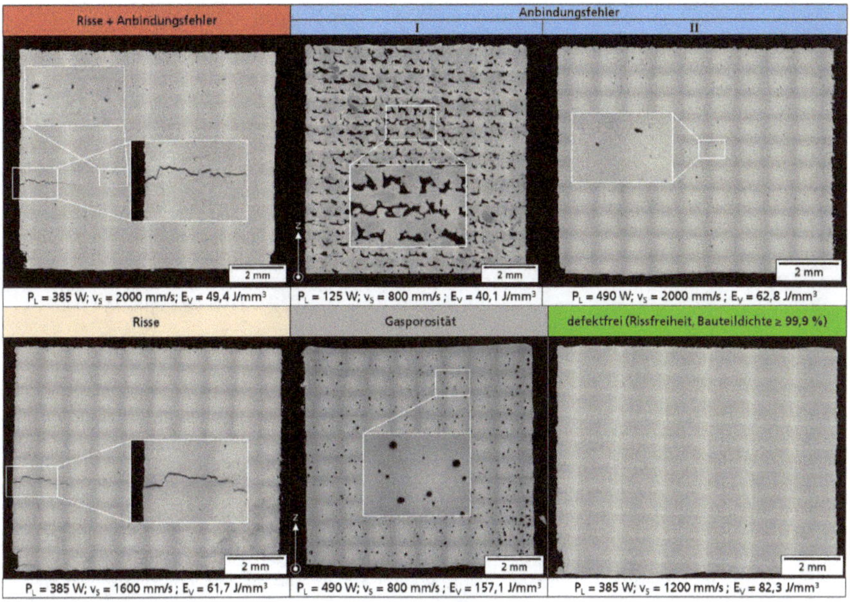

Bild 26 Mikroskopische Aufnahmen von exemplarischen Querschliffen der ermittelten Kategorien samt korrespondierender Prozessparameter Laserleistung P_L [W] und Scangeschwindigkeit v_S [mm/s] sowie resultierender Volumenenergiedichte E_V [J/mm³]

Um frühzeitiges Bauteilversagen im Belastungsfall zu vermeiden, erfolgt der Ausschluss von Parametersätzen, in deren korrespondierenden Prüfkörpern Risse identifiziert werden können. Lokal unzureichende Energieeinträge können zu unvollständigem Aufschmelzen der Pulverpartikel und somit lokal zur fehlenden Ausprägung eines metallurgisch schlüssigen Verbundes führen. Die resultierende Defektart wird als Anbindungsfehler bezeichnet [192–195] und tritt typischerweise zwischen benachbarten Schmelzspuren einer Schicht oder zwischen Schichten auf [196, 197]. Weiterhin werden vorliegende Anbindungsfehler entsprechend der Defektausprägung in Bild 26 in makroskopische (I) und mikroskopische (II) Anbindungsfehler unterteilt. Der Übergang zu makroskopischen Anbindungsfehlern erfolgt stetig und kann mit einer weiteren Reduktion des Energieeintrags begründet werden. Im Gegensatz zu Anbindungsfehlern erfolgt die Bildung von Gasporen bevorzugt bei erhöhtem Energieeintrag [192, 195, 198, 199]. Die mikroskopische Differenzierung von Gasporen und Anbindungsfehlern kann maßgeblich über deren Morphologie erfolgen. Lichtmikroskopische Aufnahmen beider Defektgrößen sind exemplarisch in Bild 27 dargestellt.

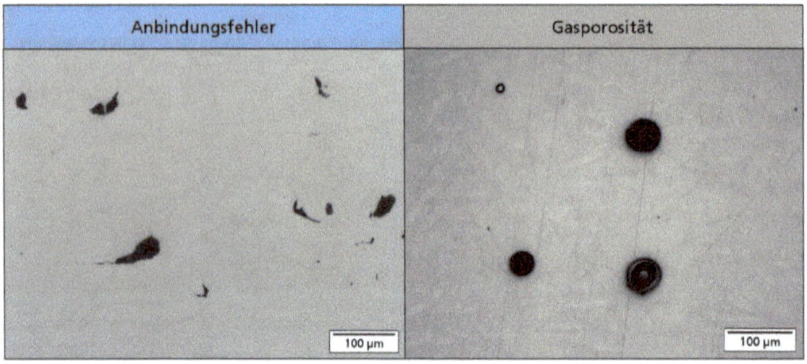

Bild 27 Lichtmikroskopische Detailaufnahmen der Defektarten: Anbindungsfehler und Gasporosität

In mikroskopischen Aufnahmen weisen Gasporen eine sphärische Morphologie auf. Eine solche geometrische Abgrenzung kann im Fall der Anbindungsfehler nicht erfolgen [200]. Die morphologische Ausprägung der Anbindungsfehler wird daher als heterogen beschrieben [197]. Der zugrundeliegende Mechanismus zur Ausbildung sphärischer Gasporosität wird maßgeblich auf einen unvollständigen Kollaps der Dampfkapillare zurückgeführt [201]. Demnach kann entstehender Metalldampf nur unzureichend aus dem Schmelzbad abgeführt werden, wodurch Gasporen im erstarrten Material verbleiben. Weiterhin wird eine Ausprägung sphärischer Gasporosität in Folge inhomogener Schichtdicken dokumentiert [202]. Eine potenzielle Möglichkeit zur Reduzierung von Gasporosität besteht in der Durchführung von heißisostatischem Pressen an gefertigten Prüfkörpern [202]. Das Auftreten von Anbindungsfehlern wird auf das unvollständige Aufschmelzen des Pulverwerkstoffs zurückgeführt [203, 204]. Aufgrund der heterogenen Form weisen Anbindungsfehler eine größere Kerbwirkung auf als Gasporen bei gleichartiger Dimensionierung. Demnach ist die benötigte Spannung zur Rissinitiierung bei Anbindungsfehlern lokal stärker reduziert als bei Gasporen. Aufgrund der „Weakest-Link-Charakteristik" der Bruchmechanik [205–208] müssen Anbindungsfehler im Vergleich zu Gasporen deshalb im Rahmen der Bewertung in Bezug auf frühzeitiges Versagen von Bauteilen kritischer beurteilt werden.

Mit Erreichen von Bauteildichten ≥ 99,9 % kann unter Ausschluss von Rissen keine klare Zuordnung verbleibender Defektarten erfolgen. Aufgrund der geringen Ausprägung der Defekte wird deren Einfluss auf die mechanischen Eigenschaften als vernachlässigbar eingestuft. Die Resultate der Parameterstudie sind in Tabelle 8 dargestellt. Hierbei erfolgt die Darstellung der ermittelten Kategorie, mittleren Bauteildichte und korrespondierender Standardabweichung in Abhängigkeit der Prozessparameter Laserleistung und Scangeschwindigkeit. Fehlende Standardabweichungen sind auf einen anlagenseitigen Defekt und eine daraus resultierende reduzierte Anzahl an Prüfkörpern zurückzuführen.

Laserleistung P_L [W]	Mittlere Bauteildichte ρ [%]							
125	94,51 σ = 1,28	93,94 σ = 0,29	88,05					
180	97,83 σ = 0,28	96,98 σ = 1,41	96,33 σ = 1,75	95,96 σ = 0,81				
285	99,37 σ = 0,56	99,81 σ = 0,01	99,69 σ = 0,10	99,71 σ = 0,18		97,41 σ = 0,37		
385	98,10 σ = 1,70	98,20 σ = 1,72	99,62	99,96 σ = 0,04	99,92 σ = 0,07	99,85 σ = 0,12	99,70 σ = 0,04	99,74 σ = 0,11
490		97,32 σ = 1,20	98,78 σ = 1,14	99,95 σ = 0,07	99,91 σ = 0,07	99,92 σ = 0,09	99,91 σ = 0,05	99,87 σ = 0,09
565				99,84 σ = 0,14	99,92	99,93 σ = 0,04	99,91 σ = 0,06	99,84 σ = 0,13
	400	600	800	1200	1400	1600	1800	2000
	Scangeschwindigkeit v_S [mm/s]							

Risse + Anbindungsfehler | Anbindungsfehler | Risse | Gasporosität | defektfrei

Tabelle 8 Darstellung der ermittelten Kategorie, mittleren Bauteildichte ρ und korrespondierender Standardabweichung σ in Abhängigkeit der Prozessparameter Laserleistung P_L [W] und Scangeschwindigkeit v_S [mm/s]

Im betrachteten Raum der Prozessparameter kann die Fertigung defektfreier Prüfkörper ab einer Laserleistung von 385 W und Scangeschwindigkeiten von 1200 mm/s festgestellt werden. Bei Verwendung kleinerer Scangeschwindigkeiten kann die Zielgröße der Bauteildichte nicht erreicht werden. Entsprechend der beschriebenen Abhängigkeit zum Energieeintrag können bei geringen Laserleistungen und hohen Scangeschwindigkeiten Anbindungsfehler als dominante Defektart identifiziert werden, während bei hohen Laserleistungen und geringen Scangeschwindigkeiten maßgeblich Gasporen ermittelt werden können. Das Auftreten von Rissen kann mit einer Kombination aus unzureichender Laserleistung und hoher Scangeschwindigkeit in Verbindung gebracht werden. Dieses Prozessregime stellt im betrachteten Parameterraum einen Bereich hoher Abkühlraten und Erstarrungsgeschwindigkeiten dar [209]. Als Ursache der Rissbildung wird somit die vergleichsweise hohe zyklische thermische Belastung der Prüfkörper während der Herstellung und die daraus resultierenden Zugspannungen in der Randzone angenommen. Die auftretenden Risse werden somit als Thermoschockrisse kategorisiert [210]. Der in Tabelle 8 grün markierte Bereich stellt den Parameterraum dar, in welchem reliabel die Verarbeitung defektfreier Prüfkörper erfolgt.

Für Folgeuntersuchungen im Rahmen dieser Arbeit erfolgt der Einsatz einer Laserleistung von 385 W bei einer Scangeschwindigkeit von 1200 mm/s. Ursächlich für diese Auswahl ist die defektfreie Verarbeitungsmöglichkeit der Legierung AlNi7,5 sowie die typische Laserleistungsgrenze von aktuellen LPBF-Anlagen im Einsatz (400 W). Der potenzielle Einfluss einer Variation der Prozessparameter im Parameterraum der defektfreien Verarbeitung auf die mikrostrukturelle Ausprägung sowie die mechanischen Eigenschaften ist dem Anhang zu entnehmen (13.5).

6 Materialeigenschaften von Al-Ni-Legierungen

Im Rahmen dieses Kapitels wird die Charakterisierung der Materialeigenschaften der Legierung AlNi7,5 im mittels LPBF gefertigten Zustand sowie daraus resultierend die Beantwortung der ersten Forschungsfrage angestrebt. Das Vorgehen der Charakterisierung ist in eine Untersuchung der mikrostrukturellen und mechanischen Eigenschaften gegliedert. Ein maßgeblicher Bestandteil der mikrostrukturellen Untersuchung besteht in der Beantwortung der Frage ob eine eutektische Mikrostruktur und Erstarrung vorliegt. Zur Beantwortung dieser Frage werden die vorliegenden Phasen und Erstarrungsmorphologien herangezogen. Im Kontext der Untersuchung der mechanischen Eigenschaften werden die Kennwerte und Schädigungsmechanismen unter Variation der Prüftemperatur von RT bis 280 °C ermittelt. Neben der fundamentalen Charakterisierung erfolgt im Verlauf dieser Untersuchung ebenfalls eine Bewertung der ermittelten mechanischen Kennwerte hinsichtlich der in 3.4 definierten Zielgrößen (Zugfestigkeit bei Raumtemperatur/250 °C: 500 MPa/150 MPa)

6.1 Mikrostrukturelle Eigenschaften

Die Charakterisierung der mikrostrukturellen Eigenschaften von Al-Ni-Legierungen im LPBF gefertigten Zustand ist im Folgenden in die Teilbereiche der Charakterisierung der Phasenzusammensetzung und Gefügemorphologie (6.1.1) sowie Untersuchungen zur Kornstruktur, -orientierung und -größenverteilung (6.1.2) unterteilt. Neben der Ermittlung vorliegender Phasen erfolgt damit in 6.1.1 zusätzlich die Identifikation charakteristischer morphologischer Ausprägungen des Gefüges. Zur Schaffung eines theoretischen Grundgerüstes für die Erklärung der Ausprägung identifizierter morphologischen Bereiche erfolgt die Lösung lokaler Wärmeleitungsgleichungen. Die Auswirkungen einer exemplarischen Wärmebehandlung auf die charakteristischen Erstarrungsmorphologien ist dem Anhang zu entnehmen (13.6). Die Ermittlung charakteristischer Bereiche der vorliegenden Kornstruktur werden in 6.1.2 thematisiert. Weiterhin erfolgt eine Quantifizierung der Textur, Korngrößenverteilung und des Aspektverhältnisses der ermittelten charakteristischen Bereiche der Kornstruktur. Für die Analysen von 6.1.2 werden Prüfkörper herangezogen, deren Fertigung mit zwei unterschiedlichen Parametersätzen erfolgt ist (Parametersatz 1: 385 W, 1200 mm/s; Parametersatz 2: 490 W, 1400 mm/s). Aufgrund der ermittelten Gleichartigkeit dieser Prüfkörper hinsichtlich der mikrostrukturellen und mechanischen Eigenschaften wird dieser Fertigungsunterschied im Verlauf des Kapitels nicht thematisiert und ist dem Anhang zu entnehmen (13.5). Im Rahmen von ICP-OES-Messungen kann an gefertigten Prüfkörpern eine chemische Zusammensetzung von Al-7,82 Gew. % Ni ermittelt werden. Prüfkörper der untersuchten Legierung werden trotz der Abweichung der ermittelten chemischen Zusammensetzung von der nominellen Soll-Zusammensetzung weiterhin mit der Legierung AlNi7,5 referenziert. Eine vergleichende, elementspezifische Betrachtung der relativen Gehalte der im Rahmen dieser Arbeit eingesetzten Legierungen als Pulverwerkstoffe und gefertigte Prüfkörper erfolgt in 7.2.

6.1.1 Phasenzusammensetzung und Erstarrungsmorphologie

Zur Charakterisierung der Phasenzusammensetzung und Erstarrungsmorphologie werden gefertigte Prüfkörper der Legierung AlNi7,5 herangezogen, deren Fertigung mit dem in Kapitel 5 ausgewählten Parametersatz erfolgt ist. Zur Untersuchung der Phasenzusammensetzung der Al-Ni-Legierungen im mittels LPBF gefertigten Zustand werden XRD-Messungen an Prüfkörpern der Legierung AlNi7,5 durchgeführt. Das im Rahmen der XRD-Messungen ermittelte Beugungsmuster kann inklusive der identifizierten Phasen Bild 28 entnommen werden. Die Anzahl der detektierten Röntgenquanten in Abhängigkeit des Beugungswinkels Θ wird hierbei über den normierten Wert der Intensität repräsentiert. Die Normierung erfolgt hierbei am ermittelten Maximalwert.

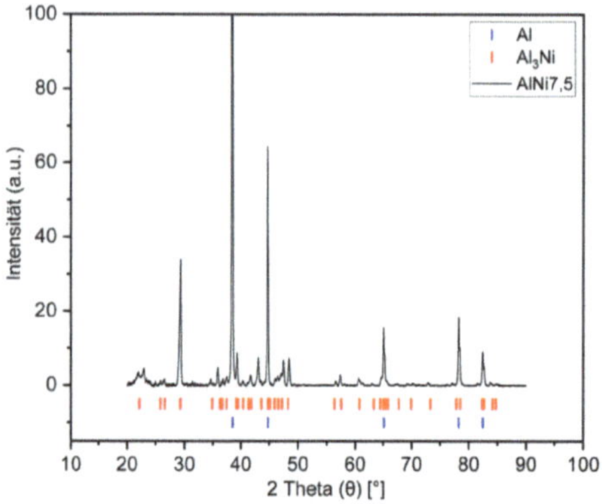

Bild 28 Ermitteltes Beugungsmuster sowie identifizierte Phasen mittels LPBF gefertigter Prüfkörper der Legierung AlNi7,5; Darstellung der Anzahl detektierter Röntgenphotonen über den normierten Wert der Intensität (a.u. = engl. arbitrary unit) [Fraunhofer IWM]

Im Zuge der Analyse des Beugungsmusters können die Phasen α-Al und Al_3Ni nachgewiesen werden. Andersartige aluminium- oder nickelhaltige Phasen können nicht identifiziert werden. Die identifizierten Phasen entsprechen den beteiligten Phasen des Al-Ni-Eutektikums. Im Rahmen der XRD-Messungen kann somit die eutektische Phasenzusammensetzung an gefertigten Prüfkörpern bestätigt werden. Eine Aussage über die Art der Erstarrung wird hierdurch jedoch nicht ermöglicht. Zur Ermittlung der Erstarrungsart bzw. zur Untersuchung, ob eine eutektische Erstarrung vorliegt, sind Betrachtungen der Erstarrungsmorphologie erforderlich.

Im Rahmen von lichtmikroskopischen Untersuchungen wird ein durchschnittliches Aspektverhältnis der Schmelzspuren gefertigter Prüfkörper von 0,63 (Ø Schmelzspurtiefe: 140,1 µm, Ø Schmelzspurbreite: 209,6 µm) ermittelt. Als vorherrschendes Schweißregime des LPBF-Prozesses kann somit nach [9] das Einschweißen identifiziert werden.

Zur Identifikation charakteristischer Bereiche der vorliegenden Erstarrungsmorphologie gefertigter Prüfkörper der Legierung AlNi7,5 werden LOM- und REM-Aufnahmen durchgeführt. Eine exemplarische lichtmikroskopische Gesamt- und Detailaufnahme des Querschliffs eines Prüfkörpers im polierten und geätzten Zustand ist in Bild 29 (a)-b)) dargestellt. Rasterelektronenmikroskopische Aufnahmen der identifizierten charakteristischen morphologischen Bereiche sind Bild 29 (c)-d)) zu entnehmen.

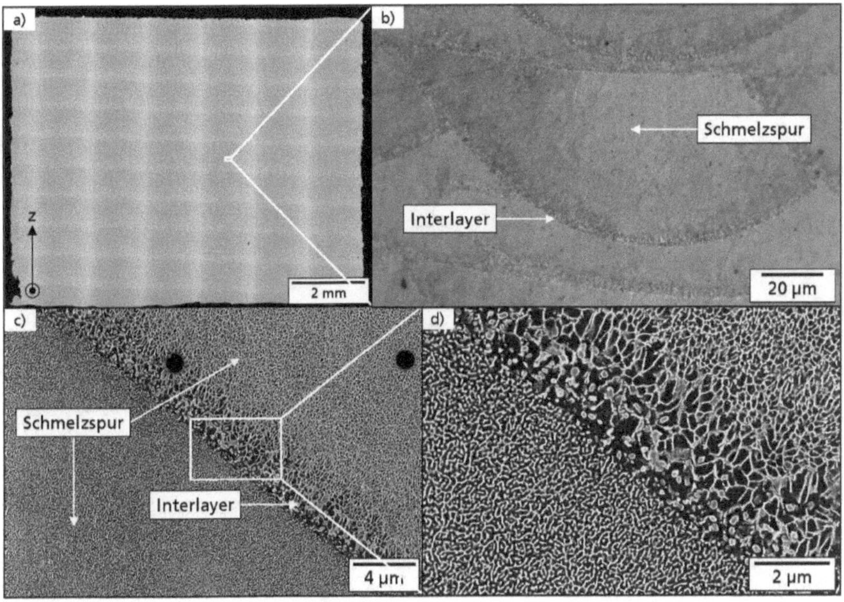

Bild 29 Lichtmikroskopische Gesamt- (a)) und Detailaufnahme (b)) des Querschliff eines Prüfkörpers gefertigt mit dem in Kapitel 5 ausgewählten Parametersatz im polierten (a)) bzw. geätzten (b)) Zustand; Rasterelektronenmikroskopische Aufnahmen der identifizierten charakteristischen Bereiche (c)-d)) am selben Prüfkörper im geätzten Zustand) [Fraunhofer IWM]

LOM- und REM-Aufnahmen der Prüfkörper weisen zwei charakteristische Bereiche unterschiedlicher Morphologie auf, welche über den gesamten Querschliff reproduzierbar identifiziert werden können und im Folgenden als „Schmelzspur" und „Interlayer" bezeichnet werden. Um sicherzustellen, dass es sich bei der Ausprägung des Interlayer um einen Bereich unterschiedlicher Morphologie und nicht lokal unterschiedliche Orientierungen derselben Morphologie handelt, werden LOM- und REM-Aufnahmen in der x/z- und x/y-Schliffebene von Prüfkörpern angefertigt. Aufnahmen der jeweiligen Schliffebene sind in Bild 30 dargestellt.

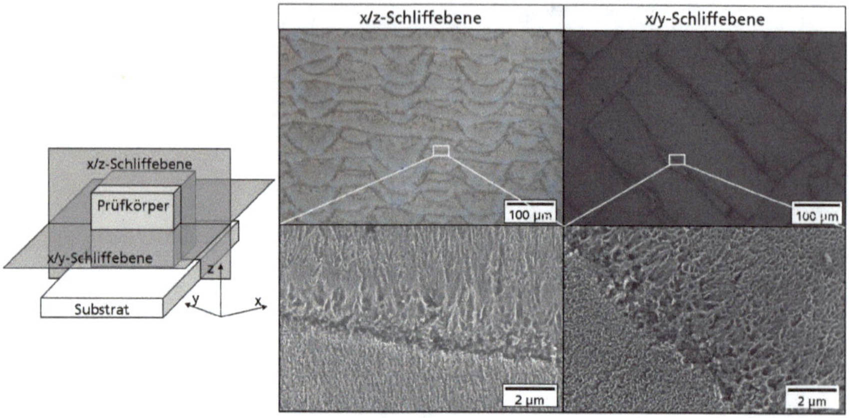

Bild 30 LOM-Übersichtsaufnahmen der Schmelzspuren (oben) und REM-Detailaufnahmen des Interlayers (unten) in x/z- und x/y-Schliffebene

Sowohl in der x/z- als auch in der x/y-Schliffebene kann ein gleichartiger morphologischer Wechsel im Bereich von Interlayer zu Schmelzspur beobachtet werden. Weiterhin kann im Rahmen der Messgenauigkeit durchgeführter EDX-Messungen kein Unterschied der chemischen Zusammensetzung im Vergleich beider charakteristischer Bereiche ermittelt werden. Die Ausprägung des Interlayers wird somit analog zu den Arbeiten von [174] auf lokal unterschiedliche Erstarrungsbedingungen zurückgeführt. Zur Abschätzung der lokalen Erstarrungsbedingungen im Übergang von Interlayer zu Schmelzspur erfolgt die Berechnung der Lösung der Wärmeleitungsgleichung nach [211]. Die Ergebnisse unter Einbezug des in Kapitel 5 identifizierten Parametersatzes sind in Bild 31 dargestellt.

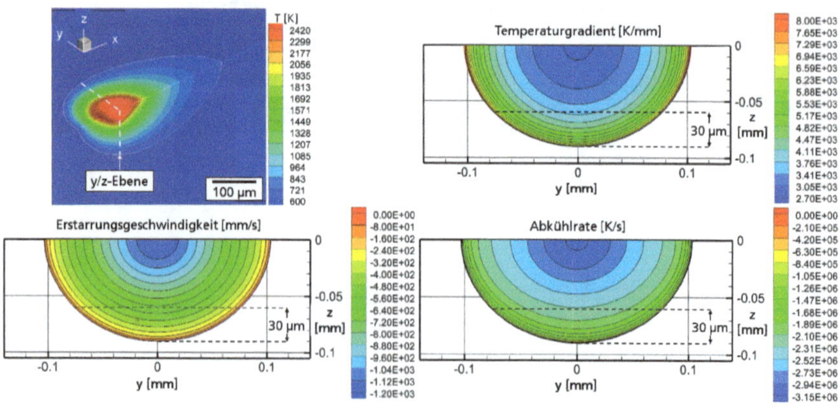

Bild 31 Errechneter Temperaturverlauf über eine Schmelzspur (oben links); Darstellung des Temperaturgradienten (oben rechts), der Erstarrungsgeschwindigkeit (unten links) und der Abkühlrate (unten rechts) in der y/z-Ebene einer Schmelzspur

Sowohl die Erstarrungsgeschwindigkeit als auch die Abkühlrate betragen laut den Berechnungen am Ort des Interlayers bzw. am Startpunkt der Erstarrung 0 mm/s bzw. K/s. Ausgehend vom Interlayer nimmt die Erstarrungsgeschwindigkeit radial zum Mittelpunkt der Oberfläche der Schmelzspur zu. Der erreichbare Maximalwert entspricht hierbei der Scangeschwindigkeit von 1200 mm/s. Die Erhöhung des Betrages der Abkühlrate über den Verlauf der Schmelzspur erfolgt im Vergleich zur Erstarrungsgeschwindigkeit geometrisch gleichartig. Der errechnete Maximalwert des Betrages der Abkühlrate beträgt $3{,}15 \cdot 10^6$ K/s. Die errechnete Abkühlrate wird somit in ähnlicher Größenordnung zu in der Literatur dokumentierten Abkühlraten im Kontext des LPBF von AlSi10Mg ($2{,}71 \cdot 10^6$ K/s) ermittelt [212]. Unter Ausnahme des Übergangsbereiches von Interlayer zu Schmelzspur erfolgt die Zunahme des Betrages der Abkühlrate und Erstarrungsgeschwindigkeit kontinuierlich. Innerhalb dieses Übergangsbereiches kann ein diskreter Anstieg des Betrages der Abkühlrate sowie der Erstarrungsgeschwindigkeit dokumentiert werden. In unmittelbarer Nähe des Interlayers werden demnach Abkühlraten in der Größenordnung von 10^5 K/s berechnet. Der Temperaturgradient weist einen geometrisch gleichartigen, jedoch abnehmenden Verlauf vom Interlayer zum Mittelpunkt der Oberfläche der Schmelzspur auf. Am Ort des Interlayers wird ein Temperaturgradient von $8{,}0 \cdot 10^3$ K/mm ermittelt, während der errechnete Minimalwert $2{,}7 \cdot 10^3$ K/mm beträgt. Die Größenordnung der Änderung des Temperaturgradienten über den Verlauf der Schmelzspuren ist somit im Vergleich zu den anderen Kenngrößen der Erstarrung reduziert.

Die ermittelten Verläufe der einzelnen Kenngrößen der Erstarrung ist konsistent zu den in 2.1 dargestellten Zusammenhängen (vgl. Bild 3). Aufgrund der definierten Schichtdicke von 30 µm werden im LPBF-Prozess theoretisch ausschließlich die unteren 30 µm einer Schmelzspur nicht wieder aufgeschmolzen. Demnach sind für die Ausprägung des Gefüges vornehmlich die erreichten Erstarrungsbedingungen dieser Zone von Relevanz. Praktisch bedingen die Dynamiken des LPBF-Prozesses Fluktuationen der Einschmelztiefe einzelner Schmelzspuren (vgl. Bild 30 oben links) [9]. Für die lokalen Erstarrungsgeschwindigkeiten und Beträge der Abkühlraten können in den unteren 30 µm der Schmelzspur Werte von 640 mm/s bzw. $2{,}10 \cdot 10^6$ K/s errechnet werden. Im Kontext der ermittelten Variation über den Verlauf der gesamten Schmelzspur und der hierbei errechneten Maximalwerte sind die Maximalwerte der unteren 30 µm der Schmelzspur gleichartigen Größenordnungen zuzuordnen. Ursächlich hierfür ist der diskrete Anstieg der Erstarrungsgeschwindigkeit sowie des Betrags der Abkühlrate im Übergangsbereich von Interlayer zu Schmelzspur. Weiterführend wird hierdurch der beschriebene Zusammenhang zwischen den charakteristischen morphologischen Bereichen und lokal im Schmelzprozess auftretenden Erstarrungsbedingungen erklärt.

Zur Beschreibung der vorliegenden Erstarrungsmorphologien sowie zur Zuordnung der morphologischen Ausprägungen an die identifizierten Phasen des Eutektikums werden TEM-Untersuchungen durchgeführt. Die Präparation von TEM-Lamellen erfolgt hierbei separat für den charakteristischen Bereich der Schmelzspur sowie für den Interlayer. Eine HAADF sowie Verteilungsbilder der Elemente Al, Ni, O des charakteristischen Bereiches der Schmelzspur sind Bild 32 zu entnehmen.

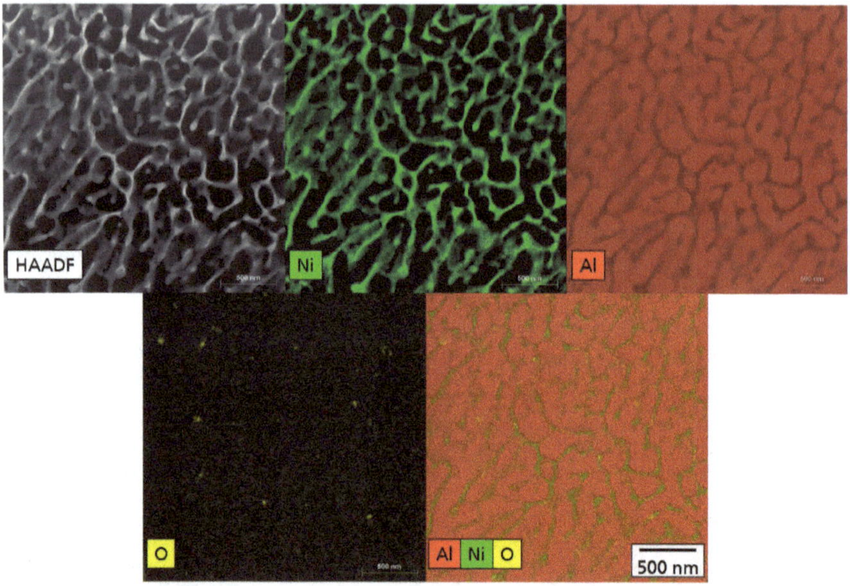

Bild 32 HAADF (oben links) des charakteristischen Bereiches der Schmelzspur; Verteilungsbilder desselben Bereiches separat für die Elemente Ni (oben Mitte), Al (oben rechts), O (unten links) sowie kombiniert für Al, Ni und O (unten rechts) [KIT]

Durch die Kontrastierung der Verteilungsbilder kann α-Aluminium als Matrixphase der Mikrostruktur dokumentiert werden. Nickelhaltige Phasen weisen im Bereich der Schmelzspur eine zellulare Struktur auf und sind in der α-Aluminium Matrix eingebettet. Das Auftreten dieser nickelhaltigen Phasen wird in zellularer Struktur über den gesamten Verlauf der Schmelzspuren ermittelt. Weiterhin wird im Rahmen der Verteilungsbilder die Existenz von oxidischen Phasen in der Größenordnung von 10-50 nm festgestellt. Die Anlagerung des Sauerstoffanteils wird bevorzugt an der zellularen Struktur dokumentiert und erfolgt in vergleichsweise geringem Umfang. Wie in 4.3 beschrieben wird durch Heißextraktion ein maximaler Sauerstoffanteil an den Pulverwerkstoffen von 0,1 Gew. % ermittelt. Im Rahmen der durchgeführten XRD-Messungen kann kein Nachweis oxidischer Phasen erfolgen. Da der vorliegende Sauerstoffanteil somit nahe oder unterhalb der Nachweisgrenze der eingesetzten Messmethoden vorliegt, erfolgt in folgenden TEM-Untersuchungen keine weitere Betrachtung oxidischer Anteile. Zur Phasenzuordnung der nickelhaltigen, zellularen Struktur werden EDX-Linienmessungen durchgeführt und sind beispielhaft in Bild 33 dargestellt.

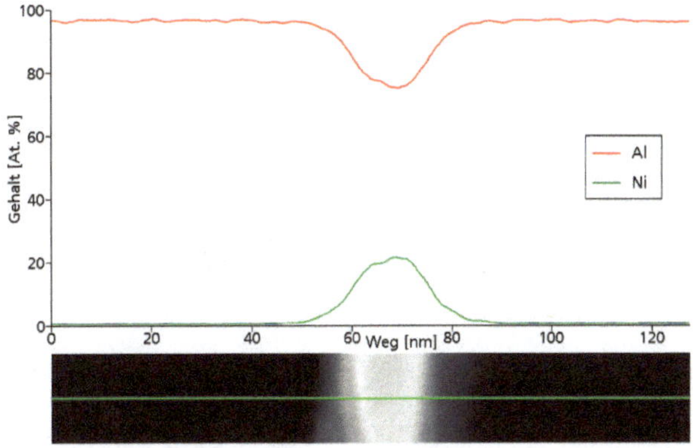

Bild 33 Exemplarisches Ergebnis einer EDX-Linienmessung über den Verlauf der zellularen Struktur [KIT]

Im Rahmen gängiger Messtoleranzen wird die stöchiometrische Zusammensetzung der Al_3Ni-Phase im Bereich der zellularen Struktur bestimmt. Dieses Ergebnis ist konsistent zu den im Zuge der XRD-Messungen ermittelten Phasen. Die zellulare Struktur wird somit der Al_3Ni-Phase zugeordnet.

Die dokumentierte zellulare Struktur im Bereich der Schmelzspur wird ebenfalls in [174] an mittels LPBF gefertigten Prüfkörpern der Legierung Al-6,1 Gew. % Ni unter Einsatz einer Scangeschwindigkeit von 100 mm/s dokumentiert. Ein Übergang zu einer faserartigen bzw. eutektischen Mikrostruktur wird hierbei, wie in 2.4.4 beschrieben mit steigendem Nickelgehalt bzw. ab einem Nickelgehalt von 8,0 Gew. % festgestellt. Aufgrund der in dieser Arbeit um den Faktor zwölf erhöhten Scangeschwindigkeit (v_S = 1200 mm/s) und der daraus resultierenden Konsequenzen auf die Kenngrößen der Erstarrung kann eine Übertragbarkeit der mikrostrukturellen Ergebnisse nur bedingt angenommen werden.

Die ermittelte zellulare Morphologie der Schmelzspur entspricht nicht der charakteristischen faserartigen Mikrostruktur des Eutektikums [121]. Entgegen der Annahme zum Ausgangszeitpunkt dieser Arbeit wird somit keine gekoppelt eutektische Mikrostruktur festgestellt. Als mögliche Ursache kann analog zu den erbrachten Ergebnissen von [174] die in 2.2.3 beschriebene Verschiebung des gekoppelt eutektischen Wachstumsbereiches von nf/f-Eutektika mit steigender Unterkühlung genannt werden. Als weitere mögliche Ursache kann wie in 2.2.4 beschrieben aufgrund der prozessinhärenten Erstarrungsbedingungen die fehlende Zeit zur Ausprägung eines ausreichenden Konzentrationsgradienten und somit zur gleichgewichtsnahen Erstarrungsmorphologie während des Erstarrungsprozesses angenommen werden.

Entsprechend muss die Frage geklärt werden, ob aufgrund des Fehlens einer charakteristischen eutektischen Mikrostruktur überhaupt eutektische Erstarrung vorliegt. Nach [27] wird eutektische Erstarrung allein durch die simultane Erstarrung von zwei festen Phasen aus der Schmelze definiert. Dementsprechend stellt eine charakteristisch eutektische Mikrostruktur keine notwendige Bedingung zur Identifikation eutektischer Erstarrung dar. Im Rahmen der vorliegenden Ergebnisse kann keine dominante Primärphase identifiziert werden, weshalb die Erstarrung der vorliegenden Phasen als weitestgehend simultan angenommen wird. Weiterhin wird die eutektische Phasenzusammensetzung ermittelt. Auf Basis der Ergebnisse wird somit unter Berücksichtigung der Definition nach

[27] eutektische Erstarrung angenommen. Allerdings muss hervorgehoben werden, dass diese Klassifikation losgelöst von der strukturellen Ausprägung der Al_3Ni-Phase erfolgt. Vergleichbare zellulare Strukturen können ebenfalls an Aluminiumwerkstoffen wie AlSi10Mg als auch Stahlwerkstoffen wie 316L im LPBF gefertigten Zustand dokumentiert werden [213–215]. Ein Rückschluss von einer solchen mikrostrukturellen Ausprägung auf eutektische Erstarrung ist demnach nicht möglich. Weiterhin wird aufgrund der prozessinhärenten Erstarrungsbedingungen des LPBF neben der Feinung struktureller Größen durch die verkürzte Zeit zur Ausbildung ausgeprägter Konzentrationsgradienten ebenfalls eine Unterdrückung der Primärphasenbildung angenommen. Die in 2.2.2 beschriebene und für konventionelle Fertigungsverfahren gültige Differenzierungsmöglichkeit der Erstarrungsart anhand der Identifikation von Primärphasen innerhalb einer charakteristisch eutektischen Mikrostruktur, kann demnach nur bedingt für die im LPBF vorherrschenden Erstarrungsbedingungen angewendet werden.

Die Ergebnisse der TEM-Aufnahmen des charakteristischen Bereichs des Interlayers sind Bild 34 und Bild 35 zu entnehmen. Die präparierte TEM-Lamelle umfasst hierbei den Übergang einer Schmelzspur n über den charakteristischen Bereich des Interlayers zur nachfolgend geschweißten Schmelzspur n+1 (Bild 34). HAADF sowie Verteilungsbilder der Elemente Al und Ni im Bereich des Interlayers sowie der beginnenden Schmelzspur n+1 sind in Bild 35 dargestellt.

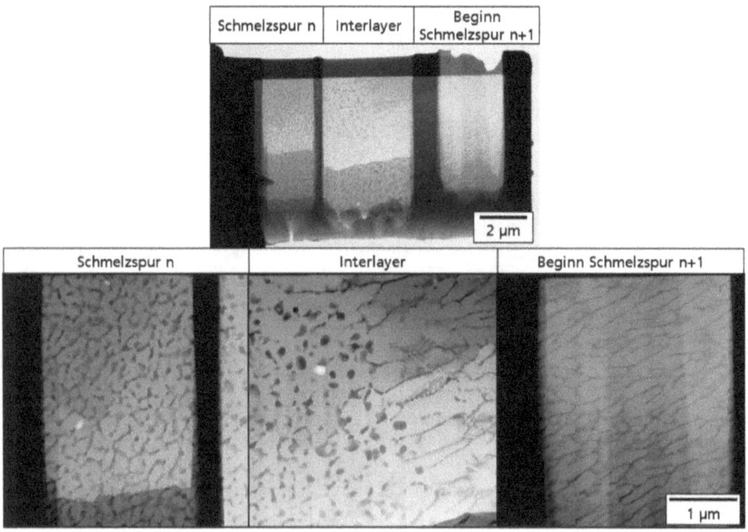

Bild 34 Hellfeldabbildungen der präparierten TEM-Lamelle (oben) sowie der Teilbereiche der Schmelzspur n (unten links), des Interlayers (unten Mitte) sowie des Beginns der Schmelzspur n+1 (unten rechts) [KIT]

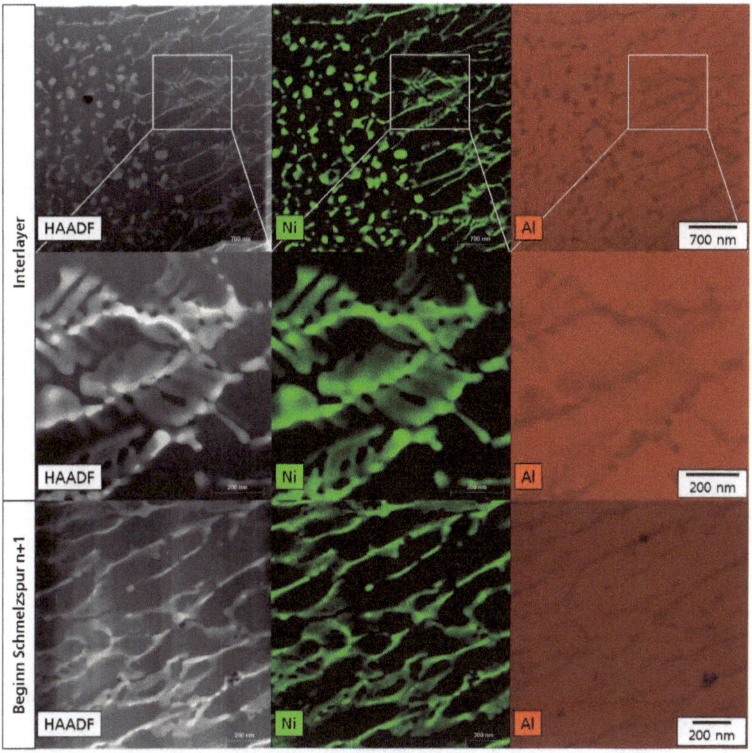

Bild 35 HAADF (links) des Interlayers (oben) sowie des Beginns einer Schmelzspur n+1 (unten) ; Verteilungsbilder derselben Bereiche für die Elemente Ni (Mitte) und Al (rechts) [KIT]

Morphologische Übergänge im Bereich des Interlayers bzw. am Startpunkt der Erstarrung von Schmelzspuren sind ebenfalls an AlSi10Mg und Al-Ni-Legierungen im LPBF gefertigten Zustand dokumentiert [174, 216]. Der morphologische Übergang zwischen dem Interlayer und der Schmelzspur n als auch zum Beginn der nachfolgend geschweißten Schmelzspur n+1 kann als diskret beschrieben werden. Morphologische Unterschiede sind ausschließlich auf andersartige Einformungen der Al_3Ni-Phase zurückzuführen. Nachfolgende Schmelzspuren n+1 weisen analog zur Morphologie der Schmelzspuren n eine zellulare Erstarrungsmorphologie der Al_3Ni-Phase auf. Die Ausprägung dieser Struktur innerhalb der nachfolgenden Schmelzspur n+1 weist in unmittelbarer Nähe des Interlayers vergleichsweise gröbere Strukturgrößen auf als in der vorangegangenen Schmelzspur n (vgl. Bild 34). Dies wird maßgeblich auf die in Bild 31 dargestellten lokalen Abkühlraten über den Verlauf von Schmelzspuren zurückgeführt und stimmt mit den in 2.1 (vgl. Bild 4) beschriebenen Zusammenhängen überein. Demnach wird durch eine Erhöhung der Abkühlrate eine Feinung der Strukturgrößen bewirkt. Im Bereich des Interlayers erfolgt die Einformung der Al_3Ni-Phase in vergleichsweise sphärischen Partikeln. Die Erstarrung in diesem Bereich wird als strukturlos angenommen und die dargestellten Partikel werden analog zu [174] demnach auf eine nachgelagerte Festphasenausscheidung zurückgeführt. Nach [23] (vgl. Bild 4) erfolgt planare bzw. strukturlose Erstarrung bei vergleichsweise geringen Erstarrungsgeschwindigkeiten und gleichzeitig ausgeprägten Temperaturgradienten. Diese Annahme ist daher konsistent zu den ermittelten lokalen Erstarrungsbedingungen im Bereich des Interlayers (vgl. Bild 31). Im Übergang vom Interlayer zum Beginn der nachfolgenden Schmelzspur n+1 kann vereinzelt über eine Länge von 500 nm die Einformung der Al_3Ni-Phase als dendritische, faserartige Struktur dokumentiert werden (Bild 35 Mitte). Innerhalb dieser Zone kann somit eine Ähnlichkeit zur charakteristischen faserartigen Einformung der Al_3Ni-Phase im gekoppelt eutektischen Wachstumsbereich beschrieben werden [57, 131]. Auf Basis dieser Einformung wird daher vermutet, dass ausschließlich innerhalb dieser Zone die Kenngrößen der Erstarrung in einer Größenordnung vorliegen, die die Ausprägung eines gekoppelt eutektischen Wachstumsbereiches erfüllen. Diese Vermutung wird durch den in [174] dokumentierten Übergangsbereich einer faserartigen zu einer zellularen Mikrostruktur an Prüfkörpern der Zusammensetzung Al-8,0 Gew. % Ni im LPBF gefertigten Zustand unterstützt. Der morphologische Übergangsbereich wird hierbei bei einem Abstand von ~ 20 µm zum Interlayer beschrieben und ebenfalls auf die lokalen Kenngrößen der Erstarrung zurückgeführt (vgl. 2.4.4). Der im Vergleich zu den vorliegenden Ergebnissen vergrößerte Abstand zum Interlayer wird maßgeblich auf die oben beschriebenen faktoriellen Unterschiede der gewählten Scangeschwindigkeit (Δv_S ~ Faktor zwölf) sowie der hieraus resultierenden Erstarrungsbedingungen zurückgeführt.

Unabhängig von den ermittelten Erstarrungsmorphologien des Eutektikums kann im Gefüge vereinzelt die Identifikation von Primärausscheidungen erfolgen. Identifizierte Primärausscheidungen im Bereich des Interlayers sind exemplarisch in Bild 36 (links) dargestellt. Eine exemplarische REM-Detailaufnahme einer Primärausscheidungen ist Bild 36 (rechts) zu entnehmen.

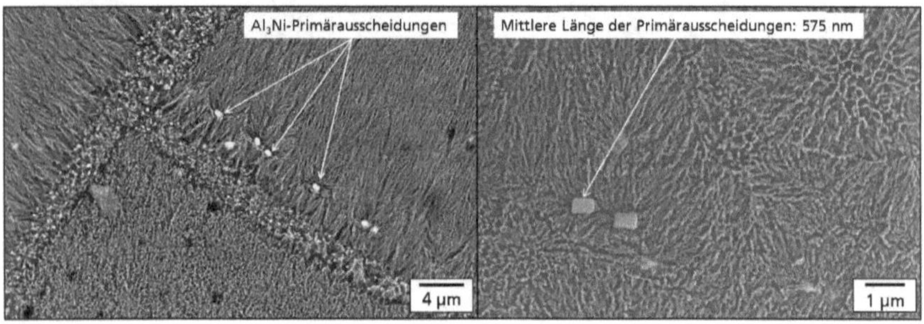

Bild 36 Identifizierte Al_3Ni-Primärausscheidungen im Bereich des Interlayers (links); Detailaufnahmen der Al_3Ni Primärausscheidungen (rechts) [Fraunhofer IWM]

Primärausscheidungen können über den gesamten Verlauf von Schmelzspuren vereinzelt ermittelt werden. Ein vermehrtes Auftreten der Primärausscheidungen kann in unmittelbarer Nähe der Interlayer dokumentiert werden. Die mittlere Länge der identifizierten Primärausscheidungen wird auf ~575 nm ermittelt. Aufgrund des Ordnungszahl-Kontrastes erscheinen nickelhaltige Phasen auf REM-Aufnahmen heller als α-Aluminium. Die dargestellten Primärausscheidungen werden daher bezogen auf die im Rahmen von XRD-Messungen ermittelten Phasen als Al_3Ni-Mischkristalle vermutet. Nach der Erstarrungstheorie aus 2.2.3 sowie den Ergebnissen der Lösung der Wärmeleitungsgleichung (vgl. Bild 31) wird die Positionierung der Primärausscheidungen mit der lokal reduzierten Unterkühlung sowie dem Verlauf des eutektischen Wachstumsbereiches von nf/f-Eutektika begründet. Lokal reduzierte Abkühlraten und Erstarrungsgeschwindigkeiten bedingen demnach die Ausscheidungen der intermetallischen Primärphase hypereutektischer Legierungen. Mit zunehmender Abkühlrate und Erstarrungsgeschwindigkeit bzw. mit radialer Entfernung vom Interlayer wird durch die Verschiebung des eutektischen Wachstumsbereiches in dem nominell hypereutektischen Zusammensetzungsbereich eutektisches Wachstum begünstigt. Durch diesen Erklärungsansatz wird ausschließlich die vermehrte Bildung der Primärausscheidungen im Bereich des Interlayers erklärt, nicht jedoch das Auftreten im Bereich der Schmelzspur. Lokale Konzentrationsunterschiede als Folge der vorherrschenden Schmelzbaddynamiken und Erstarrungsbedingungen werden am Beispiel des Laserumschmelzens von Al und Ni in [20] thematisiert. Als Ursache für das vereinzelte und stochastische Auftreten der beschriebenen Al_3Ni-Primärausscheidungen im Bereich der Schmelzspuren wird daher das komplexe Wirkgefüge aus lokalen Erstarrungsbedingungen und Schmelzbaddynamiken sowie daraus resultierenden lokalen Konzentrationsschwankungen in der Schmelze angenommen.

6.1.2 Kornstruktur, Korngrößenverteilung und Textur

Im Rahmen der Untersuchungen der Kornstruktur, -größenverteilung und Textur an Querschliffen gefertigter Prüfkörper der Legierung AlNi7,5 können in Abhängigkeit des betrachteten Querschliffausschnitts unterschiedliche charakteristische Bereiche identifiziert werden. Eine vergleichende Darstellung zweier exemplarischer Bildausschnitte identischer Vergrößerung sind in Bild 37 dargestellt. Hierbei erfolgt in a) eine Darstellung des Bildausschnittes mittels einer Bandkontrastaufnahme (IQ, engl. Image Quality). Über b) erfolgt die Visualisierung identifizierter Körner als IPF. Die Legende der im Rahmen dieser Arbeit eingesetzten [0 0 1] Polfigur ist 4.2 zu entnehmen. Zur Identifikation vorliegender Texturen ist im Zuge der Analysen eine Rotation der Euler-Winkel erfolgt. Die Abbildung einer 90° Rotation der Euler-Winkel der IPF erfolgt in c). Die Rotation erfolgt hierbei um die Querachse, sodass die Aufbaurichtung als parallel zur Ebenennormalen dargestellt wird. Ermittelte Korngrößenverteilungen und Texturen der jeweiligen Ausschnitte können d) bzw. e) entnommen werden.

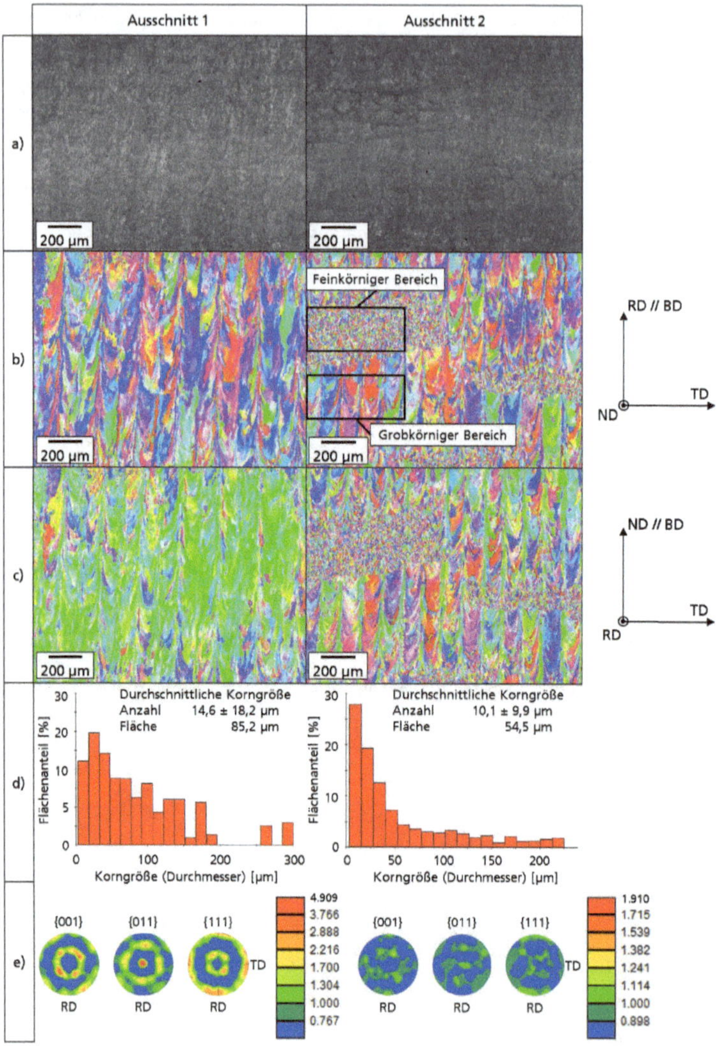

Bild 37 Exemplarische Ausschnitte der REM- / EBSD-Untersuchungen. Darstellung als IQ (a)), IPF(b)) sowie IPF mit 90° Rotation der Euler-Winkel (c)); Korngrößenverteilung der Ausschnitte (d)), Texturanalyse unter Einsatz von Polfiguren der zugehörigen Miller-Indizes (e)) [Fraunhofer IWM]

In beiden exemplarischen Ausschnitten (im Weiteren nach Bild 37 Ausschnitt 1 und Ausschnitt 2 benannt) kann in Teilbereichen die Ausprägung maßgeblich kolumnar erscheinender Körner dokumentiert werden, welche sich teilweise über mehrere Schmelzspuren erstrecken. Dieser Bereich wird weiterhin als „grobkörniger Bereich" bezeichnet. In Kontrast zu Ausschnitt 1 kann in Ausschnitt 2 zusätzlich das Auftreten von Bereichen mit globular erscheinenden Körnern vergleichsweise geringerer Abmessung identifiziert werden. Weiterhin werden diese Zonen als „feinkörniger Bereich" benannt. Das Auftreten des feinkörnigen Bereichs erfolgt lokal in Clustern mit örtlicher Begrenzung. Die Ausprägung der feinkörnigen Bereiche über den Verlauf von Querschliffen erfolgt stochastisch. Die Existenz dieser charakteristischen Bereiche wird exemplarisch für den in Kap. 5 identifizierten Parameterraum der defektfreien Fertigung an Prüfkörpern der in 6.1 beschriebenen Parametersätze 1 und 2 festgestellt. Analysen der vorliegenden Textur weisen an Ausschnitt 1 eine bevorzugte Wachstumsrichtung der kubisch flächenzentrierten α-Aluminium Elementarzellen in <110> Richtung nach. Im Koordinatensystem der Prüfkörper entspricht dies einer Vorzugsrichtung parallel zu BD. An Ausschnitt 2, welcher zusätzlich den feinkörnigen Bereich umfasst, kann aufgrund des ungerichteten Wachstums der globular erscheinenden Körner keine Vorzugsorientierung identifiziert werden. Die ermittelte Vorzugsrichtung der Körner von Ausschnitt 1 entlang BD stimmt mit Texturanalysen an mittels LPBF gefertigten Prüfkörpern aus AlSi10Mg überein [212]. Im Unterschied zu den in Ausschnitt 1 ermittelten Ergebnissen wird an AlSi10Mg eine <001> Vorzugsrichtung identifiziert. Die in Ausschnitt 1 vorliegenden Elementarzellen weisen somit im Vergleich zu AlSi10Mg eine 45° Rotation um TD bzw. RD auf. Die Äquivalenz der Rotation um TD bzw. RD ist durch die Symmetriebeziehungen der kubischen Elementarzelle gegeben. Eine <110> Vorzugsrichtung an mittels LPBF gefertigten Prüfkörpern wird in der Literatur am austenitischen, kubisch flächenzentrierten Stahlwerkstoff 316L dokumentiert [217]. In einer vergleichenden Betrachtung der ermittelten Korngrößenverteilungen wird eine Verkleinerung des flächen- und anzahlgewichteten mittleren Korndurchmessers von Ausschnitt 1 (85,2 µm bzw. 14,6 µm) zu Ausschnitt 2 (54,4 µm bzw. 10,1 µm) festgestellt. Weiterhin wird eine Verkleinerung der anzahlgewichteten Standardabweichung im Vergleich der Analyse von Ausschnitt 2 (9,9 µm) zu Ausschnitt 1 (18,2 µm) ermittelt. Diese Verkleinerung wird maßgeblich auf die Existenz des feinkörnigen Bereiches an Ausschnitt 2 mit einer hohen Anzahl an Körnern einer vergleichsweise geringen Korngröße (Bild 37 d)) zurückgeführt. Im Gusszustand von Al-Ni-Legierungen werden kolumnare Körner mit einem Korndurchmesser von etwa 2,8 mm dokumentiert [50]. Bedingt durch die prozessinhärenten Abkühlbedingungen des LPBF wird somit sowohl innerhalb des grobkörnigen als auch feinkörnigen Bereiches eine deutliche Kornfeinung im Vergleich zum konventionell verarbeiteten Zustand ermittelt. Das Auftreten des grob- und feinkörnigen Bereiches innerhalb Ausschnitt 2 bedingt die Ausprägung einer bimodalen Korngrößenverteilung welche dem dargestellten Diagramm (Bild 37 d) Ausschnitt 2) aufgrund der unregelmäßigen Korngrößenverteilung des grobkörnigen Bereiches nicht zu entnehmen ist. Um eine Separierung der Moden der bimodalen Korngrößenverteilung von Ausschnitt 2 zu ermöglichen, erfolgt die separate Durchführung von EBSD-Analysen im grob- und feinkörnigen Bereich. Zugehörige EBSD-Aufnahmen sind samt der quantifizierten Korngrößenverteilung in Bild 38 dargestellt. Weiterhin ist eine Bestimmung des Aspektverhältnisses der Körner zur Quantifizierung der Kornstruktur in beiden charakteristischen Bereichen erfolgt und kann Bild 39 entnommen werden. Das Aspektverhältnis der Körner ist hierbei ausgehend vom Kornmittelpunkt über das Verhältnis der kürzesten zur längsten Kornachse definiert. Um potenzielle Verzerrungen in der Untersuchung der Kornstruktur zu reduzieren, erfolgt die Quantifizierung der Aspektverhältnisse unter Ausschluss von Randkörnern des Messbereiches. Zur Klassifikation der vorliegenden Kornstruktur wird der Übergang von einem kolumnaren zu einem globularen Korn nach [218–220] bei einem Aspektverhältnis von 0,33 definiert.

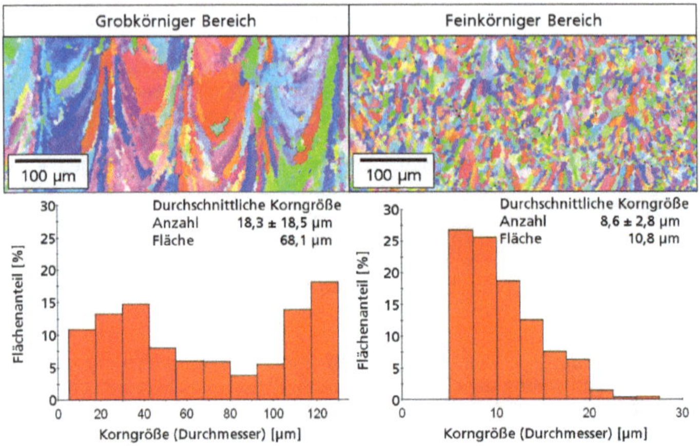

Bild 38 Ermittelte Korngrößenverteilung innerhalb der identifizierten charakteristischen Bereiche der Kornstruktur [Fraunhofer IWM]

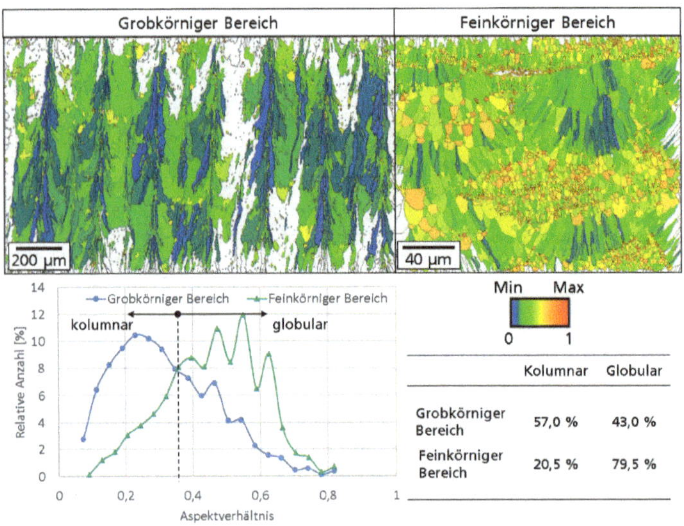

	Kolumnar	Globular
Grobkörniger Bereich	57,0 %	43,0 %
Feinkörniger Bereich	20,5 %	79,5 %

Bild 39 Quantifizierung der Aspektverhältnisse der Körner innerhalb der identifizierten charakteristischer Bereiche unter Ausschluss der Randkörner; Klassifikation der Kornstruktur nach [218–220] [Fraunhofer IWM]

Für Körner des grobkörnigen Bereiches kann eine vergleichsweise heterogene Korngrößenverteilung über eine Spanne von etwa 10 – 130 µm festgestellt werden. Innerhalb des feinkörnigen Bereiches können nur vereinzelt Körner mit einer Korngröße > 20 µm ermittelt werden. Für den feinkörnigen Bereich wird somit ein vergleichsweise reduzierter flächen- bzw. anzahlgewichteter mittlerer Korndurchmesser von 10,8 µm und 8,6 µm ermittelt. Für den grobkörnigen Bereich betragen die Werte des flächen- und anzahlgewichteten Korndurchmessers 68,1 µm bzw. 18,3 µm. Die vergleichsweise vergrößerte Streuung der Korngrößenverteilung des grobkörnigen Bereiches wird durch den Unterschied in der anzahlgewichteten Standardabweichung verdeutlicht. Demnach beträgt die anzahlgewichtete Standardabweichung für den grobkörnigen Bereich 18,5 µm, während diese für den feinkörnigen Bereich auf 2,8 µm ermittelt wird. Untersuchungen der Kornstruktur weisen 57,0 % der Körner im grobkörnigen Bereich eine kolumnare Struktur nach während 43,0 % der Körner einer globularen Kornstruktur zugewiesen werden können. Dieses Verhältnis ist als gleichartig zu in der Literatur ermittelten Aspektverhältnissen an mittels LPBF gefertigten Prüfkörpern aus AlSi10Mg zu betrachten [218]. Aufgrund der vergleichsweise größeren Abmessung kolumnarer Körner im grobkörnigen Bereich wird die resultierende Kornstruktur in einer flächengewichteten Betrachtung maßgeblich durch diese geprägt. Für den feinkörnigen Bereich kann ein vergleichsweise vergrößerter Anteil an globularen Körnern von 79,5 % festgestellt werden. Die durchschnittliche Abmessung der kolumnaren Körner im feinkörnigen Bereich kann im Vergleich zum grobkörnigen Bereich insgesamt als kleiner ermittelt werden. Durch das Auftreten der jeweiligen Kornstrukturen in Clustern werden Teilbereiche des Messfeldes des feinkörnigen Bereiches von globularen Kornstrukturen geprägt, während andere Teilbereiche von kolumunarem Kornwachstum geprägt sind (vgl. Bild 39 oben links).

Zur Untersuchung des Ursprungs der Ausprägung des feinkörnigen Bereiches erfolgt die Durchführung von REM-, EDX- und EBSD-Aufnahmen an Teilbereichen maßgeblich globularer Kornstruktur. REM- und EBSD-Aufnahmen des feinkörnigen Bereiches sind samt Hervorhebung maßgeblich globularer Teilbereiche in Bild 40 dargestellt. Weiterhin wird die Untersuchung durch REM-Detailaufnahmen an den in Bild 40 gekennzeichneten Bereichen globularer Kornstruktur (I und II) in Bild 41 fortgeführt.

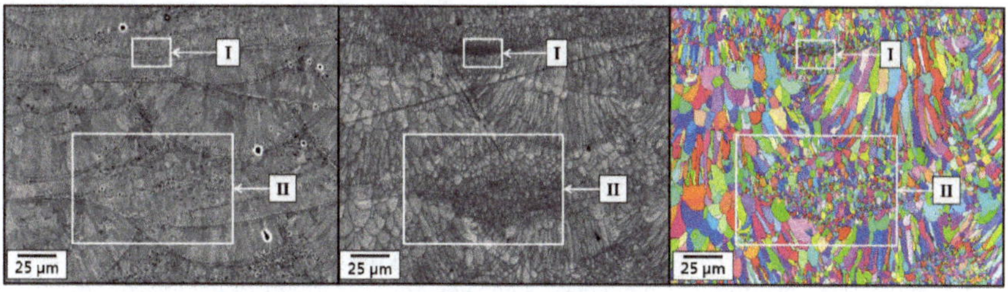

Bild 40 Aufnahmen des feinkörnigen Bereiches sowie Kennzeichnung von Bereichen globularer Kornstruktur; REM-Aufnahme mittels AsB-Detektor (links); IQ des Ausschnitts (Mitte); EBSD-Aufnahme des Ausschnitts als IPF (rechts) [Fraunhofer IWM]

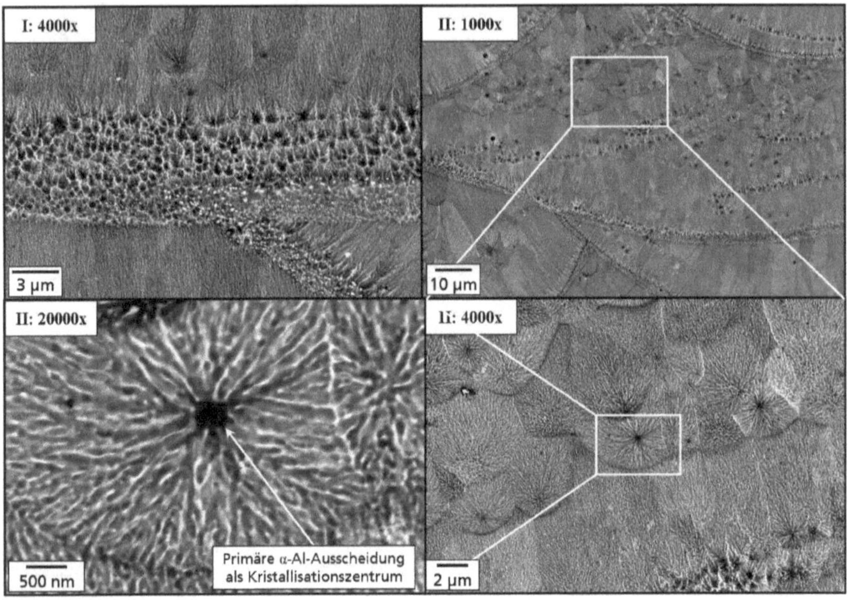

Bild 41 REM-Detailaufnahmen der in Bild 40 gekennzeichneten Bereiche globularer Kornstruktur I und II unterschiedlicher Vergrößerung [Fraunhofer IWM]

Sowohl im exemplarischen Bereich I als auch II kann das Auftreten von in REM-Aufnahmen dunkel erscheinenden Ausscheidungen identifiziert werden. Das Auftreten dieser Ausscheidungen kann ausschließlich im feinkörnigen Bereich der Prüfkörper festgestellt werden. Im Abgleich der gekennzeichneten Bereiche I und II mit der ermittelten Kornstruktur (Bild 40) kann die Häufigkeit der Ausscheidungen mit der Größe der Körner in Verbindung gebracht werden. Ausgehend von diesen Ausscheidungen erfolgt das radiale Wachstum der Morphologie des Eutektikums (Bild 41 unten links). Die Ausscheidungen können somit als Kristallisationszentrum angenommen werden. Während der Erstarrung erfolgt demnach vor der Erstarrungsfront durch die Bildung der Ausscheidungen eine heterogene Keimbildung. Ausgehend von diesen Keimen kann globulares Kornwachstum erfolgen, welches die Unterbrechung des kolumnaren Kornwachstums an der Erstarrungsfront bedingt. Ein vergleichbarer Wandel der Kornstruktur an additiv gefertigten Prüfkörpern kann sowohl in [221] als auch [219] dokumentiert werden und wird in beiden Fällen auf heterogene Keimbildung zurückgeführt. Während in [221] die heterogene Keimbildung an TiAl6V4 durch Ultraschall induziert wird, kann in [219] eine legierungstechnische heterogene Keimbildung durch Ausscheidung von Al_3Sc-Partikeln an Al-Mg-Sc-Zr-Legierungen erreicht werden. Aufgrund des Ordnungszahl-Kontrastes und der vergleichsweise dunklen Bildgebung der Ausscheidungen in den REM-Aufnahmen werden die in Bild 41 dargestellten Primärausscheidungen als α-Al-Mischkristalle vermutet. Lokale Messungen der chemischen Zusammensetzung mittels EDX im Übergangsbereich der Matrixphasen zur Ausscheidung sind in Bild 42 dargestellt. Die dargestellten Linienmessungen stimmen mit der beschriebenen Vermutung überein. Weiterhin kann in Punktmessungen der heterogenen Keime ein im Vergleich zum Gefüge erhöhter Aluminiumanteil ermittelt werden. Diese Messungen sind jedoch aufgrund der betrachteten Strukturgrößen nur bedingt aussagekräftig. Im Rahmen der Auflösung des EDX kann im Bereich des heterogenen Keimbildners kein erhöhter Sauerstoffgehalt festgestellt werden. Die Ausscheidung einer oxidischen Phase wird daher nicht angenommen. Weiterhin wird durch das stochastische Auftreten der feinkörnigen Bereiche in Clustern keine Verunreinigung der Pulverwerkstoffe als Ursache zur Ausprägung der heterogenen Keime angenommen.

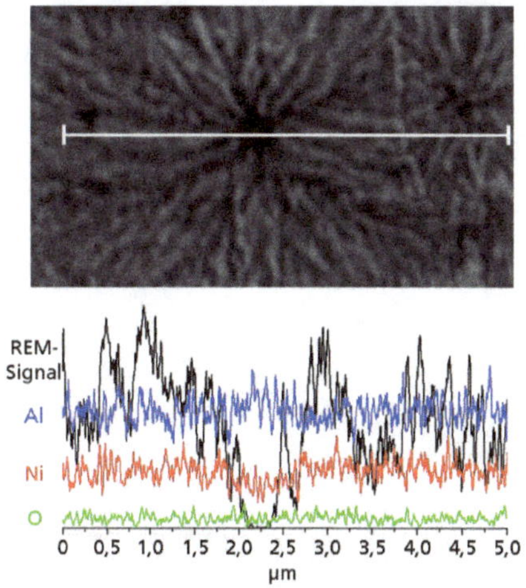

Bild 42 EDX-Linescan im Übergangsbereich der Matrixphasen zur Ausscheidung [Fraunhofer IWM]

Durch die durchgeführten Analysen kann der Ursprung der veränderten Kornstruktur als Folge heterogener Keimbildung geklärt werden. Ungeklärt bleibt jedoch die Ursache zur Ausscheidung der vermuteten α-Al-Mischkristalle in lokal abgegrenzten Bereichen. Mögliche Erklärungsansätze umfassen lokale Konzentrationsänderungen sowie Änderungen der Erstarrungsbedingungen in Folge der prozessinhärenten Dynamiken des LPBF-Prozesses. Durch lokal vergrößerte Abkühlraten und Erstarrungsgeschwindigkeiten kann demnach durch die in 2.2.3 beschriebene asymmetrische Zone des eutektischen Wachstumsbereiches von nf/f-Eutektika eine hypoeutektische Erstarrung bei nominell hypereutektischer Zusammensetzung stabilisiert werden. In [20] wird in Folge der prozessinhärenten Schmelzbaddynamiken die Ausprägung von Marangoni-Strömungen dokumentiert. Konsequenzen dieser Strömung umfassen in diesem Fall beim Randschichtlegieren von Aluminium und Nickel mittels Laserstrahlung die Induktion von Mikroseigerungen an Nickel. Potenziell resultierende lokale Konzentrationsänderungen in hypoeutektische Zusammensetzungsbereiche würden demnach die primäre Ausscheidung von α-Al-Mischkristallen bedingen. Eine Verknüpfung des strukturellen Wandels der Kornstruktur an die prozessinhärenten Schmelzbaddynamiken wird ebenfalls in [219] beschrieben. Hierbei kann ein vermehrtes Auftreten der globularen Kornstruktur mit einer Erhöhung der Volumenenergiedichte dokumentiert werden. Analog kann im Rahmen der vorliegenden Messungen ein vergleichsweise vermehrtes Auftreten des feinkörnigen Bereiches an Prüfkörpern erfolgen, deren Fertigung mit einer Laserleistung von 490 W und einer Scangeschwindigkeit 1400 mm/s (E_V = 89,74 J/mm^3) an Stelle von 385 W und 1200 mm/s (E_V = 82,26 J/mm^3) erfolgt ist. Aufgrund der stochastischen Verteilung der Bereiche sowie der verhältnismäßig kleinen betrachteten (zweidimensionalen) Messfelder kann dieser Zusammenhang jedoch nicht sinnvoll quantifiziert werden. Die dargestellten Erklärungsansätze werden im Rahmen der Arbeit nicht weiterverfolgt.

Um die potenziellen Auswirkungen des in 6.1.1 beschriebenen diskreten Wechsels der Erstarrungsmorphologie auf das Kornwachstum zu untersuchen, erfolgt die Aufnahme von EBSD-Detailaufnahmen im Übergangsbereich der charakteristischen morphologischen Bereiche Schmelzspur und Interlayer. Aufnahmen der Kornstruktur im Übergangsbereich der charakteristischen morphologischen Bereiche sind in der Darstellung als IQ und IPF in Bild 43 dargestellt.

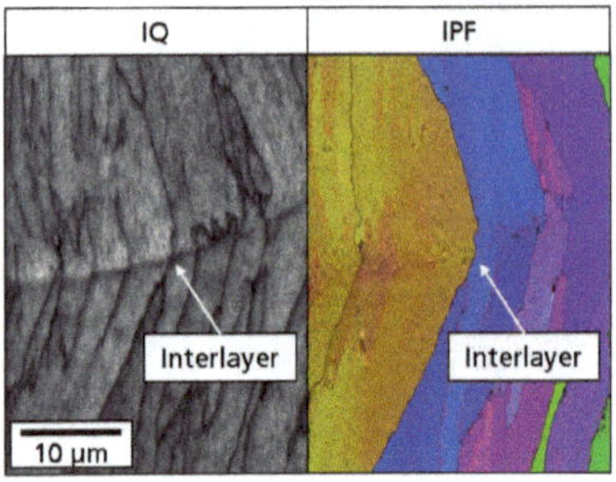

Bild 43 Visualisierung der Kornstruktur im Übergangsbereich aus Schmelzspur und Interlayer: IQ (links); IPF (rechts) [Fraunhofer IWM]

Zur Ausprägung einer Großwinkelkorngrenze und damit zur Unterbrechung eines Korns wird nach [59] eine Desorientierung von 15° als notwendig erachtet. Kleinere systematisch vorliegende Desorientierungen werden demnach dimensional geringeren Gitterfehlern wie etwa der zweidimensionalen Kleinwinkelkorngrenze zugeordnet. Ermittelte systematische Desorientierungen im Übergangsbereich aus Schmelzspur und Interlayer betragen maximal 5°. Eine systematische Unterbrechung des Kornwachstums und der Kornstruktur im Übergangsbereich aus Schmelzspur und Interlayer kann nicht festgestellt werden.

6.2 Mechanische Eigenschaften

Die Charakterisierung der mechanischen Eigenschaften und Versagensmechanismen von Al-Ni-Legierungen im mittels LPBF gefertigten Zustand ist im Folgenden in Abhängigkeit der Prüftemperatur in die Kapitel 6.2.1und 6.2.2 gegliedert. Hierbei erfolgt jeweils eine vergleichende Betrachtung der ermittelten Kennwerte mit zur Verfügung stehenden Daten der Aluminiumlegierungen des Standes der Technik. Die Auswirkungen exemplarischer Wärmebehandlungen auf die ermittelten mechanischen Eigenschaften bei Raumtemperatur sind dem Anhang zu entnehmen (13.6). Neben der Durchführung von Zugversuchen erfolgt eine Betrachtung der Versagensmechanismen im Rahmen von Bruchflächenanalysen. Bruchflächenanalysen umfassen makroskopische und mikroskopische Analysen der Bruchfläche mittels fotografischer und lichtmikroskopischer Aufnahmen. Weiterhin wird durch REM-Untersuchungen an Querschliffen von Prüfkörpern nach erfolgtem Bauteilversagen eine Identifikation und Lokalisation auftretender Defekte in unmittelbarer Nähe der Bruchfläche angestrebt. Das Ziel der Bruchflächenanalyse stellt damit neben dem Erkenntnisgewinn zur Art des Bauteilversagens auch eine Korrelation mit den charakteristischen Bereichen der Mikrostruktur zum

Ursprung des Bauteilversagens dar. Weiterführend erfolgt über Eigenspannungsmessungen die punktuelle Untersuchung der vorliegenden Spannungen an Prüfkörpern im unbehandelten und ausgelagerten Zustand.

6.2.1 Charakterisierung der mechanischen Eigenschaften und Versagensmechanismen bei Raumtemperatur

Die Ermittlung der mechanischen Kenngrößen der binären AlNi7,5 Basislegierung erfolgt auf Basis der in 4.2 beschriebenen Zugversuche anhand von fünf Zugprüfkörpern. Der exemplarische Spannungs-Dehnungs-Verlauf eines untersuchten Zugprüfkörpers der binären AlNi7,5 im unbehandelten Zustand ist im Vergleich zu gängigen Aluminiumlegierungen des Standes der Technik in Bild 44 (links) dargestellt. Die durchschnittlich ermittelten mechanischen Kenngrößen sowie deren Standardabweichungen sind im Vergleich zum Stand der Technik in Bild 44 (rechts) dargestellt. Eine tabellarische Auflistung der ermittelten mechanischen Kennwerte ist dem Anhang zu entnehmen (13.8). Unter den Legierungen des Standes der Technik erfolgt die Betrachtung von AlSi10Mg im mittels LPBF gefertigten Zustand [222]. Die mechanischen Eigenschaften von Scalmalloy® werden im wärmebehandelten Anwendungszustand (325 °C, 4h) erreicht. Die spezifischen Prüfbedingungen von Scalmalloy® sind [186] zu entnehmen.

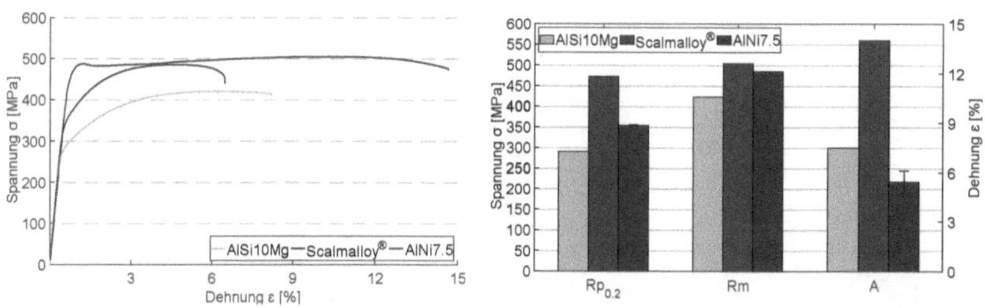

Bild 44 Exemplarische technische Spannungs-Dehnungskurve für Prüfkörper der binären Basislegierung AlNi7,5 im mittels LPBF gefertigten Zustand im Vergleich zum Stand der Technik nach [186, 222] (links) sowie Visualisierung der mechanischen Kennwerte (rechts) [Fraunhofer IWM]

Die durchschnittlich ermittelte Dehngrenze $Rp_{0,2}$ der binären Basislegierung AlNi7,5 beträgt 354 MPa bei einer Standardabweichung von 1,2 MPa. Die durchschnittlich ermittelte Zugfestigkeit R_m von AlNi7,5 im unbehandelten Zustand beträgt 484 MPa bei einer Standardabweichung von 0,8 MPa. Im Vergleich zu AlSi10Mg im gleichartigen Zustand ($Rp_{0,2}$ = 290 MPa; R_m = 423 MPa) können die Festigkeitseigenschaften auf einem höheren Niveau ermittelt werden. Die durchschnittlich ermittelte Bruchdehnung A von AlNi7,5 beträgt 5,4 % bei einer Standardabweichung von 0,69 % und befindet sich im Vergleich zu AlSi10Mg (A = 7,5 %) auf einem niedrigeren Niveau. Scalmalloy® weist im wärmebehandelten Zustand eine Dehngrenze von 472 MPa, eine Zugfestigkeit von 504 MPa und eine Bruchdehnung von 14,0 % auf.

Besonders auffällig ist der unterschiedliche Kurvenverlauf von AlNi7,5 und Scalmalloy®. AlNi7,5 weist eine vergleichsweise kleine Dehngrenze auf (354 MPa). Nach Erreichen dieser verformt der Werkstoff plastisch und verfestigt bis zum Erreichen der Zugfestigkeit (484 MPa). Scalmalloy® weist eine vergleichsweise hohe Dehngrenze (472 MPa) auf. Nach Erreichen dieser erfolgt jedoch nur eine geringfügige Verfestigung bis zum Erreichen der Zugfestigkeit (504 MPa). Ursächlich für diesen Kurvenverlauf bzw. die vergleichsweise hohe Dehngrenze bei Scalmalloy® sind nanoskalige Al_3Sc-Ausscheidungen, welche zunächst sehr effektiv die Versetzungsbewegung behindern. Ist der makroskopische Fließprozess allerdings einmal in Gang gesetzt bzw. die Dehngrenze erreicht, ist das Fließen z.B. durch das Entstehen neuer Versetzungen durch Versetzungsringe (Orowan-Mechanismus) erleichtert [62]. Aufgrund des Fehlens nanoskaliger Ausscheidungen beginnt das makroskopische Fließen im Falle der binären AlNi7,5-Legierung bei geringeren Festigkeitswerten (354 MPa). In diesem plastischen Verformungsbereich verfestigt AlNi7,5 jedoch maßgeblich bis zum Erreichen der Zugfestigkeit (484 MPa). Der im Vergleich zu Scalmalloy® (0,07) vergrößerte Quotient von Gleichmaßdehnung A_g (4,0 %) zu Bruchdehnung A (5,4 %) der Legierung AlNi7,5 (0,73) ist laut [62] auf die Behinderung der dynamischen Entfestigung bis zur Einschnürung zurückzuführen. Das insgesamt höhere Festigkeitsniveau von AlNi7,5 im Vergleich zu AlSi10Mg wird durch die intermetallische Al_3Ni-Phase des Al-Ni-Eutektikums im Vergleich zur elementaren Si-Phase des Al-Si-Eutektikums begründet. Im Vergleich zu Al-Ni-Legierungen im Gusszustand ($Rp_{0,2}$ = 113 MPa; R_m = 188 MPa; A = 9,5 %) kann eine Vergrößerung der Dehngrenze und Zugfestigkeit bei simultaner Verkleinerung der Bruchdehnung dokumentiert werden [57]. Die Zunahme der Festigkeitseigenschaften wird maßgeblich durch den in 2.3.1 beschriebenen Zusammenhang nach Hall-Petch mit der Verkleinerung des mittleren Korndurchmessers begründet [63–65].

Zur Untersuchung der Versagensmechanismen der Al-Ni-Legierungen im LPBF gefertigten Zustand unter Zugspannung erfolgt die makroskopische und mikroskopische Untersuchung der Bruchflächen mittels optischer Verfahren. Exemplarische Aufnahmen von Zugprüfkörpern nach erfolgtem Bauteilversagen sind in Längsrichtung in Bild 45 dargestellt.

Bild 45 Exemplarische Aufnahmen eines Zugprüfkörpers der Legierung AlNi7,5 nach erfolgtem Bauteilversagen [Fraunhofer IWM]

Alle geprüften Zugprüfkörper weisen Bruchflächen mit einer Neigung von etwa 45° zur Zugrichtung auf. Im Rahmen von Zugversuchen stellt diese Richtung den Vektor der maximalen Schubspannung dar. Nach [62] kann diese Bruchart als duktiler Scherbruch klassifiziert werden. In Übereinstimmung zu den Ergebnissen der Zugprüfung erfolgt das Auftreten dieser Bruchart bevorzugt an Prüfkörpern vergleichsweise hoher Gleichmaßdehnung und geringer Einschnürung [62]. Das vergleichsweise hohe Verfestigungsvermögen führt hierbei laut [223] zu einer Hemmung von Lochwachstum und -koaleszenz was zu einer Bevorzugung des Scherbruchkriteriums führt. Mit beginnender Einschnürung erfolgt hierbei die dynamische Entfestigung sowie die Ausprägung von Scher- und Gleitbändern [62]. Mikroskopische Aufnahmen der Bruchflächen sind in Bild 46 dargestellt. Die Ausrichtung der Bruchflächen erfolgt hierbei parallel zur Bildebene.

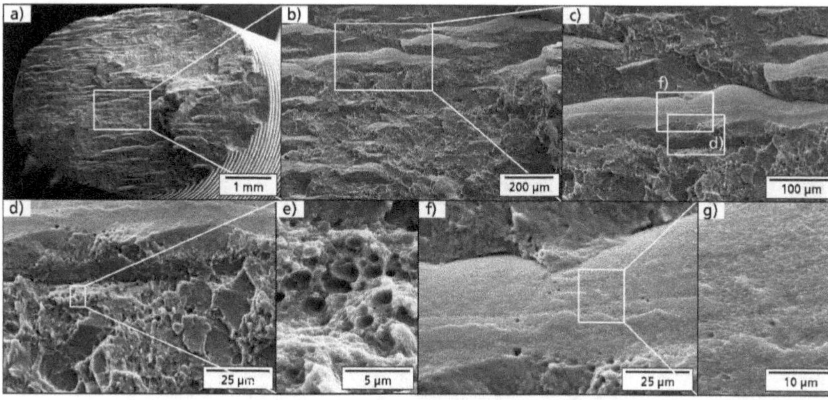

Bild 46 Gesamt- (a)) und Detailaufnahmen (b)-g)) der Bruchflächen der Legierung AlNi7,5 [Fraunhofer IWM]

Im Rahmen der mikroskopischen Untersuchung der Bruchflächen können zwei charakteristische Bereiche identifiziert werden (Bild 46 d) und f)). In Bild 46 d)-e) kann die Ausprägung einer Wabenbildung auf den Scherbruchflächen identifiziert werden. Die Größenordnung der identifizierten Waben beträgt in etwa 1 µm und kann laut [62] mit dem Scherbruch von Gleit- und Scherbändern in Verbindung gesetzt werden. Die in Bild 46 f)-g) dargestellte Bruchfläche kann als verformungsarmer Scherbruch identifiziert werden. Sowohl die Oberflächentopographie als auch identifizierte Löcher sind hierbei (teilweise elliptisch) in Scherrichtung verzogen [62]. Aufgrund des vergleichsweise geringeren Verformungsgrads dieser Bereiche wird entlang dieser die Initiierung des Bauteilversagens vermutet.

Um einen potenziellen Zusammenhang der in 6.1 identifizierten charakteristischen morphologischen Bereiche der Mikrostruktur zum Versagensursprung zu untersuchen, erfolgt die Betrachtung von Querschliffen an Prüfkörpern nach erfolgtem Bauteilversagen (Bild 47). Die Schliffebene wird hierbei orthogonal zur Aufbaurichtung gewählt.

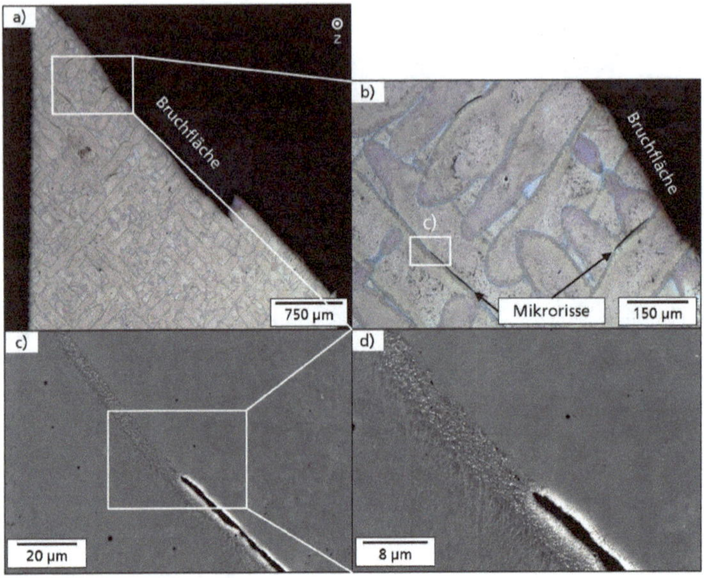

Bild 47 LOM- (a)-b)) sowie REM-Aufnahmen (c)-d)) von Querschliffen geprüfter Zugprüfkörper orthogonal zur Aufbaurichtung [Fraunhofer IWM]

Innerhalb der betrachteten Querschliffe können in unmittelbarer Nähe der Bruchfläche Mikrorisse in Richtung der maximalen Schubspannung identifiziert werden (± 45° zur Zugrichtung). Das Auftreten der Mikrorisse kann hierbei systematisch im Bereich der Interlayer nachgewiesen werden. Der morphologische Bereich des Interlayers wird somit als Ursprungsort für Mikrorisse sowie das daraus resultierende Bauteilversagen identifiziert. Die Auswirkungen der in 6.1.2 beschriebenen, lokal auftretenden feinkörnigen Bereiche auf die Bruchmechanik des globalen Gefüges wird somit in der vorliegenden Ausprägung als vernachlässigbar angenommen.

In der Literatur wird das Bruchverhalten von Al-Ni-Legierungen im konventionell gefertigten Zustand als spröde dokumentiert. Dieses Verhalten wird auf die Brüchigkeit der intermetallischen Al_3Ni-Phase zurückgeführt [142]. Weiterhin wird im Rahmen der Arbeiten von [142] mit einer Feinung der Körner sowie der eutektischen Zellen bzw. Abstände eine vergleichsweise vergrößerte Duktilität im Bruchverhalten festgestellt. Als Ursache für dieses Verhalten wird die vergleichsweise ausgeprägtere Möglichkeit der Kompensation von Spannungen innerhalb der feineren Strukturen angenommen. Aufgrund der prozessinhärenten Abkühlraten des LPBF weisen die in 6.1.1 beschriebenen Strukturen im Bereich der Schmelzspuren eine feinere Ausprägung im Vergleich zum konventionell gefertigten Zustand auf. Auch wenn aufgrund des irregulären Charakters und der Größenordnungen der Strukturen im mittels LPBF gefertigten Zustand keine exakte Quantifizierung dieser Abstände erfolgen kann, so kann eine Feinung der Strukturen im Vergleich zum konventionell gefertigten Zustand (Faserabstand ≈ 300-750 nm) um etwa eine Zehnerpotenz dokumentiert werden (Vgl. 6.1.1) [142]. Über diesen Zusammenhang kann die Ausbildung duktiler Bruchanteile der Wabenstruktur erklärt werden. Weiterhin werden in 6.1.1 im Bereich des Interlayers bzw. am

Startpunkt der Erstarrung lokal reduzierte Abkühlraten und Erstarrungsgeschwindigkeiten ermittelt welche im Vergleich zum Bereich der Schmelzspur die Ausprägung gröberer Strukturen bedingen. Durch den in der Literatur beschriebenen Zusammenhang kann somit das verformungsarme Bruchverhalten an der Lokalisation des Interlayers erklärt werden. Darüber hinaus wird hierdurch der in 3.1 beschriebene Vorteil feiner Strukturgrößen im Kontext der Anwendung bestätigt.

Mittels LPBF gefertigte Prüfkörper weisen in der Regel ausgeprägte Eigenspannungen auf [224]. Eine Bewertung dieser Ausprägung erfolgt über das Verhältnis der ermittelten Eigenspannungen zur materialspezifischen Dehngrenze. Ausgeprägte Eigenspannungen in Bauteilen stellen im Kontext der Anwendung ein Risiko für plastische Deformation und somit vorzeitiges Bauteilversagen dar. An solchen Bauteilen kann über nachgeschaltete Wärmebehandlungen eine Reduktion von Eigenspannungen und somit die Herstellung eines Anwendungszustandes erreicht werden. Zur punktuellen Untersuchung der vorliegenden Spannungen in unbehandelten Prüfkörpern der Legierung AlNi7,5 erfolgt die Durchführung von Eigenspannungsmessungen. Weiterführend erfolgt die Messung an ausgelagerten (8 h, 160 °C) Prüfkörpern, um den Einfluss einer durchgeführten Wärmebehandlung auf die Eigenspannungen zu quantifizieren. Die Gründe zur Auswahl dieser Parameter der Wärmebehandlung werden näher in 7.3.1 erläutert.

Die ermittelten Eigenspannungen einer Messung des Profils von Prüfkörpern sind in Abhängigkeit der betrachteten Richtung in Bild 48 dargestellt. Positive Werte der Eigenspannungen sind hierbei Zugspannungen zuzuordnen. Eine tabellarische Auflistung der ermittelten Eigenspannungen durchgeführter Profil- und Draufsichtmessungen ist dem Anhang (13.7) zu entnehmen. Weiterhin erfolgt im Anhang (13.7) eine graphische Aufbereitung der Messungen der Draufsicht von Prüfkörpern.

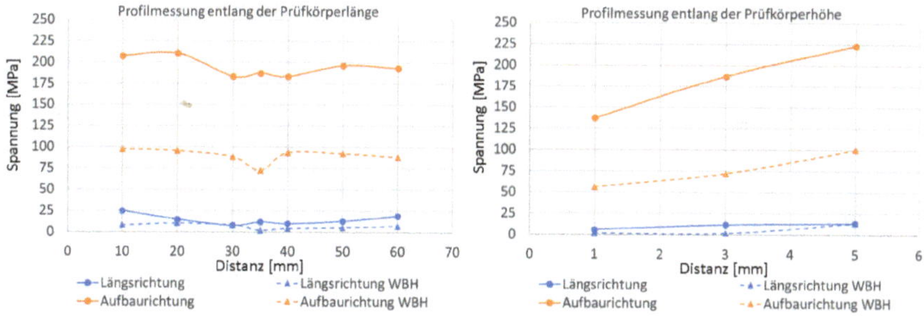

Bild 48 Profilmessung der Eigenspannungen an gefertigten Prüfkörpern der Legierung AlNi7,5 im unbehandelten und WBH (8 h, 160 °C) Zustand [Fraunhofer IWM]

Die höchsten Eigenspannungen innerhalb analysierter Prüfkörper im unbehandelten Zustand werden in den dargestellten Profilmessungen detektiert. Demnach können entlang der Aufbaurichtung im unbehandelten Zustand von Prüfkörpern Eigenspannungen von bis zu 223 MPa ermittelt werden. Ermittelte Eigenspannungen in Längsrichtung weisen unabhängig vom betrachteten Zustand der Prüfkörper über die gesamten Profilmessungen maximale Werte von 25 MPa auf. Innerhalb der Messungen entlang der Prüfkörperlänge wird ein abnehmender Verlauf der Eigenspannungen zum Mittelpunkt der Prüfkörper identifiziert. Exemplarisch kann hierbei die ermittelte Reduktion der Eigenspannungen an unbehandelten Prüfkörpern in Aufbaurichtung von etwa 205-210 MPa an der Prüfkörperseite zu 180-185 MPa an der Prüfkörpermitte genannt werden. Weiterhin wird entlang der Prüfkörperhöhe in Aufbaurichtung ein zunehmender Verlauf der Eigenspannungen dokumentiert. Beispielhaft erfolgt an Prüfkörpern im unbehandelten Zustand somit eine Zunahme der Eigenspannungen von 137 MPa zu 223 MPa. Die ermittelten Verläufe der Eigenspannungen werden auch an Prüfkörpern im WBH Zustand festgestellt. Die ermittelten Eigenspannungen an Prüfkörpern im WBH Zustand können auf einem vergleichsweise niedrigeren Niveau ermittelt werden. Im Rahmen der Profilmessungen in Aufbaurichtung wird durch die erfolgte Wärmebehandlung eine durchschnittliche Reduktion der Eigenspannungen von 54,6 % festgestellt. Der maximal ermittelte Wert der Eigenspannung innerhalb wärmebehandelter Prüfkörper beträgt 100 MPa.

Gesamtheitlich können die Eigenspannungen an Prüfkörpern im unbehandelten Zustand als Resultat der geometrie- und prozessabhängigen lokalen Änderungen der Erstarrungsbedingungen, dem prozessinhärenten zyklischen Wiederaufschmelzen von Schmelzspuren sowie thermischer Schrumpfung betrachtet werden [224]. Da die Aufbaurichtung näherungsweise auch die Richtung der Erstarrung darstellt können in dieser Richtung die Höchstwerte der Eigenspannungen ermittelt werden. Im Vergleich zur Aufbaurichtung werden die ermittelten Eigenspannungen in Längsrichtung als vernachlässigbar eingestuft. Der ermittelte Verlauf der Eigenspannungen entlang der Prüfkörperlänge stimmt mit den in [225] erbrachten Ergebnissen überein. Nach [226] wäre ein vergleichbarer Verlauf der Eigenspannungen entlang der Prüfkörperhöhe wie bei der Prüfkörperlänge zu erwarten. Die Differenz zu den dargestellten Ergebnissen wird mit der unzureichenden Höhe gefertigter Prüfkörper zur Ausprägung eines stationären Verlaufs der Eigenspannungen über den Verlauf der Prüfkörperhöhe begründet. Um eine prozessseitige Reduktion der Eigenspannungen zu erreichen, werden nach [227, 228] Anpassungen der Scanstrategie empfohlen. Das Maß der Eigenspannungen nach erfolgter Wärmebehandlung ist als gleichartig einzustufen zu ermittelten Eigenspannungen in mittels LPBF gefertigten Prüfkörpern der Legierung AlSi10Mg im spannungsarmgeglühten Zustand (~75-100 MPa) [229].

6.2.2 Charakterisierung der mechanischen Eigenschaften und Versagensmechanismen unter Variation der Prüftemperatur

Um die Eigenschaften der Basislegierung AlNi7,5 nicht nur bei Raumtemperatur, sondern auch bei erhöhten Temperaturen zu ermitteln, erfolgt die Durchführung von Zugversuchen unter Variation der Prüftemperatur. Zur vergleichenden Darstellung mit dem Stand der Technik erfolgt diese Durchführung sowohl an gefertigten Prüfkörpern der Legierung AlNi7,5, als auch an wärmebehandelten (325 °C, 4 h) Prüfkörpern der industriell etablierten Legierung Scalmalloy®. Die spezifischen Prüfbedingungen von Scalmalloy® sind [186] zu entnehmen. Die resultierenden Spannungs-Dehnungskurven sowie die ermittelten mechanischen Kennwerte sind in Bild 49 dargestellt. Eine tabellarische Auflistung der exakten mechanischen Kennwerte kann dem Anhang entnommen werden (13.8).

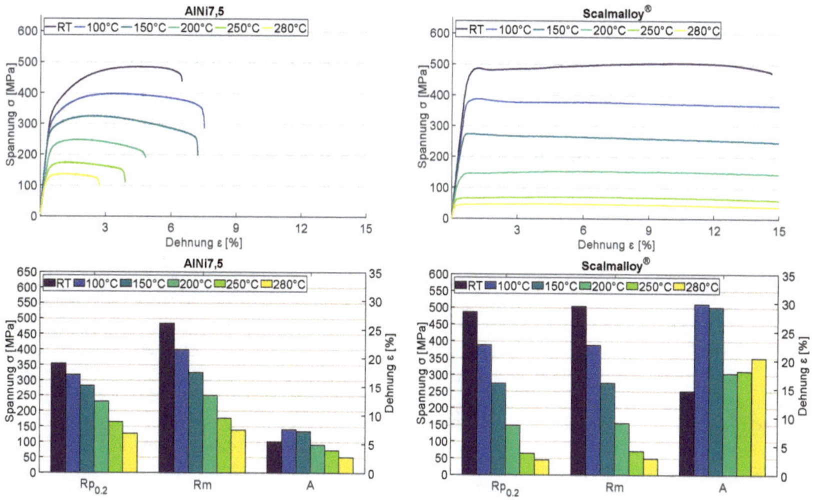

Bild 49 Ermittelte Spannungs-Dehnungskurven (oben) sowie mechanische Kennwerte (unten) für die binäre Basislegierung AlNi7,5 (links) im Vergleich zu Scalmalloy® (rechts) bei Prüftemperaturen von RT bis 280 °C [Fraunhofer IWM]

Mit Erhöhung der Prüftemperatur von RT bis 280 °C kann eine kontinuierliche Verkleinerung von Dehngrenze ($Rp_{0,2}$(RT) = 354 MPa; $Rp_{0,2}$(280 °C) = 127 MPa) und Zugfestigkeit (R_m(RT) = 484 MPa; R_m(280 °C) = 138 MPa) bei der binären AlNi7,5-Legierung dokumentiert werden. Für eine Prüftemperatur von 250 °C kann eine Zugfestigkeit von 176 MPa ermittelt werden. Die beschriebene kontinuierliche Verkleinerung von Dehngrenze und Zugfestigkeit mit Erhöhung der Prüftemperatur erfolgt im Verlauf gleichartig zu Scalmalloy®. Das Niveau der Verkleinerung ist bei Scalmalloy® jedoch in einer vergleichenden Betrachtung vergrößert. Demnach kann für Scalmalloy® bei Raumtemperatur eine Dehngrenze und Zugfestigkeit von 487 MPa bzw. 504 MPa ermittelt werden, während diese bei 280 °C lediglich 45 MPa bzw. 48 MPa beträgt. Ab einer Prüftemperatur von 150 °C können für die Legierung AlNi7,5 vergrößerte Werte im Bezug zur Dehngrenze (282 MPa) und Zugfestigkeit (325 MPa) im Vergleich zu Scalmalloy® ($Rp_{0,2}$ = 274 MPa; R_m = 274 MPa) festgestellt werden. Weiterhin kann über die Verkleinerung der Differenz aus Dehngrenze und Zugfestigkeit mit erhöhter Prüftemperatur eine Verkleinerung des Verfestigungsvermögens für AlNi7,5 dokumentiert werden. Demnach kann unter Raumtemperatur eine Differenz von 130 MPa ermittelt werden, während diese bei einer Prüfung unter 280 °C 11 MPa beträgt. Die Bruchdehnungswerte von Scalmalloy® können über alle Prüftemperaturen auf einem höheren Niveau im Vergleich zu AlNi7,5 ermittelt werden. Bei beiden Legierungen kann eine Vergrößerung der Duktilität bei Prüftemperaturen von etwa 100-150 °C im Vergleich zur Prüfung bei Raumtemperatur beobachtet werden. Oberhalb 150 °C erfolgt für AlNi7,5 eine kontinuierliche Verkleinerung der Bruchdehnung bis zur maximal betrachteten Prüftemperatur von 280 °C.

Die vergrößerten Festigkeitseigenschaften der Legierung AlNi7,5 im Vergleich zu Scalmalloy® ab einer Prüftemperatur von 150 °C wird maßgeblich auf die vorliegenden Phasen zurückgeführt. Während in Scalmalloy® α-Aluminium die einzige Matrix Phase darstellt [87], sind die in 6.1 identifizierten Matrix-Phasen der Legierung AlNi7,5 sowohl α-Aluminium als auch Al_3Ni. Wie in 2.4.2

beschrieben ist für die intermetallische Phase eine vergleichsweise hohe thermische Stabilität sowie ein Schutz vor Vergröberung bis 475 °C in der Literatur dokumentiert [129]. Einen weiteren Faktor stellt die thermisch bedingte Verkleinerung der notwendigen Spannung zur Initiierung des makroskopischen Fließprozesses dar. Durch die Aktivierung des Fließprozesses bei verkleinerten Spannungen erfolgt eine bedingte Behinderung der Versetzungsbewegung durch nanoskalige Al_3Sc-Ausscheidungen in Scalmalloy® und somit ein früheres Erreichen der Dehngrenze. Die Verkleinerung des Verfestigungsvermögens mit einer Erhöhung der Prüftemperatur ist nach [62] für Aluminiumlegierungen charakteristisch und wird auf die Vergrößerung des Einflusses dynamischer Entfestigungsprozesse zurückgeführt. Die vergrößerten Werte der Bruchdehnung von Scalmalloy® im Vergleich zu AlNi7,5 über alle Prüftemperaturen werden analog zu den Festigkeitseigenschaften durch die beteiligten Matrix-Phasen erklärt. Die Wirkung der intermetallischen Al_3Ni-Matrixphase der AlNi7,5 Legierung wird hierbei als vergleichsweise fester und spröder angenommen. Als weiterer möglicher Faktor ist die vergleichsweise verkleinerte Korngröße der Scalmalloy®-Legierung (~1-10 µm) zu nennen [86]. Die beschriebene kontinuierliche Verkleinerung der Bruchdehnung für AlNi7,5 bei Erhöhung der Prüftemperatur oberhalb 150 °C steht im Gegensatz zu dem für Aluminiumlegierungen dokumentierten Verlauf der Bruchdehnung im konventionell gefertigten Zustand. Demnach kann an 5182-Knetlegierunen etwa eine kontinuierliche Vergrößerung der Bruchdehnung mit einer Erhöhung der Prüftemperatur von 150 °C auf 280 °C von ~20 % auf ~45 % erreicht werden [230]. Zur Untersuchung des Wirkmechanismus des Bauteilversagens mit einer Erhöhung der Prüftemperatur der binären Legierung AlNi7,5 erfolgt die Durchführung von Bruchflächenanalysen an Zugprüfkörpern der Hochtemperaturzugversuche, deren Prüfung bei einer Temperatur von 100 °C und 250 °C erfolgt ist. Zur Vereinfachung werden im weiteren Verlauf dieser Arbeit im Rahmen von Bruchflächenanalysen zu untersuchende Prüfkörper mit der jeweiligen korrespondierenden Prüftemperatur über eine Kurzschreibweise referenziert. Dementsprechend werden Prüfkörper deren Zugprüfung bei einer Temperatur von 100 °C und 250 °C erfolgt ist P100 bzw. P250 benannt. Eine makroskopische Betrachtung der Bruchflächen von P100 und P250 der Legierung AlNi7,5 ist in Bild 50 dargestellt.

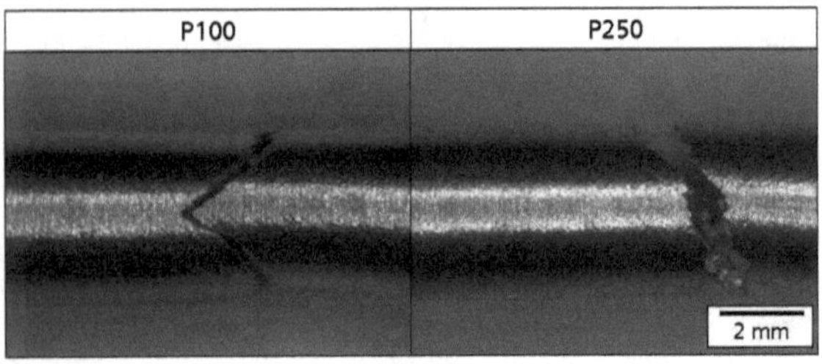

Bild 50 Aufnahmen von Zugprüfkörpern der Legierung AlNi7,5 nach erfolgtem Bauteilversagen bei einer Prüftemperatur von 100 °C und 250 °C [Fraunhofer IWM]

Die makroskopische Bruchfläche von P100 kann analog zum beschriebenen Bauteilversagen bei Raumtemperatur dem duktilen Scherbruch zugeordnet werden. P250 weist eine vergleichsweise schärfer gekerbte Bruchfläche auf. Als Bruchart werden diese Prüfkörper trotz fehlender Normalspannungsbruchfläche dem Quasi-Sprödbruch zugeordnet. Neben einer scharf gekerbten Normalspannungsbruchfläche sind für den Quasi-Sprödbruch analog zu den ermittelten mechanischen Kennwerten eine vergleichsweise geringe Dehnung und Einschnürung charakteristisch. Da der Quasi-Sprödbruch als Extremfall des duktilen Trennbruchs dokumentiert wird, werden die Übergänge als fließend angenommen. Obwohl eine Zuordnung nach der dominanten Bruchart erfolgt ist, kann diese Klassifikation daher nicht als eindeutig beschrieben werden. Eine mikroskopische Betrachtung der Bruchflächen von P100 und P250 der Legierung AlNi7,5 kann Bild 51 entnommen werden. [62]

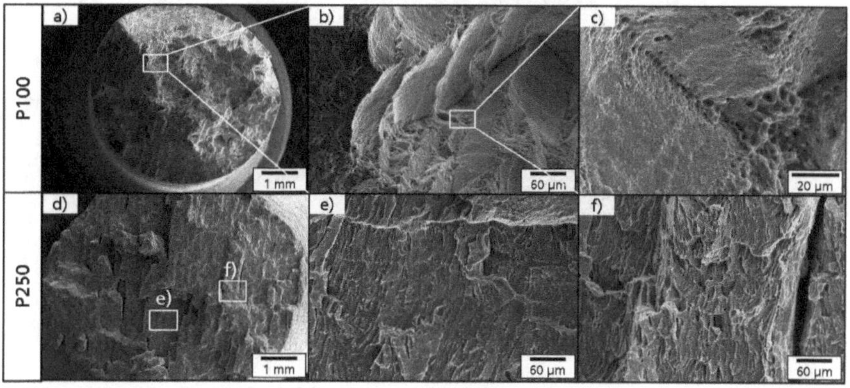

Bild 51 Gesamt- (a),d)) und Detailaufnahmen (b)-c), e)-f)) der Bruchflächen von P100 (oben) und P250 (unten) der Legierung AlNi7,5 [Fraunhofer IWM]

Analog zu den ermittelten mikroskopischen Bruchflächen bei Raumtemperatur können bei P100 die charakteristischen Bereiche der Wabenstruktur sowie der terrassenförmigen Bereiche des verformungsarmen Scherbruchs identifiziert werden. Eine Änderung des mikroskopischen Versagensmechanismus bei einer Erhöhung der Prüftemperatur von Raumtemperatur zu 100 °C kann nicht ermittelt werden. Die ermittelten charakteristischen Bereiche der mikroskopischen Bruchfläche können an P250 nicht identifiziert werden. Demnach kann im Rahmen der Analyse keine, für ein duktiles Bauteilversagen charakteristische Wabenbildung und -vereinigung festgestellt werden. Die in Bild 51 e) und f) dargestellten mikroskopischen Bruchflächen sind somit einem spröden Versagensmechanismus zuzuordnen. Analog zu den Ergebnissen der makroskopischen Betrachtung werden gleichartige mikroskopische Bruchflächen nach [62] am ehesten mit einem Quasi-Sprödbruch in Verbindung gebracht.

Zur Untersuchung des Einflusses der Prüftemperatur auf den Ursprung des Bauteilversagens erfolgt eine mikroskopische Betrachtung von P100 und P250. Exemplarische lichtmikroskopische Aufnahmen korrespondierender Querschliffe sind Bild 52 zu entnehmen.

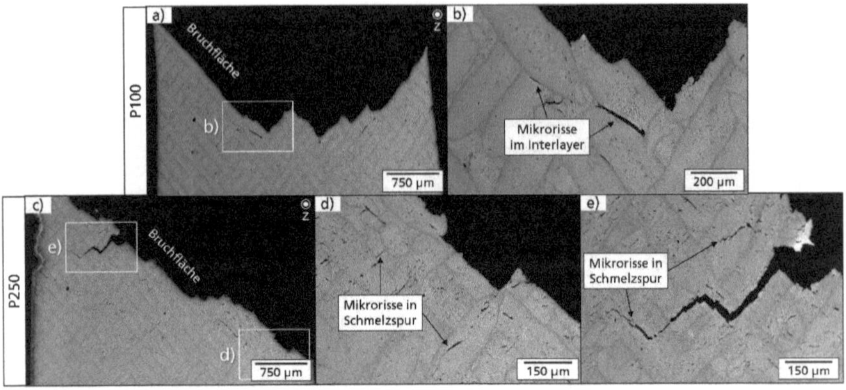

Bild 52 Lichtmikroskopische Gesamt- (a), c)) und Detailaufnahmen (b), d)-e)) an Querschliffen von P100 (oben) und P250 (unten) der Legierung AlNi7,5 [Fraunhofer IWM]

Wie bei der in Bild 47 dargestellten Untersuchung der Prüfkörper deren Prüfung unter Raumtemperatur erfolgt ist, können bei P100 Mikrorisse im Bereich der Interlayer identifiziert werden. Diese Interlayer liegen ausschließlich in unmittelbarer Nähe der Bruchfläche vor und weisen eine Orientierung in Richtung der Bruchfläche und maximalen Schubspannung auf. Als Ursprung des Bauteilversagen kann somit der charakteristische Bereich der Interlayer identifiziert werden. Eine Änderung des Versagensmechanismus oder -ursprungs kann im Vergleich zu einer Prüfung unter Raumtemperatur nicht festgestellt werden. Identifizierte Mikrorisse an P250 weisen wie bei bisher durchgeführten Analysen eine Vorzugsorientierung im 45° Winkel zur Zugachse (Richtung maximaler Schubspannung) auf. Im Unterschied zu den bisherigen Analysen werden diese Defekte jedoch maßgeblich im Bereich der Schmelzspur und nicht des Interlayers festgestellt. Aufgrund der Strukturgrößen der mikrostrukturellen Merkmale des charakteristischen Bereichs der Schmelzspur unterhalb lichtmikroskopischer Auflösungsgrenzen erfolgt die Durchführung von REM-Aufnahmen zur weiteren Lokalisation des Ursprungs des Bauteilversagens. Hierbei erfolgt eine vergleichende Betrachtung der zellularen Mikrostruktur von Prüfkörpern deren Prüfung bei RT erfolgt ist und P250 in Bild 53 sowie die Lokalisation von auftretenden Defekten nahe der Bruchfläche von P250 in Bild 54.

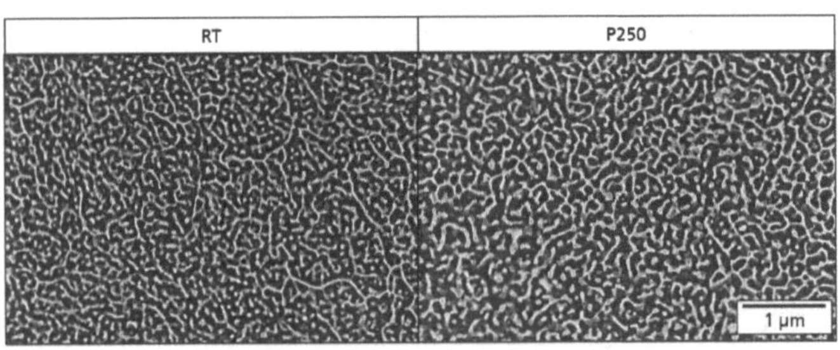

Bild 53 Vergleichende Darstellung von REM-Aufnahmen der zellularen Mikrostruktur im Bereich der Schmelzspur an Prüfkörpern deren Prüfung unter Raumtemperatur und 250 °C erfolgt ist [Fraunhofer IWM]

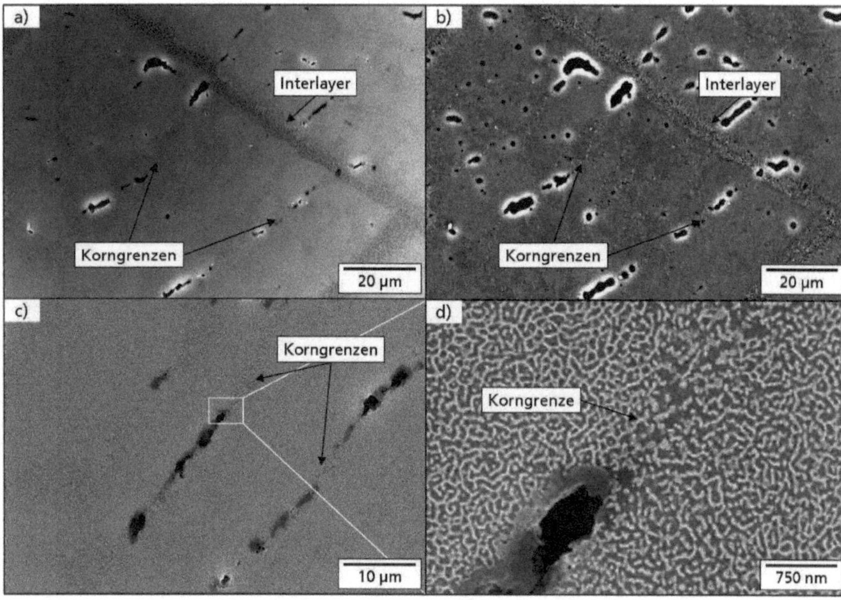

Bild 54 REM-Aufnahmen nahe der Bruchfläche von P250 der Legierung AlNi7,5. Darstellung desselben Querschliffausschnitts in a) und b) unter Variation der Detektionsgrößen. Detektion von Sekundärelektronen in a); Detektion von Rückstreuelektronen in b); REM-Detailaufnahmen in c) und d) [Fraunhofer IWM]

Durch eine Erhöhung der Prüftemperatur von Raumtemperatur auf 250 °C kann keine grundlegende Veränderung der Erstarrungsmorphologie bewirkt werden. Die in 6.1 identifizierte zellulare Anordnung im Bereich der Schmelzspur bleibt bestehen. Ein morphologischer Unterschied des Eutektikums als Ursache des durch eine Erhöhung der Prüftemperatur induzierten veränderten Ursprungs des Bauteilversagens kann somit ausgeschlossen werden. Innerhalb der REM-Detailaufnahmen kann nachgewiesen werden, dass der Verlauf der identifizierten Mikrorisse innerhalb der Schmelzspuren bevorzugt entlang der Korngrenzen verläuft. Ein Korngrenzenbruch wird somit als Ursprung des Bauteilversagens festgestellt. Weiterhin kann somit eine Versprödung der Korngrenzen mit einer Erhöhung der Prüftemperatur für die Legierung AlNi7,5 im mittels LPBF gefertigten Zustand dokumentiert werden.

6.3 Zwischenfazit

Folgende zentrale Ergebnisse können in Kapitel 6 erarbeitet werden. Über XRD-Messungen erfolgt die Identifikation der eutektischen Phasen α-Aluminium und Al_3Ni. Weitere Phasen können nicht ermittelt werden. Über den Verlauf von Querschliffen werden zwei charakteristische morphologische Bereiche dokumentiert, welche über die Bezeichnung Interlayer und Schmelzspur referenziert werden. Im Bereich der Schmelzspur erfolgt eine Einformung der Al_3Ni-Phase in zellularer Struktur, welche in einer α-Aluminiummatrix eingebettet ist. Aufgrund lokal reduzierter Erstarrungsgeschwindigkeit wird im Bereich des Interlayers bzw. am Startpunkt der Erstarrung eine strukturlose Erstarrung mit nachgelagerter Festphasenausscheidung angenommen. Eine dominante Ausprägung einer faserartigen eutektischen Mikrostruktur kann innerhalb der identifizierten morphologischen Bereiche nicht festgestellt werden. Dennoch wird die Erstarrungsart auf Basis vorliegender Definitionen als eutektisch angenommen.

Weiterhin wird die Mikrostruktur der Legierung AlNi7,5 an LPBF gefertigten Prüfkörpern hinsichtlich der vorliegenden Kornstruktur, -größenverteilung und Textur charakterisiert. An Querschliffen wird eine Vorzugsrichtung der Körner mit maßgeblich kolumnarer Kornstruktur parallel zur Aufbaurichtung festgestellt. Die ermittelte Korngrößenverteilung umfasst hierbei Körner von etwa 20-200 µm. Zusätzlich erfolgt jedoch auch die Identifikation stochastisch auftretender Cluster maßgeblich globularer Kornstruktur, welche als feinkörnige Bereiche benannt werden. Eine Vorzugsorientierung der Körner kann innerhalb dieser Cluster nicht ermittelt werden. Die Größe dieser Körner wird mit Körnern eines Durchmessers von etwa 2-20 µm als vergleichsweise reduziert ermittelt. Als Ursache zur Ausprägung dieser Bereiche werden heterogene Keimbildner identifiziert, die als primäre α-Aluminium-Mischkristalle vermutet werden. Die Ursache zur Ausprägung dieser Keimbildner kann nicht zweifelsfrei geklärt werden. Annahmen umfassen durch die prozessinhärenten Schmelzbaddynamiken verursachte lokale Inhomogenitäten der chemischen Zusammensetzung und Erstarrungsbedingungen.

Im Rahmen von Zugversuchen kann im LPBF gefertigten Zustand für die Legierung AlNi7,5 eine Zugfestigkeit von 485 MPa bei einer Bruchdehnung von 5,4 % ermittelt werden. Erhöhungen der Prüftemperatur führen zu einer Verkleinerung der Zugfestigkeit. Oberhalb einer Prüftemperatur von 150 °C kann ebenfalls eine Verkleinerung der Bruchdehnung dokumentiert werden. Die Bruchart bei Raumtemperatur wird als duktiler Scherbruch klassifiziert. Als Ursprung des Bauteilversagen wird der charakteristische morphologische Bereich des Interlayers identifiziert. Bei einer Prüftemperatur von 250 °C kann hingegen ein dominantes Bauteilversagen durch Quasi-Sprödbruch ermittelt werden. Aufgrund des ermittelten Ursprungs des Bauteilversagens im Bereich der Korngrenzen wird mit einer Erhöhung der Prüftemperatur eine Versprödung der Korngrenzen dokumentiert. Eine strukturelle Veränderung der zellularen Erstarrungsmorphologie im Bereich der Schmelzspur wird durch die Erhöhung der Prüftemperatur nicht festgestellt. Bei einer Prüftemperatur von 250 °C wird eine Zugfestigkeit von 176 MPa ermittelt. Bedingt durch die eutektische Phasenzusammensetzung weist die Legierung AlNi7,5 somit im Vergleich zu gängigen Aluminiumlegierungen des Standes der Technik (Scalmalloy® R_m(250 °C) = 71 MPa) eine ausgeprägtere thermisch Stabilität auf.

Messungen der Eigenspannung an Prüfkörpern im unbehandelten Zustand weisen Höchstwerte entlang der Aufbaurichtung auf und betragen bis zu 223 MPa. In Folge der Durchführung einer Wärmebehandlung (8 h, 160 °C) kann eine Reduktion dieser Höchstwerte auf 100 MPa erfolgen, womit diese auf einem gleichartigen Niveau zu spannungsarmgeglühten Prüfkörpern der Legierung AlSi10Mg ermittelt werden.

Wie beschrieben wird entgegen der Annahme zum Ausgangspunkt der Arbeit keine gekoppelt eutektische Mikrostruktur festgestellt. Auf Basis der ermittelten Eigenschaften können jedoch alle unter 3.1 aufgeführten Gründe zur Wahl eines eutektischen Basissystems bestätigt werden. Demnach kann eine Verarbeitung der Legierung AlNi7,5 ohne Heißrissbildung erfolgen. Weiterhin erfolgt die Einstellung einer feinen Mikrostruktur deren festigkeitssteigernde Wirkung als Faktor für die vergleichsweise hohen erreichten Festigkeitseigenschaften bei Raum- und erhöhter Temperatur angenommen wird. Diese Annahme wird unterstützt durch den identifizierten Ursprung des Bauteilversagen bei Raumtemperatur bzw. am Ort lokal vergröberter Strukturgrößen. Im Kontext der

Anwendung wird das Fehlen einer gekoppelt eutektischen Mikrostruktur in Anbetracht der ermittelten Ergebnisse daher als vernachlässigbar eingestuft.

Über die beschriebenen Ergebnisse erfolgt eine Darstellung der Auswirkung der Verarbeitung mittels LPBF auf die mikrostrukturellen und mechanischen Eigenschaften der Legierung AlNi7,5. Die erste Forschungsfrage (vgl. 3.4) wird somit beantwortet. Im Kontext dessen wird ebenfalls die definierte Zielsetzung hinsichtlich der Charakterisierung der Legierung AlNi7,5 im LPBF gefertigten Zustand als erreicht angenommen. Weiterhin wird das Ziel der Entwicklung einer Aluminiumlegierung mit Zugfestigkeiten ≥ 150 MPa im LPBF gefertigten Zustand bei einer Prüftemperatur ≥ 250 °C erreicht. Die Beantwortung der Frage, ob durch die eutektische Phasenzusammensetzung im LPBF gefertigten Zustand eine Grundfestigkeit bedingt wird, die die Erreichung des definierten Zielwertes bei Raumtemperatur ermöglicht, wird in Kapitel 7 fortgeführt.

7 Auswirkungen von Legierungszusätzen auf Materialeigenschaften

Im Kontext dieses Kapitels wird über die Untersuchung der Auswirkung von Legierungszusätzen auf die Materialeigenschaften die Beantwortung der zweiten Forschungsfrage (vgl. 3.4) angestrebt. Grundlage dieser Untersuchungen stellen hierbei die in Kapitel 6 identifizierten Materialeigenschaften sowie die in 7.1 definierten Zusatzmengen der Legierungszusätze dar. Weiterhin erfolgt die Verarbeitung der höherwertigen Legierungen mittels LPBF unter Einsatz der identifizierten Prozessparameter (siehe Kapitel 5) zur Untersuchung der Übertragbarkeit der additiven Verarbeitbarkeit. Zur Auswahl zweckmäßiger Prüfkörper für weitere Analysen erfolgt im Gegensatz zur Struktur von Kapitel 6 in 7.3 zunächst die Betrachtung der mechanischen Eigenschaften der höherwertigen Legierungen in unterschiedlichen Zuständen bevor in 7.4 eine Betrachtung der Mikrostruktur erfolgt. Die Charakterisierung der mechanischen Eigenschaften erfolgt analog zu den in Kapitel 6 durchgeführten Untersuchungen unter Variation der Prüftemperatur von Raumtemperatur bis 280 °C. Um die Folgen einer Ausscheidungshärtung zu quantifizieren, erfolgt die Auslagerung von Prüfkörpern der höherwertigen Legierungen unter Variation der Auslagerungsdauer sowie eine anschließende Charakterisierung der mechanischen Eigenschaften und Versagensmechanismen an Raumtemperatur. Aufgrund der Strukturgrößen der Einlagerungs- und Ausscheidungsvorgänge der Legierungszusätze erfolgt die mikrostrukturelle Analyse der Wirkmechanismen mittels REM und TEM an wärmebehandelten Prüfkörpern der höherwertigen Legierungen. Über die Zugabe der Legierungszusätze wird die Entwicklung einer Aluminiumlegierung mit Zugfestigkeiten ≥ 500 MPa in Übereinstimmung mit der dargestellten Zielsetzung (siehe 3.4) angestrebt.

7.1 Auswahl von Zusatzmengen der betrachteten Legierungszusätze

Im Rahmen dieser Arbeit werden die Auswirkungen sowohl der Zugabe von Cu und Zr als auch Mg & Si im Verbund zu Al-Ni-Legierungen untersucht. Die Gründe für diese Auswahl an festigkeitssteigernden Zusätzen sind Kapitel 2.4.3 zu entnehmen. Ziel dieses Kapitels ist die Darstellung der zugrundeliegenden Überlegungen und Berechnungen zur Auswahl der Zusatzmengen der jeweiligen festigkeitssteigernden Zusätze.

Wie in 2.4.3 dargestellt, bestehen in der Literatur lediglich vereinzelt experimentelle Informationen zur Ausscheidungshärtung von Zr in Al-Ni-Legierungen. Informationen zur Auswirkung der Zugabe von Cu, Mg & Si auf Al-Ni-Legierungen können nicht identifiziert werden. Zur Abschätzung der Aushärtbarkeit der Zusatzmengen der jeweiligen Legierungszusätze erfolgt die Berechnung von thermodynamischen Phasengleichgewichten. Aufgrund des Unterschiedes der isothermen Berechnungsbedingungen zu den Erstarrungsbedingungen des LPBF-Prozesses werden die ermittelten Resultate lediglich als Entscheidungshilfe herangezogen. Eine präzise Übertragbarkeit der berechneten Resultate auf die experimentellen Ergebnisse im LPBF gefertigten Zustand wird nicht erwartet [231]. Aufgrund der beschriebenen unzureichenden Datenlage sowie der Differenz aus theoretischen Annahmen zu real existierenden Bedingungen sind die im Rahmen dieses Kapitels ermittelten Zusatzmengen fortwährend als Schätzmengen zu betrachten. Ausschnitte der errechneten (AlNi7,5+X-)Phasendiagramme sind mit steigendem Gewichtsanteil an Zr und Cu bzw. mit steigendem Stoffmengenanteil für Mg_2Si in Bild 55 dargestellt. Die Darstellung erfolgt hierbei als binäres

Phasendiagramm wobei bei fehlender Zugabe eines festigkeitssteigernden Zusatzes die Konzentration der binären Basislegierung (AlNi7,5) vorherrscht.

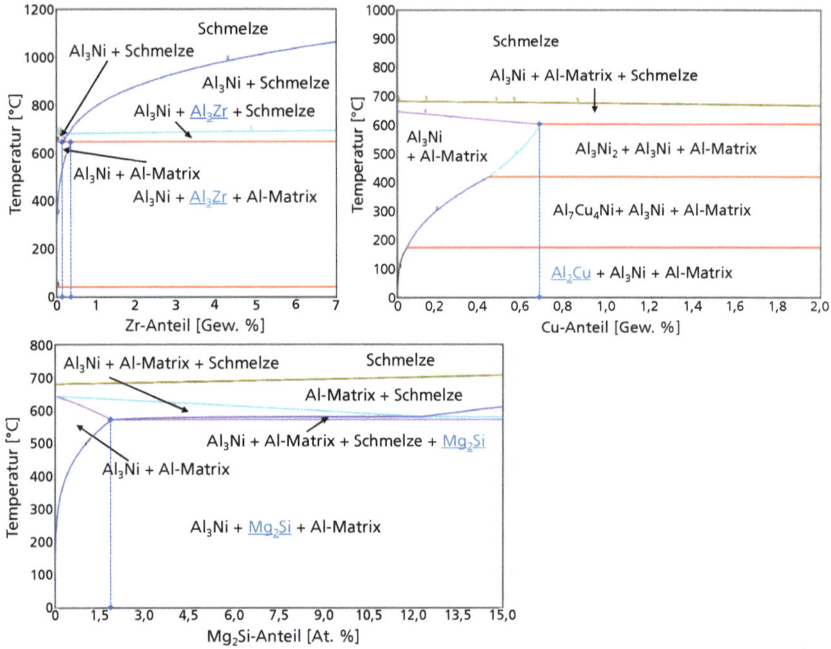

Bild 55 Ausschnitte errechneter Phasendiagramme für AlNi7,5 + Zr (oben links) und AlNi7,5 + Cu (oben rechts) in Gew. % sowie AlNi7,5 + Mg_2Si (unten links) in At. % [Fraunhofer IWM]

Wie in 2.4.3.1 dargestellt, beruht die Festigkeitssteigerung einer Zugabe von Zr zu Al-Legierungen auf der Ausscheidung kohärenter Al_3Zr-Ausscheidungen. In Phasengleichgewichtsrechnungen kann für Zr eine Ausscheidungshärtbarkeit bis 0,15 Gew. % ermittelt werden. Oberhalb von 0,15 Gew. % Zr erfolgt demnach die Bildung von Al_3Zr aus der Schmelze. Geht man von einem übersättigten Mischkristall aus, kann durch Lösungsglühung bis zu 0,36 Gew. % Zr in der Al-Matrix gelöst werden. Mit zunehmender Zugabe an Zr kann im Rahmen der Berechnungen eine Vergrößerung des Erstarrungsintervalls dokumentiert werden. Wie von [91] am Beispiel von Al-Mg-Zr-Legierungen beschrieben, kann aufgrund der raschen Erstarrungsbedingungen additiver Fertigungsprozesse vermutlich mehr Zr als von den Phasengleichgewichtsrechnungen vorhergesagt in Lösung gebracht werden. In [122, 129] wird eine Ausscheidungshärtbarkeit durch Zr innerhalb von Al-Ni-Legierungen bei einer Zugabe von 0,5 Gew. % beschrieben. Auf Basis dieser Arbeiten wird im weiteren Verlauf eine Zugabe von 0,5 Gew. % Zr zur Legierung AlNi7,5 betrachtet. Das primäre Ziel der Zugabe an Zr ist im Kontrast zu den weiteren betrachteten Legierungszusätzen eine Steigerung der Festigkeitseigenschaften bei erhöhter Temperatur und nicht bei Raumtemperatur. Dieses Ziel ist aus der dokumentierten thermisch stabilisierenden Wirkung von Zirkon auf die primäre α-Aluminiumphase sowie die vorliegenden Korngrenzen abgeleitet [55].

Die Ausscheidungsfolge und -kinetik der Zugabe von Cu zu Al-Legierungen sowie die daraus resultierenden Änderungen der Festigkeitseigenschaften können 2.4.3.2 entnommen werden. Die errechnete Löslichkeitsgrenze von Cu in AlNi7,5 beträgt 0,67 Gew. %. Oberhalb 0,67 Gew. % Cu erfolgt die Bildung der Phase Al_3Ni_2 aus der Schmelze. Die Stabilität der Ausscheidungsphase Al_2Cu wird von RT bis zu einer Temperatur von etwa 174 °C errechnet. Aufgrund der Annahme eines unterkühlten Legierungszustandes nach erfolgter Fertigung mittels LPBF wird die Zwischenphase Al_7Cu_4Ni als vernachlässigbar angenommen. Diese Annahme hat jedoch nur Bestand solange etwaige nachgeschaltete Wärmebehandlung den Stabilitätsbereich der Al_2Cu-Phase bis 174 °C nicht überschreiten. Im Rahmen von Arbeiten der additiven Fertigung von 2xxx-er Knetlegierungen kann eine erhöhte Löslichkeit von Cu (bis etwa 4,5 Gew. %) ermittelt werden [100, 101, 103]. Im weiteren Verlauf erfolgt die Betrachtung der Zugabe von 0,5 Gew. % Cu sowie 2 Gew. % Cu zur Legierung AlNi7,5. Dies entspricht einer Zusammensetzung innerhalb sowie einer Zusammensetzung außerhalb des berechneten Intervalls der Ausscheidungshärtbarkeit bis 0,67 Gew. % Cu.

Ziel der Zugabe von Mg_2Si im Verbund ist eine Steigerung der Festigkeitseigenschaften in Folge einer Ausscheidungshärtung (siehe 2.4.3.3). Eine Ausscheidungshärtbarkeit durch Mg_2Si wird nach den Phasengleichgewichtsberechnungen bis zu einem Gehalt von 1,89 At. % gewährleistet. Dies entspricht nach dem stöchiometrischen Masseverhältnis von Mg : Si = 1,73 : 1 einem Anteil von 1,09 Gew. % Mg sowie 0,63 Gew. % Si. Im weiteren Verlauf wird die Zugabe von 1,0 Gew. % Mg sowie 0,5 Gew. % Si zur Legierung AlNi7,5 betrachtet. Die Auswahl für diesen Umfang der Zugabe basiert auf der nominellen Ausscheidungshärtbarkeit sowie der Gleichartigkeit zu Gehalten in gängigen Al-Mg-Si-Knetlegierungen [62] im Einsatz. Im Vergleich zum stöchiometrischen Masseverhältnis entspricht diese Zugabe einem Mg-Überschuss. Wie in 2.4.3.3 beschrieben wird durch einen Mg-Überschuss eine unterproportionale Zunahme der Festigkeitseigenschaften bedingt [164, 165]. Die Abweichung dieser Zugabe vom stöchiometrischen Masseverhältnis der Mg_2Si-Phase wird mit dem dokumentierten Abbrand von Mg im Rahmen additiver Fertigungsverfahren begründet [98].

7.2 Additive Verarbeitbarkeit

Im Rahmen dieses Kapitels erfolgt die Überprüfung der Übertragbarkeit der in Kapitel 5 ermittelten Ergebnisse der Parameterstudie auf die in 7.1 definierten höherwertigen Legierungen. Hierzu erfolgt die Verarbeitung der höherwertigen Legierungen mittels LPBF unter Einsatz des Referenzparametersatzes (385 W, 1200 mm/s). Exemplarische Querschliffe von Prüfkörpern der höherwertigen Legierungen sind in Bild 56 dargestellt. Die partiell in den Querschliffen sichtbaren Aussparungen am Prüfkörperrand sind nicht auf Defekte, sondern auf bewusst eingebrachte Gravuren zurückzuführen.

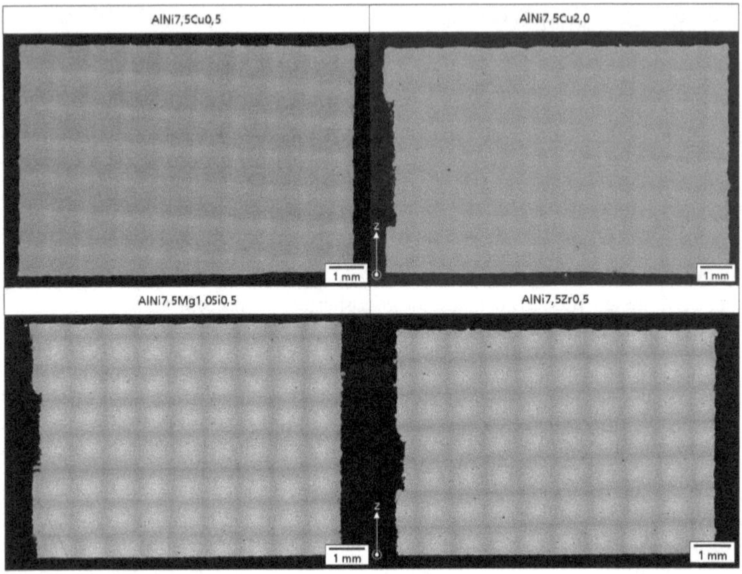

Bild 56 Exemplarische Aufnahmen von Querschliffen der höherwertigen Legierungen

Die untersuchten Querschliffe der höherwertigen Legierung weisen gesamtheitlich eine Bauteildichte ≥ 99,9 % bei gleichzeitiger Rissfreiheit auf. Die additive Verarbeitbarkeit der höherwertigen Legierungen sowie die stichpunktartige Übertragbarkeit der in Kapitel 5 ermittelten Ergebnisse wird somit bestätigt. Um einen möglichen Einfluss des Schmelzprozesses auf die chemische Zusammensetzung der Prüfkörper zu quantifizieren, erfolgt die Durchführung von ICP-OES-Messungen an gefertigten Prüfkörpern der höherwertigen Legierungen. Die ermittelten chemischen Zusammensetzungen sind in Tabelle 9 vergleichend mit den chemischen Zusammensetzungen der vorlegierten Pulverwerkstoffe (vgl. Tabelle 5) dargestellt. Die additive Verarbeitung der höherwertigen Legierungen AlNi7,5Cu0,5 sowie AlNi7,5Cu2,0 beruht wie in 4.3 beschrieben auf der Mischung der vorlegierten Pulverwerkstoffe aus AlNi7,5 und AlNi7,5Cu4,0. Um eine Vergleichbarkeit der chemischen Zusammensetzungen der Cu-haltigen Legierungen zu ermöglichen, erfolgt die identische additive Verarbeitung von Prüfkörpern der Legierung AlNi7,5Cu4,0. Die gefertigten Prüfkörper werden als Edukte für die Analyse mittels ICP-OES herangezogen. ICP-OES-Messungen an den Cu-haltigen Pulvermischungen sind aufgrund der Annahme einer ausgeprägten Streuung der Messergebnisse in Abhängigkeit der analysierten Pulverpartikel nicht erfolgt.

Soll-Zusammensetzung [Gew. %]						Ist-Zusammensetzung Pulver [Gew. %]						Ist-Zusammensetzung Prüfkörper [Gew. %]					
Al	Ni	Cu	Zr	Mg	Si	Al	Ni	Cu	Zr	Mg	Si	Al	Ni	Cu	Zr	Mg	Si
92,5	7,5					92,80	7,20					92,18	7,82				
92,0	7,5	0,5										91,67	7,90	0,43			
90,5	7,5	2,0										90,41	7,51	2,08			
88,5	7,5	4,0				88,30	7,60	4,10				88,27	7,57	4,16			
92,0	7,5		0,5			92,24	7,26		0,50			91,71	7,76		0,53		
91,0	7,5			1,0	0,5	91,20	7,21			0,90	0,69	91,08	7,39			0,86	0,67

Verdampfungstemperatur [°C]					
Al	Ni	Cu	Zr	Mg	Si
2467	2732	2567	4377	1090	2355

Tabelle 9 Vergleichende Darstellung der Soll- und Ist-Zusammensetzung der vorlegierten Pulverwerkstoffe und additiv gefertigten Prüfkörper der binären Basislegierung sowie der eingesetzten höherwertigen Legierungen (oben); Darstellung der Verdampfungstemperaturen der jeweiligen Legierungselemente (unten)

Die Differenz zwischen Ist-Zusammensetzung und Soll-Zusammensetzungen der Pulverwerkstoffe entsprechen gängigen Abweichungen von Verdüsungsprozessen. Abweichungen der Gehalte innerhalb der Prüfkörper im Vergleich zu den Pulverwerkstoffen können über die Verdampfung einzelner Legierungselemente bei Überschreitung der jeweiligen Verdampfungstemperatur während des LPBF-Prozesses erklärt werden. Demnach erfolgt durch die Verarbeitung mittels LPBF eine Vergrößerung des relativen Gehaltes von Legierungselementen mit einer vergleichsweise hohen Verdampfungstemperatur (Ni, Cu, Zr) während simultan der Gehalt von Al, Mg und Si verkleinert wird. Beispielhaft kann hierbei der Abbrand von etwa 4,4 % des im Pulverwerkstoff enthaltenen Mg genannt werden. Durch ICP-OES Messungen an Prüfkörpern der Legierung AlNi7,5Cu0,5 und AlNi7,5Cu2,0 kann ein Cu-Gehalt festgestellt werden der im Rahmen gängiger Toleranzen der Mischungen vorlegierter Pulverwerkstoffe (AlNi7,5 und AlNi7,5Cu4,0) der Soll-Zusammensetzung entspricht. Im Vergleich zum stöchiometrischen Masseverhältnis (Mg : Si = 1,73 : 1) kann in den Messungen des Pulverwerkstoffs (Mg : Si = 1,30 : 1), als auch der Prüfkörper (Mg : Si = 1,28 : 1) ein Si-Überschuss identifiziert werden. Durch diesen Überschuss wird wie in 2.4.3.3 beschrieben eine relativ gesehen überproportionale Zunahme der Zugfestigkeit erwartet [166].

7.3 Mechanische Eigenschaften

Die Untersuchungen der Auswirkungen der Legierungszusätze auf die mechanischen Eigenschaften der Al-Ni-Legierungen wird im Folgenden in Abhängigkeit der Prüftemperatur untergliedert. Aufgrund der prozessinhärenten Erstarrungsbedingungen werden die Legierungen im unbehandelten Zustand als unterkühlt angenommen. Zur Untersuchung der Aushärtbarkeit der unterschiedlichen Legierungszusätze erfolgt daher in 7.3.1 weiterführend die Durchführung von Wärmebehandlungen variabler Dauer sowie eine anschließende Zugprüfung bei Raumtemperatur. Um im Rahmen der Charakterisierung der mechanischen Eigenschaften und Versagensmechanismen bei Raumtemperatur als auch unter Variation der Prüftemperatur (7.3.2) eine Aussage bezüglich des Beitrags der eingebrachten Legierungszusätze treffen zu können, werden die in 6.2 erbrachten Ergebnisse als

Referenz herangezogen. Bruchflächenanalysen zur Identifikation der Versagensart sowie zur Lokalisation und Korrelation des Ursprungs des Bauteilversagens mit charakteristischen Bereichen der Mikrostruktur werden analog zu 6.2 durchgeführt.

7.3.1 Charakterisierung der mechanischen Eigenschaften und Versagensmechanismen im unbehandelten und wärmebehandelten Zustand

Zur Untersuchung der Auswirkungen der Zugabe der Legierungszusätze auf die binäre Basislegierung erfolgt in einem ersten Schritt die Charakterisierung der mechanischen Eigenschaften der höherwertigen Legierungen unter Raumtemperatur. Über die Durchführung von Wärmebehandlungen erfolgt eine thermische Anregung diffusionsgesteuerter Ausscheidungsprozesse. Im Rahmen dieser Arbeit wird als Wärmebehandlung eine atmosphärische Auslagerung bei einer Auslagerungstemperatur von 160 °C unter Variation der Auslagerungsdauer von 15 Minuten bis 49 Stunden durchgeführt. Von für Aluminiumlegierungen gängig eingesetzten vorangegangenen Wärmebehandlungsschritten wie dem Lösungsglühen und anschließendem Abschrecken wird aufgrund des unterkühlten Ausgangszustandes der Prüfkörper abgesehen. Das zeitliche Spektrum der zu untersuchenden Auslagerungsdauer wird bewusst breit gewählt, um eine Betrachtung der ausscheidungskinetischen Vorgänge bis zur potenziellen Überalterung zu ermöglichen. Die Wahl der Auslagerungstemperatur von 160 °C wird maßgeblich durch den in 7.1 ermittelten thermischen Stabilitätsbereich der Al_2Cu-Phase sowie die in 2.4.3 beschriebene Ausscheidungsfolge und -kinetik der Legierungszusätze in Aluminiumlegierungen begründet. Demnach ist am Beispiel von Al-Mg-Si-Legierungen eine Ofentemperatur von 160 °C etwa ausreichend, um Warmaushärtungsprozesse zu induzieren, ohne durch die strukturelle Umwandlung der β''-Phase (bei Ofenzeiten zwischen fünf und acht Stunden) eine Abnahme der Festigkeitseigenschaften zu bewirken [62, 157].

Die Spannungs-Dehnungskurven der Zugprüfung der höherwertigen Legierungen im unbehandelten und ausgelagerten Zustand sind Bild 57 (oben) zu entnehmen. Für jeden zu untersuchenden Zustand einer Legierung ist hierbei die Prüfung eines Zugprüfkörpers erfolgt. Eine Gegenüberstellung der mechanischen Kennwerte der höherwertigen Legierungen ist in Bild 57 (unten) dargestellt. Eine tabellarische Auflistung der mechanischen Kennwerte ist dem Anhang zu entnehmen (13.9).

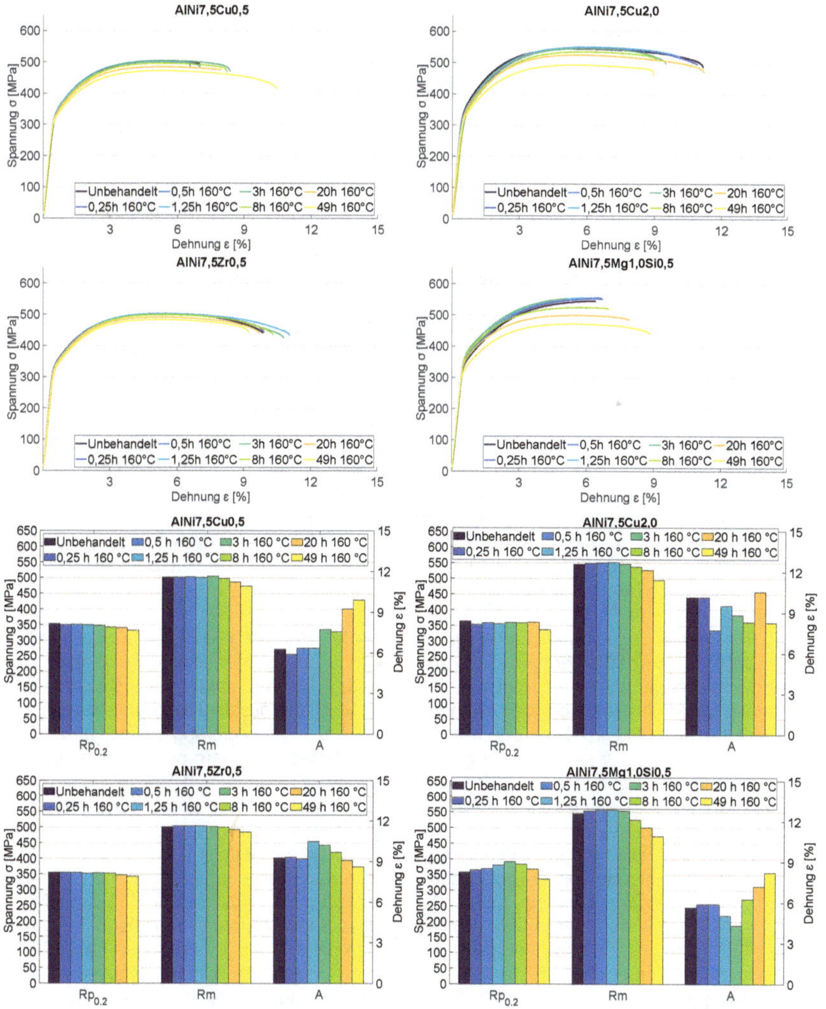

Bild 57 Ermittelte Spannungs-Dehnungskurven der ausgewählten höherwertigen Legierungen unter Variation der Auslagerungsdauer bei einer Auslagerungstemperatur von 160 °C (oben) sowie Gegenüberstellung der mechanischen Kennwerte (unten) [Fraunhofer IWM]

Im Vergleich zum unbehandelten Zustand der binären Basislegierung AlNi7,5 ($Rp_{0,2}$ = 354 MPa; R_m = 484 MPa; A = 5,4 %) kann eine Vergrößerung von Zugfestigkeit und Bruchdehnung sowohl für die Zugabe von 0,5 Gew. % Cu (R_m = 502 MPa; A = 6,3 %), 2,0 Gew. % Cu (R_m = 545 MPa; A = 10,1 %), 1,0 Gew. % Mg 0,5 Gew. % Si (R_m = 545 MPa; A = 5,7 %) als auch 0,5 Gew. % Zr (R_m = 500 MPa; A = 9,3 %) identifiziert werden. Ein systematischer Einfluss auf die Dehngrenze kann über die ausgewählten Legierungszusätze im unbehandelten Zustand nicht festgestellt werden. Bis zu einer Auslagerungsdauer von 20 Stunden weist die Legierung AlNi7,5Cu0,5 weitestgehend konstante Dehngrenzen und Zugfestigkeiten zwischen 340 und 350 MPa bzw. 490 und 505 MPa auf. Eine Auslagerungsdauer von 49 Stunden führt zu einer Verkleinerung von Dehngrenze und Zugfestigkeit auf Werte von 332 MPa bzw. 473 MPa. Mit zunehmender Auslagerungsdauer kann eine annähernd kontinuierliche Vergrößerung der Bruchdehnung von 6,3 % im unbehandelten Zustand bis 9,9 % bei einer Auslagerungsdauer von 49 Stunden identifiziert werden. Der beschriebene Verlauf von Dehngrenze und Zugfestigkeit wird analog für die Legierung AlNi7,5Cu2,0 festgestellt. Demnach werden bis zu einer Auslagerungsdauer von 20 Stunden Dehngrenzen von 355-365 MPa und Zugfestigkeiten von 530-550 MPa erreicht. Eine Erhöhung der Auslagerungsdauer auf 49 Stunden bedingt bei AlNi7,5Cu2,0 eine Verkleinerung von Dehngrenze und Zugfestigkeit auf 337 MPa bzw. 494 MPa. Für die Bruchdehnung der Legierung AlNi7,5Cu2,0 kann über die untersuchten Auslagerungsdauern keine systematische Änderung ermittelt werden. Für AlNi7,5Zr0,5 wird durch eine Auslagerungsdauer von 49 Stunden im Vergleich zum unbehandelten Zustand eine Verkleinerung der Dehngrenze von 354 MPa auf 343 MPa bzw. der Zugfestigkeit von 500 MPa auf 484 MPa bewirkt. Bei einer Auslagerungsdauer von 1,25 h kann eine Vergrößerung der Bruchdehnung auf 10,5 % festgestellt werden. Eine Verlängerung der Auslagerungsdauer oberhalb 1,25 h bedingt eine kontinuierliche Abnahme der Bruchdehnung bis zur maximal untersuchten Auslagerungsdauer von 49 h (A = 8,6 %). Für die Legierung AlNi7,5Mg1,0Si0,5 kann bis zu einer Auslagerungsdauer von drei Stunden sowohl eine Zunahme der Dehngrenze als auch Zugfestigkeit im Vergleich zum unbehandelten Zustand von 358 MPa auf 391 MPa bzw. von 545 MPa auf 556 MPa erreicht werden. Gleichzeitig erfolgt eine Verkleinerung der Bruchdehnung von 5,7 % auf 4,3 %. Längere Auslagerungsdauern führen invers zu einer Verkleinerung von Dehngrenze ($Rp_{0,2}$(49 h) = 336 MPa) und Zugfestigkeit (R_m(49 h) = 472 MPa) bei gleichzeitiger Vergrößerung der Bruchdehnung (A(49 h) = 8,2 %).

Die Erhöhung der Zugfestigkeit im Vergleich zur binären Legierung AlNi7,5 im unbehandelten Zustand wird für alle höherwertigen Legierungen auf die Zugabe der Legierungszusätze zurückgeführt. Aufgrund der prozessinhärenten Abkühlraten des LPBF wird der Legierungszustand der Prüfkörper als unterkühlt angenommen. Als dominanter Mechanismus der Festigkeitssteigerung im unbehandelten Zustand wird daher die substitutionelle Lösung der Legierungszusätze bzw. Mischkristallhärtung vermutet. Das Maß der Vergrößerung des Verfestigungsvermögens ist hierbei abhängig vom Umfang der Zugabe (siehe Cu) sowie der Art des Legierungselementes. Als Ursache für die Steigerung der Verfestigung kann die Bremswirkung der gelösten Fremdatome auf die Versetzungsbewegung sowie die Verringerung der freien Weglänge der Versetzungsbewegung benannt werden [62]. In Übereinstimmung zu den dargestellten Ergebnissen wird in [232] die Steigerungsmöglichkeit der Verfestigung von Al-Legierungen durch Zugabe von Mg hervorgehoben. Von den untersuchten Legierungen kann über die durchgeführte Auslagerung ausschließlich bei AlNi7,5Mg1,0Si0,5 zwischenzeitlich eine systematische Vergrößerung der Dehngrenze bewirkt werden. Als Ursache für diese Vergrößerung werden die in 2.4.3.3 dargestellten Ausscheidungsprozesse angenommen. In Konsistenz zu [170] wird als Ursache der Festigkeitssteigerung daher die Bildung von β''-Phasen der Mg_2Si Ausscheidungsfolge vermutet. Gleichermaßen werden als Ursache der Verkleinerung von Dehngrenze und Zugfestigkeit dieser Legierung bei Auslagerungsdauern größer acht Stunden Überalterungsprozesse wie etwa die Vergröberung der Ausscheidungsphasen oder die Umwandlung der β''-Phase angenommen [171]. Die Abnahme von Festigkeitseigenschaften in Folge einer Vergröberung von Ausscheidungsphasen oberhalb eines materialspezifischen Grenzwertes wird durch die in 2.3.1 beschriebene Dominanz des Orowan-Mechanismus begründet. Neben AlNi7,5Mg1,0Si0,5 kann die ausgeprägteste Verkleinerung von Dehngrenze und Zugfestigkeit als Konsequenz von Auslagerungsdauern größer acht Stunden an der Legierung AlNi7,5Cu2,0 dokumentiert werden. Als Ursache der Entfestigung wird hierbei wie in 2.4.3.2 beschrieben die

Vergröberung der Ausscheidungsphasen sowie die ab 150 °C stattfindende strukturelle Umwandlung der Ausscheidungsphasen zur stabilen Θ-Phase angenommen. Nach 49-stündiger Auslagerung bei 160 °C wird für die Legierung AlNi7,5Zr0,5 die vergleichsweise geringste Verkleinerung von Dehngrenze und Zugfestigkeit um 11 bzw. 16 MPa beschrieben. Dieses Ergebnis bestätigt die in 2.4.3.1 hervorgehobene thermische Stabilität der Al_3Zr-Ausscheidungen. Für alle höherwertigen Legierungen kann eine Vergrößerung der Zugfestigkeit auf ≥ 500 MPa bewirkt werden. Die Ursache für die fehlende Vergrößerung der Dehngrenze in Folge einer Ausscheidungshärtung bei den höherwertigen Legierungen unter Ausnahme von AlNi7,5Mg1,0Si0,5 kann über die dargestellten Analysen nicht erklärt werden. Im Rahmen der durchgeführten Wärmebehandlungen und der korrespondierenden ermittelten mechanischen Kennwerte erfolgt die Auswahl einer Wärmebehandlungsdauer von 8 h bei einer Auslagerungstemperatur von 160 °C. Diese Dauer entspricht in der Literatur dokumentierten gängigen Auslagerungszeiten von Al-Mg-Si-Legierungen bei identischer Temperatur [62]. Wie in 6.2.1 beschrieben wird durch diese Wärmebehandlung ebenfalls eine Reduktion der Eigenspannungen auf maximal 100 MPa bzw. auf ein Niveau gängig eingesetzter Aluminiumbauteile gewährleistet.

Um einen potenziellen Einfluss der Zugabe der Legierungszusätze sowie der durchgeführten Auslagerungen auf das Bauteilversagen zu identifizieren, erfolgt die Durchführung von Bruchflächenanalysen an Prüfkörpern der höherwertigen Legierungen. Im Folgenden sind exemplarisch die Ergebnisse der Legierung AlNi7,5Zr0,5 dargestellt. Zur Ermittlung des Einflusses der durchgeführten Auslagerungen erfolgt neben der Betrachtung des unbehandelten Zustandes die Analyse von Prüfkörpern einer Auslagerungsdauer von 49 Stunden. Eine makroskopische Betrachtung der Bruchflächen ist in Bild 58 dargestellt.

Unbehandelt	49 h, 160 °C

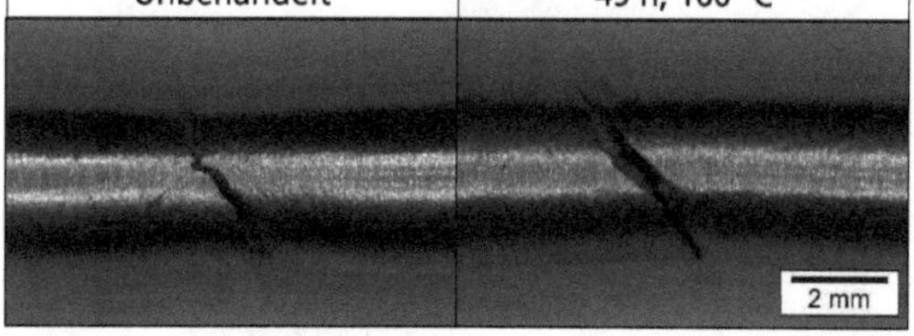

Bild 58 Exemplarische Aufnahmen von unbehandelten und ausgelagerten Prüfkörpern (49h, 160 °C) der Legierung AlNi7,5Zr0,5 nach erfolgtem Bauteilversagen [Fraunhofer IWM]

Analog zu den Ergebnissen aus 6.2 kann für die höherwertigen Legierungen der duktile Scherbruch als Bruchart identifiziert werden. Demnach weisen die Bruchflächen eine Neigung von 45° zur Zugspannungsrichtung in Richtung der maximalen Schubspannung auf. Dieses Ergebnis kann im Rahmen der Analyse unabhängig von der betrachten Legierung sowie der durchgeführten Wärmebehandlung reproduzierbar erbracht werden. Mikroskopische Aufnahmen der Bruchflächen von Prüfkörpern der Legierung AlNi7,5Zr0,5 im unbehandelten und ausgelagerten Zustand (49 h, 160 °C) sind in Bild 59 dargestellt. Die Ausrichtung der Bruchflächen erfolgt hierbei parallel zur Bildebene.

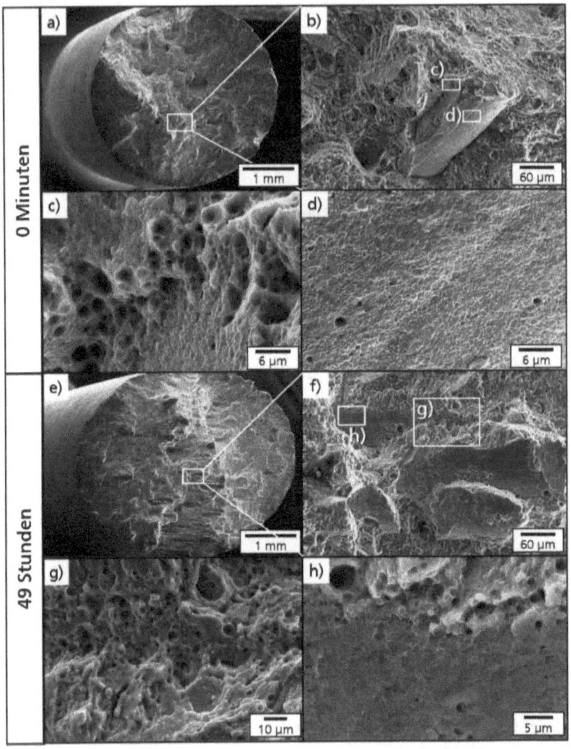

Bild 59 Gesamt- (a), e)) und Detailaufnahmen (b)-d), f)-h)) der Bruchflächen von Zugprüfkörpern der Legierung AlNi7,5Zr0,5 nach erfolgtem Bauteilversagen im unbehandelten (oben) und ausgelagerten Zustand (49 h, 160 °C) (unten) [Fraunhofer IWM]

Sowohl im unbehandelten als auch im ausgelagerten Zustand (49 h, 160 °C) der höherwertigen Legierungen erfolgt die Identifikation derselben charakteristischen Bereiche der Bruchflächen wie in den dargestellten Analysen der binären Legierung AlNi7,5 in 6.2. Demnach erfolgt die Ausprägung von Waben auf Scherbruchflächen (Bild 59 c) und g)) sowie die Ausbildung terrassenförmiger, verformungsarmer Scherbruchflächen (Bild 59 d) und h)). Wie bei den Bruchflächen der binären Legierung werden die verformungsarmen Scherbruchflächen mit dem morphologischen Bereich der Interlayer in Verbindung gebracht und als Ausgangspunkt des Bauteilversagens angenommen. Weitere charakteristische Bereiche können im Rahmen der mikroskopischen Betrachtung nicht identifiziert werden. Die exemplarisch dargestellten Ergebnisse werden als übertragbar auf die weiteren höherwertigen Legierungen ermittelt. Ein systematischer Einfluss der durchgeführten Auslagerungen als auch der Zugabe der betrachteten Legierungszusätze auf die Versagensmechanismen bei Raumtemperatur kann nicht ermittelt werden.

7.3.2 Charakterisierung der mechanischen Eigenschaften und Versagensmechanismen unter Variation der Prüftemperatur

Zur Charakterisierung der mechanischen Eigenschaften der höherwertigen Legierungen bei erhöhter Temperatur erfolgt die Durchführung von Zugversuchen unter Variation der Prüftemperatur. Die Prüftemperatur wird hierbei analog zu den Versuchen der binären Basislegierung in diskreten Schritten von RT bis 280 °C variiert. Die resultierenden technischen Spannungs-Dehnungskurven können Bild 60 (oben) entnommen werden. Für jeden zu untersuchenden Zustand einer Legierung ist hierbei die Prüfung eines Zugprüfkörpers erfolgt. Aufgrund eines Defektes bei der Spannungsaufnahme ist keine Auswertung des Zugversuches des Prüfkörpers der Legierung AlNi7,5Cu0,5 bei einer Prüftemperatur von 200 °C erfolgt. Eine Darstellung der ermittelten mechanischen Kennwerte erfolgt in Bild 60 (unten). Eine tabellarische Auflistung der identifizierten mechanischen Kennwerte kann dem Anhang (13.8) entnommen werden.

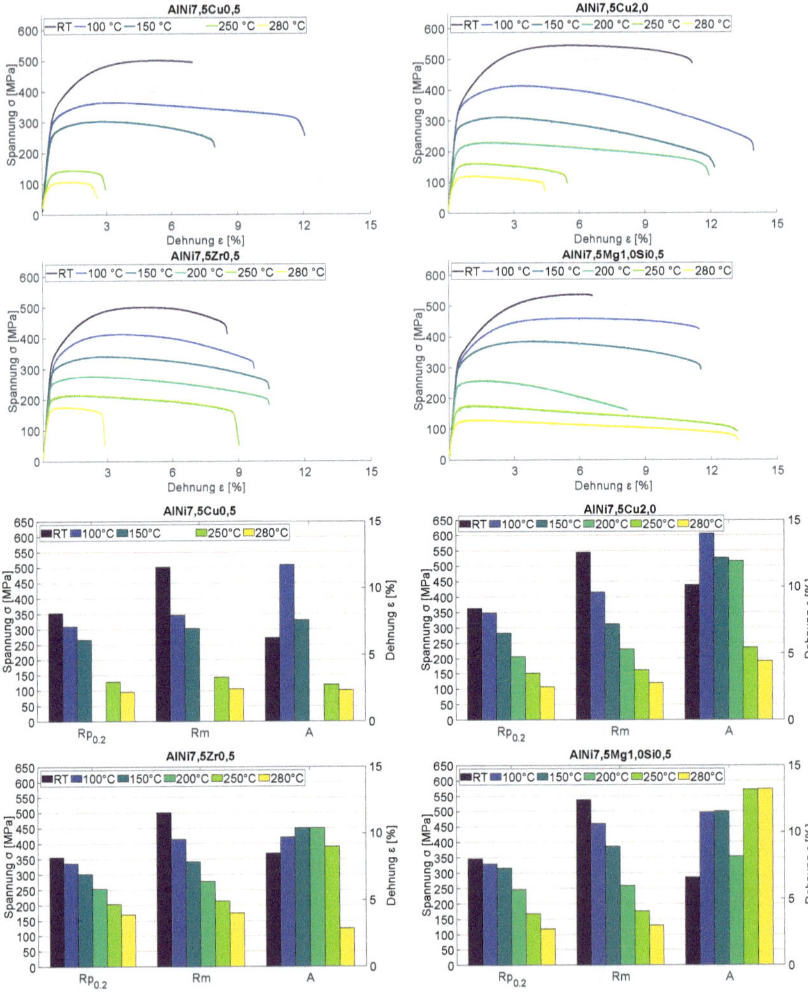

Bild 60 Ermittelte Spannungs-Dehnungskurven der höherwertigen Legierungen unter Variation der Prüftemperatur (oben) sowie Gegenüberstellung der mechanischen Kennwerte (unten) [Fraunhofer IWM]

Die untersuchten Legierungen weisen gesamtheitlich mit einer Erhöhung der Prüftemperatur eine Abnahme von Dehngrenze und Zugfestigkeit auf. Für die Legierung AlNi7,5Cu0,5 erfolgt demnach im Vergleich zur Prüfung bei RT eine Abnahme der Zugfestigkeit auf 143 MPa bei 250 °C bzw. 106 MPa bei 280 °C. Die Abnahme der Zugfestigkeit der Legierung AlNi7,5Cu2,0 erfolgt auf ein ähnliches Niveau von 162 MPa bei 250 °C bzw. 120 MPa bei 280 °C. Im Vergleich zur binären

Basislegierung (R_m(250 °C) = 176 MPa; R_m(280 °C) = 138 MPa) können somit geringere Zugfestigkeiten ermittelt werden. Als besonders ausgeprägt kann an den Cu-haltigen Legierungen die Abnahme der Zugfestigkeit beim Wechsel der Prüftemperatur von RT auf 100 °C benannt werden. Für die Legierung AlNi7,5Cu0,5 beträgt diese Differenz 138 MPa, für die Legierung AlNi7,5Cu2,0 130 MPa. Im Rahmen der Prüfung der höherwertigen Legierung AlNi7,5Mg1,0Si0,5 können bei 250 °C und 280 °C Zugfestigkeiten von 176 MPa bzw. 130 MPa ermittelt werden. Die ermittelten Zugfestigkeiten sind somit weitestgehend gleichartig zur binären Basislegierung. Die ausgeprägteste Abnahme der Zugfestigkeit an der Legierung AlNi7,5Mg1,0Si0,5 kann bei einem Wechsel der Prüftemperatur von 150 °C auf 200 °C (ΔR_m = 127 MPa) dokumentiert werden. Die höherwertige Legierung AlNi7,5Zr0,5 weist unter allen höherwertigen Legierungen die größten Werte der Zugfestigkeit bei einer Prüfung unter 250 °C (R_m = 214 MPa) und 280 °C (R_m = 175 MPa) auf. Zusätzlich wird für die Legierung AlNi7,5Zr0,5 bei den betrachteten Prüftemperaturen eine weitestgehend konstante Abnahme der Zugfestigkeit dokumentiert. Die untersuchten höherwertigen Legierungen weisen gesamtheitlich im Vergleich zur binären Basislegierung bis zu einer Prüftemperatur von 150 °C vergrößerte Werte der Bruchdehnung auf. Für die Legierung AlNi7,5Mg1,0Si0,5 erfolgt eine weitestgehend kontinuierliche Erhöhung der Bruchdehnung (A(RT) = 6,6 %) mit Erhöhung der Prüftemperatur (A(280 °C) = 13,2 %). Der Verlauf der Bruchdehnung mit einer Erhöhung der Prüftemperatur der Legierungen AlNi7,5Cu0,5, AlNi7,5Cu2,0 und AlNi7,5Zr0,5 entsprechen dem der binären Basislegierung. Demnach kann zunächst eine Erhöhung der Bruchdehnung bis zu einer Prüftemperatur von 100 °C für AlNi7,5Cu0,5 (A = 11,8 %) und AlNi7,5Cu2,0 (A = 14,0 %) bzw. 150 °C für AlNi7,5Zr0,5 (A = 10,4 %) ermittelt werden. Anschließend werden für AlNi7,5Cu0,5 (A(280 °C) = 2,3 %), AlNi7,5Cu2,0 (A(280 °C) = 4,4 %) und AlNi7,5Zr0,5 (A(280 °C) = 2,9 %) analog zur binären Basislegierung mit weiterer Erhöhung der Prüftemperatur stetig abnehmende Werte der Bruchdehnung dokumentiert. Als besonders ausgeprägt kann an der Legierung AlNi7,5Cu2,0 die Abnahme der Bruchdehnung bei Erhöhung der Prüftemperatur von 200 °C (A = 11,9 %) auf 250 °C (A = 5,5 %) bzw. an der Legierung AlNi7,5Zr0,5 von 250 °C (A = 9,0 %) auf 280 °C (A = 2,9 %) benannt werden.

In der Literatur ist mit einer Erhöhung der Prüftemperatur an Aluminiumlegierungen eine Verkleinerung des Verfestigungsvermögens sowie eine Vergrößerung dynamischer Entfestigungsprozesse dokumentiert [62]. Hierzu in Übereinstimmung wird in den untersuchten Legierungen neben einer gesamtheitlichen Abnahme von Dehngrenze und Zugfestigkeit, ebenfalls eine zunehmende Angleichung von Dehngrenze und Zugfestigkeit identifiziert. Beispielhaft kann hierbei die Differenz aus Dehngrenze und Zugfestigkeit der Legierung AlNi7,5Zr0,5 bei RT (R_m-$Rp_{0,2}$ = 145 MPa) und 280 °C (R_m-$Rp_{0,2}$ = 5 MPa) genannt werden. Über die Zugabe von Cu sowie Mg & Si wird ab einer Prüftemperatur von 150 °C bzw. 250 °C keine Steigerung der Festigkeitseigenschaften im Vergleich zur binären Basislegierung bewirkt. Dieses Ergebnis entspricht den dokumentierten Eigenschaften der Legierungszusätze. Aufgrund der Tendenz zur Vergröberung und struktureller Umwandlung der korrespondierenden Ausscheidungen ist der Einsatzbereich dieser Legierungszusätze innerhalb Aluminiumlegierungen im Hochtemperaturbereich eingeschränkt [80, 81, 157]. Weiterführend kann in Übereinstimmung mit der Literatur eine Steigerung der Hochtemperaturfestigkeit mit der Zugabe von Zr ermittelt werden. In [122] wird dies an Prüfkörpern im WBH Zustand über die Bildung nanoskaliger Al_3Zr-Ausscheidungen begründet, welche über Segregation an die α-Al/Al_3Ni-Grenzschicht eine thermische Stabilisierung der α-Al-Matrix sowie einen Schutz vor Vergröberung der Al_3Ni-Phase gewährleisten. Ebenfalls wird die stabilisierende Wirkung von Zr in additiv gefertigten Aluminiumlegierungen in [55] beschrieben. Die kontinuierliche Zunahme der Bruchdehnung der Legierung AlNi7,5Mg1,0Si0,5 mit einer Erhöhung der Prüftemperatur entspricht dem Verlauf dokumentierter Bruchdehnungen an Al-Mg-Legierungen [230]. Diese Zunahme wird über den stabilisierenden Einfluss der Verformungsgeschwindigkeit auf die Fließspannung mit höheren Prüftemperaturen begründet [62]. Der beschriebene, gleichartige Verlauf der Bruchdehnungen mit einer Erhöhung der

Prüftemperatur an AlNi7,5, AlNi7,5Cu2,0 und AlNi7,5Zr0,5 kann über vorhandene Literatur nicht erklärt werden. Als möglicher Erklärungsansatz wird die an der binären Basislegierung identifizierte Versprödung der Korngrenzen mit einer Erhöhung der Prüftemperatur oberhalb 150 °C angenommen.

Aufgrund der unterschiedlichen Bruchdehnungsverläufe werden abweichende Versagensmechanismen an den jeweiligen höherwertigen Legierungen angenommen. Zur Untersuchung der unterschiedlichen Versagensmechanismen der höherwertigen Legierungen mit einer Erhöhung der Prüftemperatur erfolgt die Durchführung von Bruchflächenanalysen an Prüfkörpern, deren Zugprüfung bei einer Temperatur von 100 °C und 250 °C erfolgt ist. Um den Einfluss jedes betrachteten Legierungszusatzes zu untersuchen, erfolgt die Durchführung an Prüfkörpern der Legierung AlNi7,5Zr0,5, AlNi7,5Cu2,0 und AlNi7,5Mg1,0Si0,5. Die Referenzierung zu diesen Prüfkörpern erfolgt im weiteren Verlauf analog zur binären Basislegierung wobei dem Kürzel die jeweiligen Elementsymbole der Legierungszusätze hinzugefügt werden (P100/P250 + Zr/Cu/MgSi). Im Folgenden sind die Ergebnisse der Bruchflächenanalyse an P100Zr und P250Zr beschrieben. Eine makroskopische Betrachtung der Bruchflächen kann Bild 61 entnommen werden.

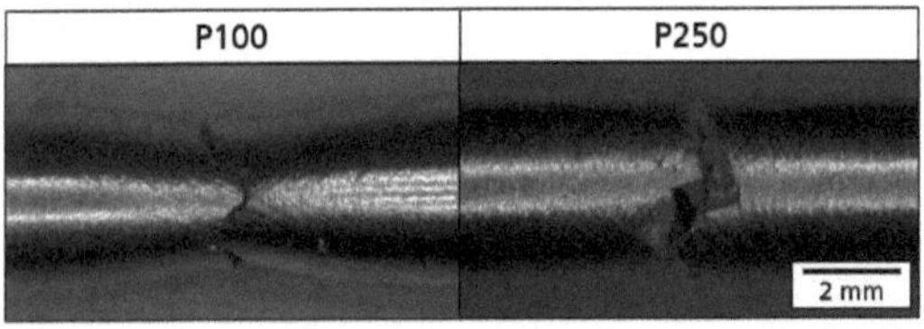

Bild 61 Fotografische Aufnahmen von Zugprüfkörpern der Legierung AlNi7,5Zr0,5 nach erfolgtem Bauteilversagen bei einer Prüftemperatur von 100 °C und 250 °C [Fraunhofer IWM]

Die makroskopische Bruchfläche von P100Zr kann als duktiler Trennbruch mit Scherlippen („Tassen-Kegel-Bruch") klassifiziert werden. Charakteristische Merkmale dieses Bruchtyps umfassen eine sichtbare Einschnürzone sowie eine innere raue Bruchfläche, die von Scherlippen umgeben ist. Die innere Bruchfläche ist hierbei senkrecht zur Zugrichtung (Richtung der Hauptnormalspannung) orientiert, während die Scherlippen eine ca. 45° Neigung zur Zugrichtung (Richtung maximaler Schubspannung) aufweisen [62]. Raue Bruchflächen werden in der Bruchmechanik in der Regel auf eine ausgeprägte Hohlraumbildung und -vereinigung zurückgeführt [233]. Die Bildung dieses Bruchtyps wird nach [234] durch eine lokale Einschnürung an einer geometrischen oder werkstofflichen Inhomogenität initiiert. Lokal übersteigt hierdurch die Verfestigung die Fließspannung, wodurch eine weitere Dehnungszunahme eine plastische Verformung induziert. Das Verfestigungsvermögen kann somit die Querschnittsminderung nicht mehr ausgleichen. Eine detailliertere Analyse der Einflussgrößen auf diese Bruchart ist [62] zu entnehmen. Analog zur makroskopischen Betrachtung der Zugprüfkörper der binären Legierung AlNi7,5 bei einer Temperatur von 250 °C können korrespondierende Prüfkörper der Legierung AlNi7,5Zr0,5 dem Quasi-Sprödbruch zugeordnet werden. Im Unterschied zur binären Legierung kann neben den identifizierten charakteristischen Merkmalen für den Quasi-Sprödbruch der scharf gekerbten Bruchfläche sowie einer vergleichsweise geringen Dehnung und Einschnürung für die Legierung AlNi7,5Zr0,5 zusätzlich das Merkmal der Normalspannungsbruchfläche identifiziert werden.

Eine mikroskopische Betrachtung der Bruchflächen von P100Zr und P250Zr ist in Bild 62 dargestellt. Die Ausrichtung der (inneren) Bruchflächen erfolgt hierbei parallel zur Bildebene. Weiterhin ist in Bild 62 j) ein exemplarischer Ausschnitt einer IQ mit kolumnarer Kornstruktur dargestellt.

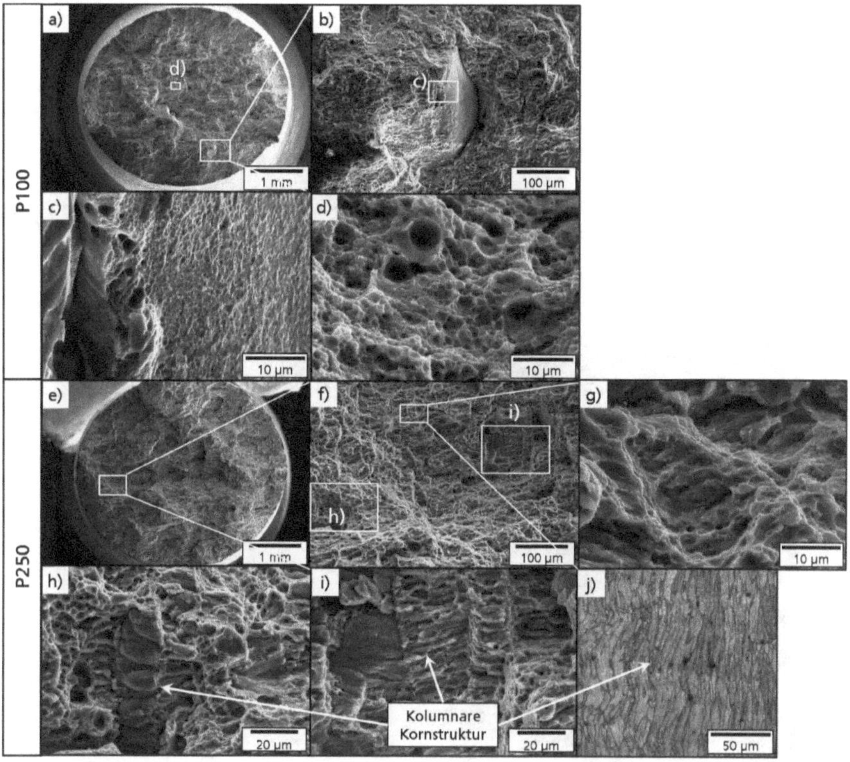

Bild 62 REM-Aufnahmen der Bruchflächen von P100Zr (oben) und P250Zr (unten); Darstellung eines exemplarischen Ausschnittes einer IQ mit kolumnaren Körnern in j) [Fraunhofer IWM]

Im Zentrum von P100Zr kann in Übereinstimmung zur Klassifizierung des Bruchtyps eine ausgeprägte Wabenstruktur identifiziert werden. Weitere charakteristische Bereiche können in dieser Zone nicht ermittelt werden, wodurch in diesem Bereich ein Wabenbruch angenommen wird, welcher auf die Bildung und Vereinigung von Hohlräumen zurückzuführen ist [62]. Mit einer Vergrößerung des radialen Abstandes vom Zentrum des Rundzugprüfkörpers können im Bereich der Scherlippen die in der Bruchflächenanalyse der binären AlNi7,5 Legierung (6.2) beschriebenen verformungsarmen Scherbruchflächen festgestellt werden. Die mikroskopische Bruchfläche von P250Zr weist im Gegensatz zu korrespondierenden Prüfkörpern der binären Legierung ein gewisses Maß an Wabenbildung bzw. duktiler Schädigung auf. Dieses Erscheinungsbild der Bruchflächen wird durch die unterschiedlichen Werte der Bruchdehnung der binären Basislegierung (A = 4,8 %) und der Legierung AlNi7,5Zr0,5 (A = 9,0 %) bei einer Prüftemperatur von 250 °C bestätigt. Gesamtheitlich betrachtet wird die dargestellte Normalspannungsbruchfläche allerdings durch eine Oberfläche mit geringen Anteilen duktiler Schädigung charakterisiert. Der Versagensmechanismus von P250Zr kann somit analog zur korrespondierenden Prüfung der binären Basislegierung maßgeblich als spröde bezeichnet werden. Weiterhin können vereinzelt weitere charakteristische Bereiche definiert werden, die nach [62, 235] dem duktilen Korngrenzenbruch zugeordnet werden können. Ein Argument für diese Aussage besteht in dem gleichartigen Erscheinungsbild im Vergleich zu den in EBSD-Aufnahmen identifizierten Bereichen kolumnarer Kornstruktur (Bild 62 j)). Analog zu den Ergebnissen der binären Basislegierung wird somit bei einer Prüftemperatur von 250 °C ein Bauteilversagen durch Korngrenzenbruch bzw. -versprödung angenommen.

Für eine weiterführende Betrachtung der Schädigungsmechanismen erfolgt die lichtmikroskopische Untersuchung von Querschliffen an Prüfkörpern der Legierung AlNi7,5Zr0,5 nach erfolgtem Bauteilversagen. Lichtmikroskopische Aufnahmen an untersuchten Querschliffen von P100Zr (a)-b)) und P250Zr (c)-e)) sind in Bild 63 dargestellt. Aufnahmen nahe der Bruchfläche sind Bild 63 a)-d) zu entnehmen, während in Bild 63 e) eine Querschliffaufnahme in vergleichsweise größerer Entfernung zur Bruchfläche dargestellt ist.

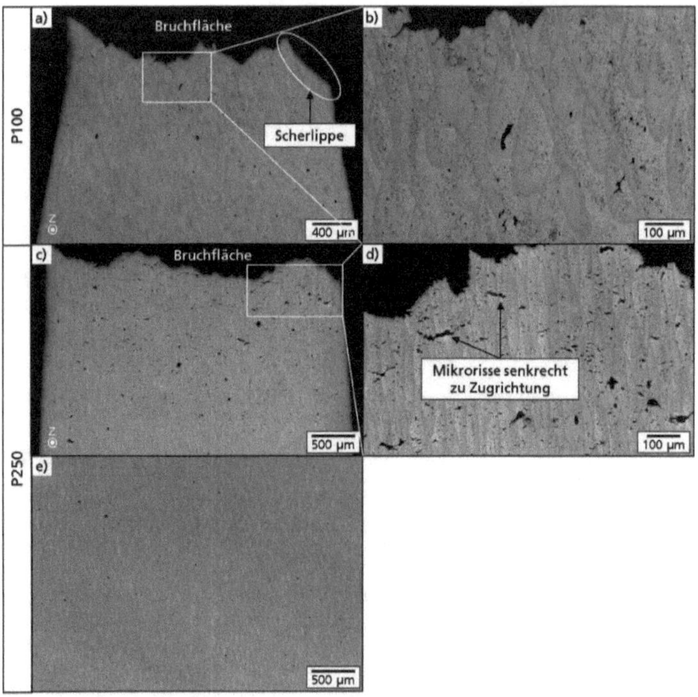

Bild 63 Lichtmikroskopische Aufnahmen von Querschliffen an Prüfkörpern der Legierung AlNi7,5Zr0,5, deren Zugprüfung bei einer Temperatur von 100 °C (oben) und 250 °C (Mitte, unten) erfolgt ist; Aufnahme eines Querschliffs von P250Zr in größerer Entfernung zur Bruchfläche in e) [Fraunhofer IWM]

Entsprechend der makroskopischen Betrachtung der Bruchflächen bestätigen die lichtmikroskopischen Aufnahmen der Querschliffe an P100Zr den identifizierten „Tassen-Kegel-Bruch". Während im Inneren der eingeschnürten Rundzugprüfkörper eine Normalspannungsbruchfläche festgestellt werden kann, erfolgt mit radialem Abstand das Auftreten von Scherlippen bzw. Scherbruchflächen. Im Gegensatz zu korrespondierenden Analysen der binären Legierung können keine Mikrorisse im Bereich der Interlayer identifiziert werden. Demnach wird eine Stabilisation der Interlayer durch Zugabe von Zr angenommen. Mit einer Erhöhung der Prüftemperatur auf 250 °C wird an Stelle einer Einschnürung die Ausprägung einer duktilen Schädigungszone beobachtet. Demnach wird im Unterschied zum Volumen des Prüfkörpers (Bild 63 e)) nahe der Bruchfläche (Bild 63 c)) ein vergleichsweise stark ausgeprägtes Vorkommen an Defekten identifiziert. Das reduzierte Verformungsvermögen durch Erhöhung der Prüftemperatur wird mit der in 6.2 beschriebenen Versprödung der Korngrenzen begründet. Ein Indiz für diese Begründung besteht über die maßgeblich in der Schmelzspur auftretenden Mikrorisse, welche analog zur Normalspannungsbruchfläche eine Orientierung senkrecht zur Zugrichtung aufweisen. Zur Validierung des beschriebenen Ursprungs des Bauteilversagens an den Korngrenzen erfolgt die Durchführung von EBSD-Aufnahmen im Bereich der identifizierten Mikrorisse von P250. Exemplarische Aufnahmen in der Darstellung als IQ und IPF sind Bild 64 zu entnehmen.

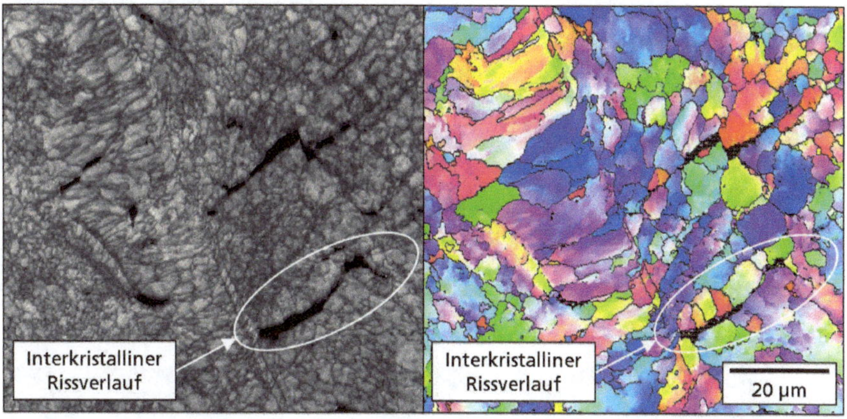

Bild 64 EBSD-Aufnahmen im Bereich der Mikrorisse von P250Zr nahe der Bruchfläche. Darstellung als IQ (links) und IPF (rechts) [Fraunhofer IWM]

Im Zuge der Aufnahmen wird ein interkristalliner Verlauf der Mikrorisse dokumentiert. Die vorliegenden Korngrenzen werden somit als Startpunkt der Rissinitiierung und somit des Bauteilversagens von P250Zr bestätigt.

Im Folgenden sind die Ergebnisse der Bruchflächenanalyse von P100Cu und P250Cu dargestellt. Eine makroskopische Betrachtung der Bruchflächen erfolgt in Bild 65.

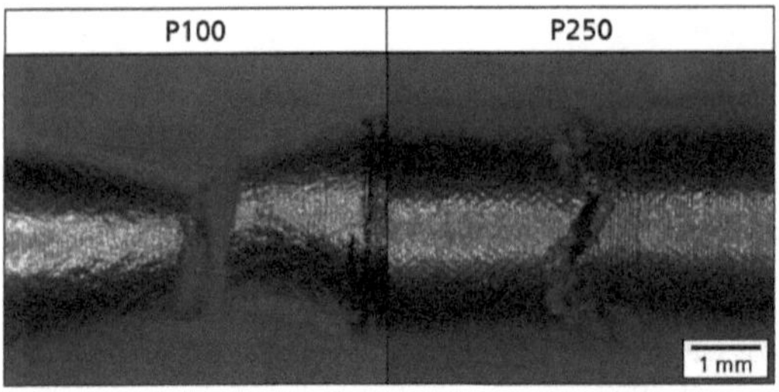

Bild 65 Fotografische Aufnahmen der Zugprüfkörper der Legierung AlNi7,5Cu2,0 nach erfolgtem Bauteilversagen bei einer Prüftemperatur von 100 °C und 250 °C [Fraunhofer IWM]

Makroskopische Bruchflächen von P100Cu weisen eine vergleichsweise ausgeprägte Plastifizierung und Einschnürung in Bruchnähe auf. Die Bruchfläche dieser Prüfkörper ist als Normalspannungsbruchfläche zu klassifizieren. Der vollplastische Einschnürbruch stellt nach [62] einen Spezialfall des an P100Zr beschriebenen duktilen Trennbruchs dar. Charakteristisch für den vollplastischen Einschnürbruch ist eine derart ausgeprägte Einschnürung, dass keine eindeutige Identifikation einer Bruchfläche erfolgen kann. Aufgrund der fehlenden Scherlippen zur Klassifikation als duktiler Trennbruch sowie der unzureichenden Einschnürung zur Klassifikation als vollplastischer Einschnürbruch können P100Cu keiner eindeutigen Bruchart zugeordnet werden. Die Prüfkörper werden stattdessen dem kontinuierlichen Übergang beider Brucharten zugeordnet. P250Cu werden analog zu den korrespondierenden Prüfkörpern der Legierung AlNi7,5Zr0,5 dem Quasi-Sprödbruch zugeordnet. Die für diese Bruchart charakteristischen Merkmale der scharf gekerbten Normalspannungsbruchfläche sowie der vergleichsweise geringfügigen Einschnürung und Plastifizierung können identifiziert werden. Eine mikroskopische Betrachtung der Bruchflächen von P100Cu und P250Cu wird in Bild 66 dargestellt. Die Ausrichtung der Bruchflächen erfolgt hierbei parallel zur Bildebene. [62]

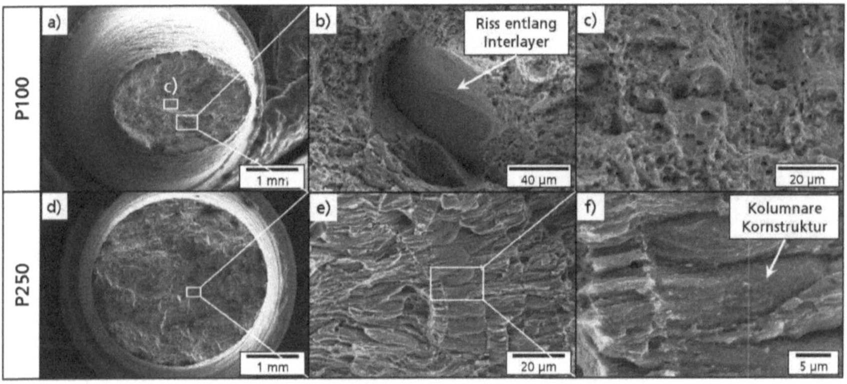

Bild 66 REM-Aufnahmen der Bruchflächen von P100Cu (oben) und P250Cu (unten) [Fraunhofer IWM]

An den mikroskopischen Bruchflächen von P100Cu können wie bei Raumtemperatur die beschriebenen charakteristischen Bereiche der terrassenförmigen, verformungsarmen Scherbruchflächen sowie der Wabenstruktur identifiziert werden. Die Bereiche des verformungsarmen Scherbruchs werden analog zu den Ergebnissen der binären Basislegierung mit einer Initiierung des Bauteilversagens im Bereich der Interlayer in Verbindung gebracht. Im Vergleich zur binären Basislegierung können Bereiche des verformungsarmen Scherbruchs nur vereinzelt identifiziert werden. Weiterhin kann im Vergleich beider Zustände eine ausgeprägtere Wabenstruktur ermittelt werden. Das vergleichsweise duktilere Erscheinungsbild der Bruchflächen kann durch die unterschiedlichen Bruchdehnungswerte von P100 (A = 7,2 %) und P100Cu (A = 14,0 %) erklärt werden. Die mikroskopischen Normalspannungsbruchflächen von P250Cu können als glatt und der Versagensmechanismus damit wie bei der binären Basislegierung als spröde beschrieben werden. Weiterhin kann wie bei der binären Basislegierung keine Identifikation der Ausprägung einer Wabenstruktur bzw. eines duktilen Bruchanteils erfolgen. Analog zu P250Zr kann die Struktur kolumnarer Körner identifiziert werden welche nach [62, 235] dem duktilen Korngrenzenbruch zugeordnet werden. Die Initiierung des Bauteilversagens wird daher entlang der Korngrenzen angenommen.

Für eine weiterführende Betrachtung der Schädigungsmechanismen erfolgt die Untersuchung von Querschliffen von P100Cu und P250Cu. Korrespondierende LOM- und REM-Aufnahmen sind in Bild 67 dargestellt.

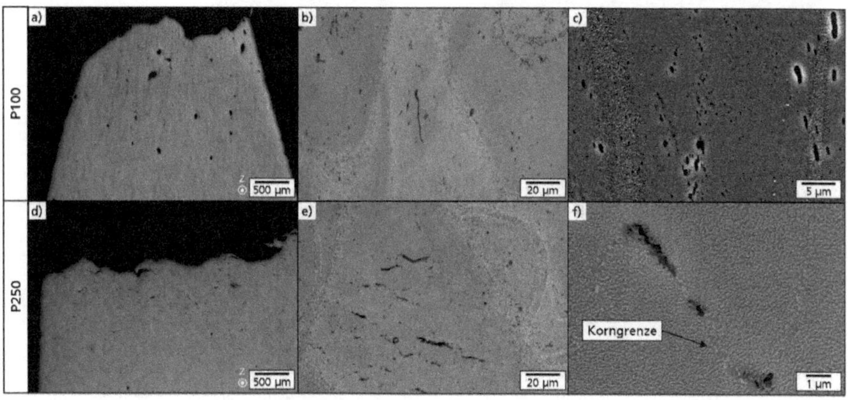

Bild 67 Lichtmikroskopische (a)-b)) und rasterelektronenmikroskopische (c), f)) Aufnahmen von P100Cu (oben) und P250Cu (unten) [Fraunhofer IWM]

Im Rahmen der lichtmikroskopischen Aufnahmen von Querschliffen von P100Cu kann keine Identifikation von systematischem Bauteilversagen im Bereich des Interlayers ermittelt werden. Unter Einbezug der Ergebnisse der Untersuchungen der mikroskopischen Bruchflächen wird deren Existenz in einem vergleichsweise geringen Umfang jedoch angenommen und deren fehlende Identifikation auf die betrachtete Schliffebene zurückgeführt. Zusätzlich zur Einschnürung kann nahe der Bruchfläche die Ausprägung einer duktilen Schädigungszone beobachtet werden. REM-Untersuchungen der auftretenden Defekte weisen eine vornehmlich elliptische Morphologie dieser nach. Die elliptische Verzerrung erfolgt hierbei maßgeblich in Zug- bzw. Normalspannungsrichtung. Weiterhin weisen lokale Cluster dieser Defekte eine Vorzugsorientierung entlang der Zugachse auf. Das

Bauteilversagen von P100Cu wird daher maßgeblich auf Hohlraumbildung, -wachstum und -vereinigung zurückgeführt. Aufgrund des über den Verlauf der Schmelzspuren regellosen Auftretens dieser Hohlräume wird die Initiierung des Bauteilversagens bzw. der Hohlraumbildung im Konsens zur „Weakest-Link"-Charakteristik der Bruchmechanik [205–208] an der Lokalisation der kritischsten Defektgröße angenommen [236]. P250Cu weisen unter Ausschluss der Ausprägung einer duktilen Schädigungszone ein gleichartiges Bauteilversagen im Vergleich zu korrespondierenden Prüfkörpern der Legierung AlNi7,5Zr0,5 auf. Demnach können ebenfalls in der Schmelzspur befindliche Mikrorisse identifiziert werden, welche wie die vorliegende Normalspannungsbruchfläche eine Orientierung senkrecht zur Zugrichtung aufweisen. Rasterelektronische Aufnahmen bestätigen hierbei den Zusammenhang dieser Defektausprägung mit vornehmlichem Bauteilversagen entlang der Korngrenzen. Analog zur binären Basislegierung kann daher die Versprödung der Korngrenzen mit einer Erhöhung der Prüftemperatur festgestellt werden.

Im Folgenden sind die Ergebnisse der Bruchflächenanalyse von P100MgSi und P250MgSi dargestellt. Eine makroskopische Betrachtung der Bruchflächen ist in Bild 68 abgebildet.

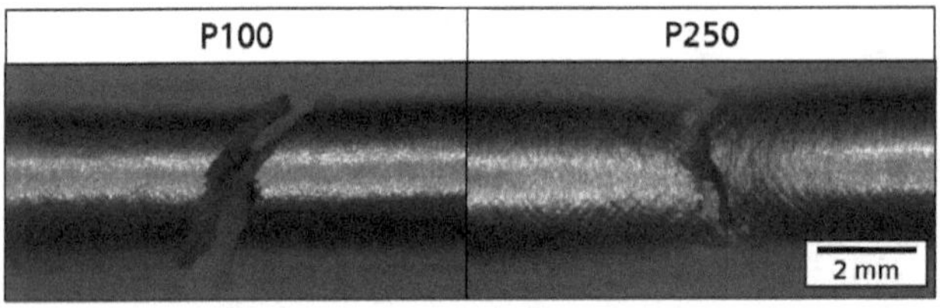

Bild 68 Fotografische Aufnahmen der Zugprüfkörper der Legierung AlNi7,5Mg1,0Si0,5 nach erfolgtem Bauteilversagen bei einer Prüftemperatur von 100 °C und 250 °C [Fraunhofer IWM]

Die makroskopische Bruchfläche von P100MgSi weist analog zu dem beschriebenen Bauteilversagen der binären Basislegierung bei RT und 100 °C ein verformungsarmes Bruchverhalten auf. Weiterhin wird unter Ausnahme des radialen Zentrums der Bruchfläche wie bei der binären Basislegierung eine Neigung von etwa 45° zur Zugrichtung festgestellt. Die Bruchart kann somit maßgeblich dem duktilen Scherbruch zugeordnet werden [62]. Makroskopische Bruchflächen von P250MgSi weisen ein vergleichsweise großes Maß an Plastifizierung auf. Ebenfalls kann eine Einschnürung der Prüfkörper vor dem Bruch dokumentiert werden. Prüfkörper eines solchen Erscheinungsbildes können nach [62] entweder dem duktilen Trennbruch mit Scherlippen oder dem vollplastischen Einschnürbruch zugeordnet werden. Die vorliegende Normalspannungsbruchfläche sowie das Fehlen ausgeprägter Scherlippen stehen im Gegensatz zu beiden der genannten Klassifikationen. Eine eindeutige Zuordnung der Bruchart auf Basis der gängigen Bruchtypen von Aluminiumgusslegierungen und -knetlegierungen kann daher nicht erfolgen. Eine mikroskopische Betrachtung der Bruchflächen von P100MgSi und P250MgSi kann Bild 69 entnommen werden. Die Ausrichtung der Bruchflächen erfolgt hierbei parallel zur Bildebene.

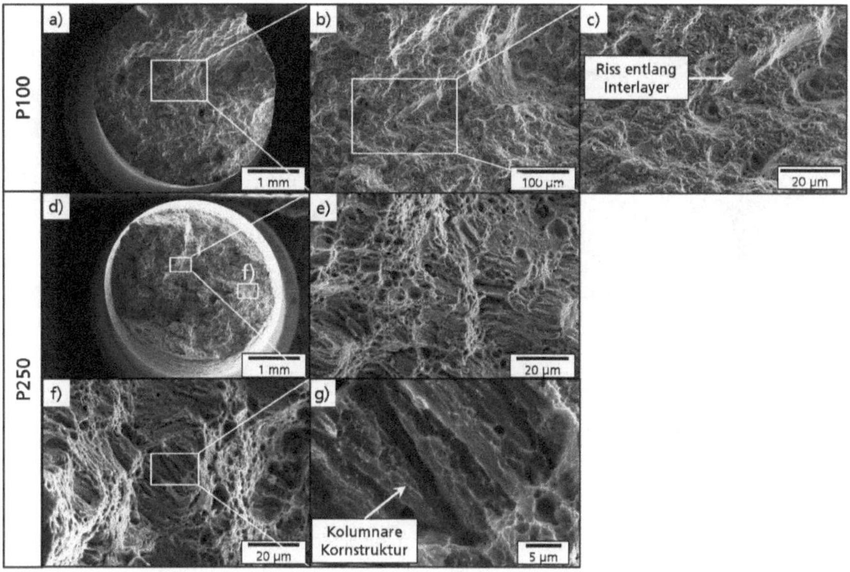

Bild 69 REM-Aufnahmen der Bruchflächen von P100MgSi (oben) und P250MgSi (Mitte, unten) [Fraunhofer IWM]

Analog zu den ermittelten mikroskopischen Bruchflächen bei Raumtemperatur können bei P100MgSi die beschriebenen charakteristischen Bereiche der Wabenstruktur sowie der terrassenförmigen Bereiche des verformungsarmen Scherbruchs identifiziert werden. Die Bereiche des verformungsarmen Scherbruchs werden wie bei der binären Basislegierung mit einer Initiierung des Bauteilversagens im Bereich der Interlayer in Verbindung gebracht. Im Vergleich zur binären Basislegierung ist die Ausprägung der identifizierten Bereiche als geringer zu beschreiben und es ist eine gesamtheitlich sprödere Bruchfläche zu ermitteln. Im Gegensatz zu den bisherigen Analysen an Prüfkörpern, deren Prüfung bei einer Temperatur von 250 °C erfolgt ist, kann an P250MgSi eine ausgeprägte Wabenstruktur identifiziert werden. Innerhalb dieser Bereiche werden die Bildung, das Wachstum und die Vereinigung von Hohlräumen bis zum Bruch als dominanter, duktiler Versagensmechanismus angenommen. Weiterhin werden im Konsens zu den bisher durchgeführten Bruchflächenanalysen an höherwertigen Legierungen vereinzelt Bereiche identifiziert, welche dem duktilen Korngrenzenbruch zugeordnet werden [62, 235].

Lichtmikroskopische und rasterelektronenmikroskopische Aufnahmen an Querschliffen von P100MgSi und P250MgSi sind in Bild 70 dargestellt. Weiterhin kann die im Rahmen von EDX-Messungen ermittelte chemische Zusammensetzung identifizierter Fremdphasen entnommen werden.

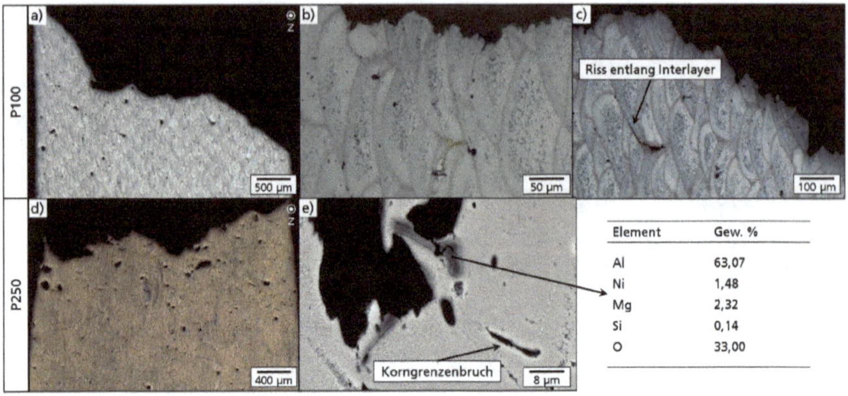

Element	Gew. %
Al	63,07
Ni	1,48
Mg	2,32
Si	0,14
O	33,00

Bild 70 Lichtmikroskopische (a)-d)) und rasterelektronenmikroskopische (e)) Aufnahmen an P100MgSi (oben) und P250MgSi (unten) sowie EDX-Ergebnisse an identifizierter Fremdphase [Fraunhofer IWM]

Im Zuge der Analysen an P100MgSi wird der Bereich der Interlayer analog zu durchgeführten Analysen der binären Basislegierung als Ursprung des Bauteilversagens angenommen (Bild 70 c)). Die Ermittlung dieser Bereiche kann ausschließlich im Bereich der Scherbruchflächen, nicht jedoch im Bereich der Normalspannungsbruchflächen festgestellt werden. Aufnahmen an Schliffen von P250MgSi weisen die Ausprägung einer duktilen Schädigungszone auf, welche als gleichartig zu den Analysen an P250Zr zu beschreiben ist. Demnach können ebenfalls Mikrorisse im Bereich der Korngrenzen identifiziert werden, wodurch diese als Ursprung des Bauteilversagens angenommen werden. Vereinzelt kann die Identifikation von Fremdphasen an der Bruchfläche erfolgen. Durch die in Bild 70 dargestellten Ergebnisse der EDX-Messungen werden diese Fremdphasen als Aluminiumoxide angenommen. Ein gebrochenes Aluminiumoxid ist exemplarisch in Bild 70 e) dargestellt. Neben den Korngrenzen werden die identifizierten Alumniniumoxide damit als Ort erhöhter Spannungskonzentration bzw. Zentrum der Hohlraumbildung, des Hohlraumwachstums und der Hohlraumvereinigung angenommen. Zum Zeitpunkt der Herstellung der AlNi7,5Mg1,0Si0,5 Prüfkörper ist ein Defekt an der Schutzgasströmung der LPBF-Anlage aufgetreten. Der Ursprung der Aluminiumoxide wird daher in einer Leckage während des Herstellungsprozesses vermutet.

Gesamtheitlich wird durch die Bruchflächenanalysen an Prüfkörpern der Legierung AlNi7,5Mg1,0Si0,5 in Übereinstimmung mit den ermittelten Werten der Bruchdehnung eine Plastifizierung des Bruchverhaltens mit einer Erhöhung der Prüftemperatur während der Zugprüfung ermittelt. Dieses Resultat steht im Gegensatz zu den bisher erbrachten Bruchflächenanalysen der binären Basislegierung sowie der höherwertigen Legierungen. Aufgrund des analog identifizierten Rissursprungs im Bereich der Korngrenzen an P250MgSi kann durch die Zugabe von Mg & Si der bruchmechanische Wandel zu einem vergleichsweise duktileren Versagen bewirkt werden. Durch die Zugabe von Mg & Si wird somit der identifizierten Versprödung von Korngrenzen an Al-Ni-Legierungen bei erhöhten Temperaturen entgegengewirkt. Weiterhin wird eine präferierte Anlagerung der Legierungszusätze im Bereich der Korngrenzen angenommen. Diese Annahme stimmt mit dem in der Fachliteratur ermittelten Ausscheidungsverhalten von Zusätzen an Mg & Si in Aluminiumlegierungen überein [172].

7.4 Mikrostrukturelle Eigenschaften

Zur Untersuchung der mikrostrukturellen Eigenschaften der höherwertigen Legierungen erfolgt die Durchführung von TEM-Aufnahmen an wärmebehandelten (8 h, 160 °C) Prüfkörpern. Im Rahmen dieser Untersuchung stehen die zu ermittelnden Unterschiede zu den in Kapitel 6.1.1 dargestellten Ergebnissen der binären Basislegierung im Vordergrund. An keiner höherwertigen Legierung kann durch die Zugabe der Legierungszusätze oder die Durchführung der Wärmebehandlung eine Auswirkung auf die Erstarrungsmorphologie oder deren Strukturgröße ermittelt werden. Im Folgenden erfolgt daher eine zentrierte Analyse zum Anlagerungs- und Ausscheidungsverhaltens der Legierungszusätze innerhalb der zellularen Erstarrungsmorphologie im Bereich der Schmelzspur. REM-Aufnahmen werden aufgrund der zu ermittelnden Strukturgrößen nur bedingt eingesetzt.

HAADF und Verteilungsbilder der Elemente Al, Ni und Zr von einem Prüfkörper der Legierung AlNi7,5Zr0,5 im wärmebehandelten Zustand sind in Bild 71 dargestellt.

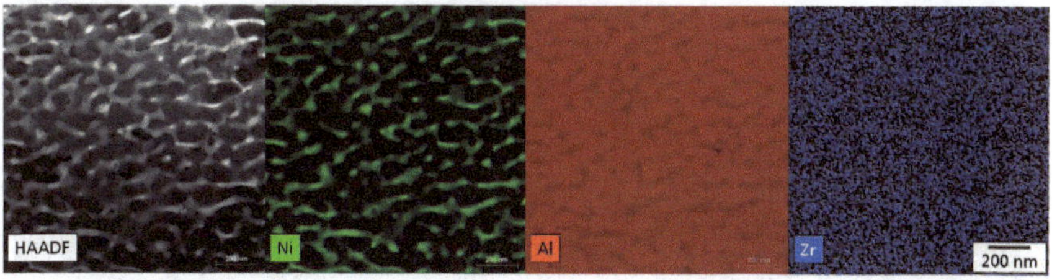

Bild 71 HAADF (links) von Prüfkörpern der Legierung AlNi7,5Zr0,5; Verteilungsbilder derselben Legierung für die Elemente Ni (Mitte links), Al (Mitte rechts) und Zr (rechts) [KIT]

Im Rahmen der durchgeführten TEM-Aufnahmen kann weder eine bevorzugte Anlagerung von Zr noch eine diskrete Ausscheidungsbildung identifiziert werden. Dennoch erfolgt wie in 7.3 beschreiben mit der Zugabe von 0,5 Gew. % Zr eine Erhöhung der Zugfestigkeit bei Raumtemperatur sowie insbesondere bei erhöhter Temperatur. Die Auswirkungen einer Zugabe von 0,5 Gew. % Zr auf Al-Ni-Legierungen werden nach konventioneller Fertigung im WBH Zustand (10 h, 400 °C) in [122] mittels tomographischer Atomsonden untersucht. Kohärente Al_3Zr-Ausscheidungen einer Größe von etwa 2,5 nm können hierbei sowohl innerhalb der α-Aluminium-Phase als auch durch Segregation an der α-Al/Al_3Ni-Grenzschicht identifiziert werden. Die thermisch stabilisierende Wirkung der Zugabe von Zr wird in [122] hiermit in Zusammenhang gebracht. Demnach erfolgt eine Stabilisierung der α-Aluminium-Phase als auch ein Schutz vor Vergröberung der Al_3Ni-Phase. Die Ursache für die im Rahmen der TEM-Analysen fehlende Identifikation von Zr-haltigen Ausscheidungen sowie einer definierten Präferenz der Anlagerung innerhalb der Mikrostruktur kann nicht eindeutig geklärt werden. Ein Erklärungsansatz für die fehlende Identifikation bevorzugter Anlagerungsbereiche besteht durch die in [122] skizzierte Existenz von Al_3Zr-Ausscheidungen innerhalb der α-Aluminium-Phase als auch der α-Al/Al_3Ni-Grenzschicht. Demnach kann ggf. kein bevorzugter Bereich festgestellt werden, da die Existenz von Ausscheidungen in beiden Bereichen annähernd gleichartig und somit die Kontraststärke unzureichend ist. Weiterhin wird als weiterer Faktor für die fehlende Identifikation Zr-haltiger Ausscheidungen die Abmessung dieser angenommen. Die durchgeführten TEM-Untersuchungen basieren auf der Transmission einer Lamelle mit 50-70 nm Dicke. Strukturgrößen mit einer Abmessung, die nur einen Bruchteil dieser Dicke ausmachen, können daher aufgrund von Überlagerungseffekten nicht oder nur unzureichend ermittelt werden. Abschließend besteht die Möglichkeit, dass die durchgeführte Wärmebehandlung unzureichend ist, um eine Anregung der Diffusion gelöster Zr-Atome in der Matrix zu bewirken.

TEM- und REM-Aufnahmen an wärmebehandelten Prüfkörpern der Legierung AlNi7,5Cu2,0 sind beispielhaft in Bild 72 dargestellt. Die Darstellung der TEM-Aufnahmen erfolgt hierbei als HAADF sowie Verteilungsbilder der jeweiligen Elemente.

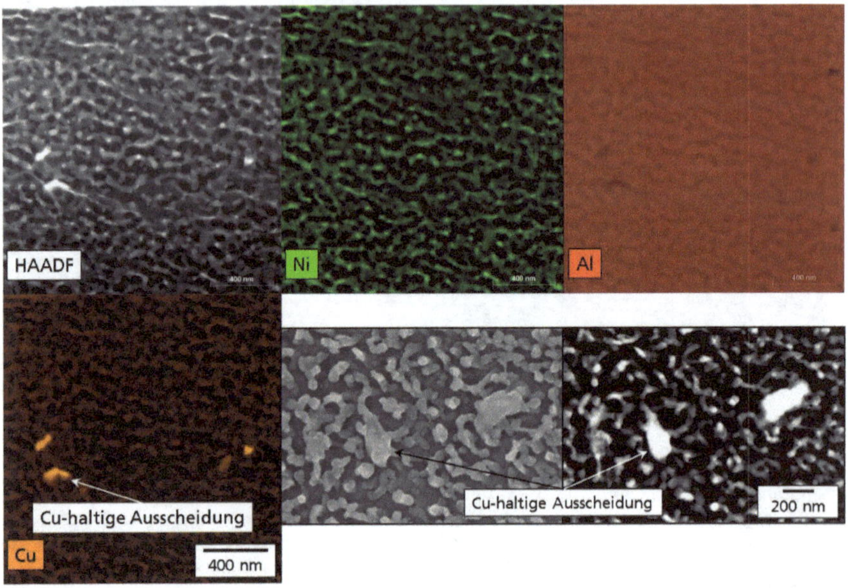

Bild 72 HAADF (oben links) von Prüfkörpern der Legierung AlNi7,5Cu2,0; Verteilungsbilder derselben Legierung für die Elemente Ni (oben Mitte), Al (oben rechts) und Cu (unten links); REM-Aufnahmen Cu-haltiger Ausscheidungen mittels InLens- (unten Mitte) und AsB-Detektor (unten rechts) [KIT]

Im Rahmen von REM- und TEM-Aufnahmen an wärmebehandelten Prüfkörpern der Legierung AlNi7,5Cu2,0 kann die Existenz von Ausscheidungen nachgewiesen werden. Die mittlere Größe der ermittelten Ausscheidungen kann auf etwa 250 nm bestimmt werden. Über EDX-Analysen kann an den Ausscheidungen ein erhöhter Cu-Gehalt festgestellt werden. Eine Aussage über die stöchiometrische Zusammensetzung der Ausscheidungen ist auf Basis dieser Ergebnisse aufgrund der Eindringtiefe der EDX-Messmethodik als auch der betrachteten Strukturgrößen nicht sinnvoll möglich. Weiterführend kann eine präferierte Anlagerung von Cu an den zellularen Strukturen der Al_3Ni-Phase ermittelt werden. Aufgrund der in der Literatur dokumentierten und in 2.4.3.2 beschriebenen Auswirkungen von Cu auf Aluminiumlegierungen werden die ermittelten Ausscheidungen als Ausscheidungsphasen innerhalb der Al_2Cu Ausscheidungsfolge als angenommen [160, 161]. Aufgrund einer fehlenden feindispersen Verteilung sowie der fehlenden Zunahme der Dehngrenze wird eine Zuordnung der Ausscheidungen zur inkohärenten Θ-Ausscheidungsphase angenommen. Die Ursache dafür, dass unter Annahme der Θ-Ausscheidungsphase auch in den betrachteten Legierungszuständen geringerer Auslagerungsdauer (vgl. 7.3.1) keine Steigerung der Zugfestigkeit im Vergleich zum unbehandelten Zustand zu ermitteln ist, kann im Rahmen der Analysen nicht eindeutig geklärt werden. Ein möglicher Erklärungsansatz besteht darin, dass die ermittelte Erhöhung der Zugfestigkeit im unbehandelten Zustand durch Zugabe von Cu nicht nur auf Mischkristallhärtung, sondern ebenfalls die Ausscheidungsbildung von Θ''-Phasen und Θ'-Phasen zurückzuführen ist.

TEM-Aufnahmen einer Mg- & Si-haltigen höherwertigen Legierung können in der Darstellung als HAADF sowie Verteilungsbilder der jeweiligen Elemente Bild 73 entnommen werden.

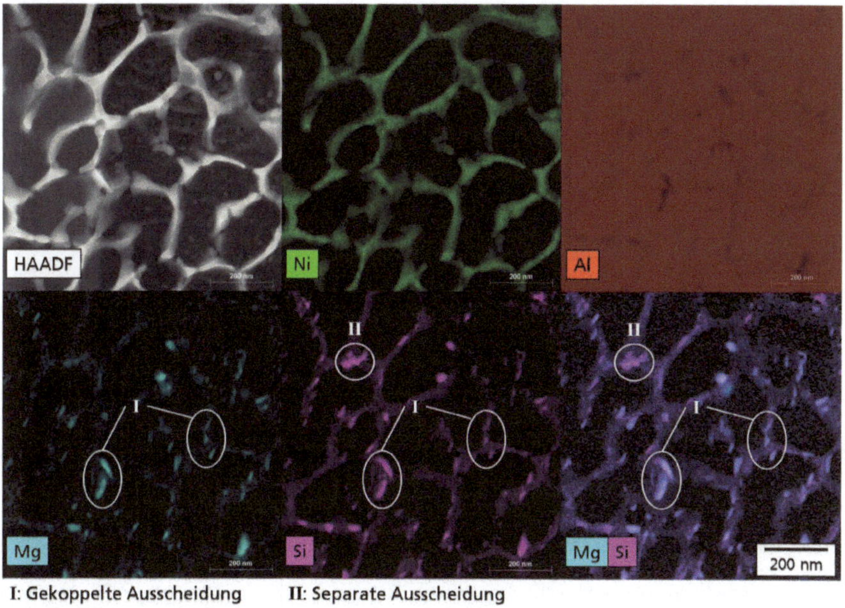

Bild 73 HAADF (oben links) von Prüfkörpern einer Mg- & Si-haltigen höherwertigen Legierung; Verteilungsbilder derselben Legierung separat für die Elemente Ni (oben Mitte), Al (oben rechts), Mg (unten links) und Si (unten Mitte) sowie kombiniert für die Elemente Mg und Si (unten rechts) [KIT]

Im Rahmen der TEM-Untersuchungen kann sowohl die gekoppelte Ausscheidung von Mg- und Si-haltigen Ausscheidungsphasen als auch die separate Ausscheidung Si-haltiger Ausscheidungen identifiziert werden. Die Größenordnung der unterschiedlichen Ausscheidungen ist dabei gleichartig und beträgt zwischen 10 nm und 100 nm. Das Erscheinungsbild der Mg- und Si-haltigen Ausscheidungsphasen kann als nadelförmig beschrieben werden. Weiterhin kann sowohl für Mg als auch für Si eine bevorzugte Anlagerung an der zellularen Struktur der Al_3Ni-Phase festgestellt werden. In einer vergleichenden Betrachtung von Mg und Si kann diese Präferenz für Si aufgrund des ausgeprägteren Kontrastes von zellularer Al_3Ni-Struktur zu α-Aluminiummatrix als größer beschrieben werden. Die Si-haltigen Ausscheidungsphasen werden aufgrund des Erscheinungsbildes sowie der Verbindung zu weiteren untersuchten Elementen (z.B. O) als primäre Si-Mischkristalle vermutet. Aufgrund den in der Literatur dokumentierten Wirkmechanismen der Zugabe von Mg & Si zu Aluminiumlegierung werden die Mg- und Si-haltigen Ausscheidungsphasen der in 2.4.3.3 beschriebenen Mg_2Si-Ausscheidungsfolge zugeordnet [62, 170]. Weiterhin werden Festigkeitssteigerungen dieser Ausscheidungsfolge maßgeblich auf die β''-Phase der stöchiometrischen Zusammensetzung Mg_5Si_6 zurückgeführt. Als Ursache für diesen Sachverhalt wird die Kohärenz entlang der Nadelachse zur α-Aluminiummatrix der nadelförmigen Ausscheidungen dokumentiert [156, 170]. Aufgrund des nadelförmigen Erscheinungsbildes sowie der dokumentierten Zunahme von Dehngrenze und Zugfestigkeit nach erfolgter Wärmebehandlung wird eine Zuordnung der vorliegenden Mg- und Si-haltigen Ausscheidungsphasen zur β''-Phase der Mg_2Si-Ausscheidungsfolge angenommen.

7.5 Zwischenfazit

Im Folgenden werden die wesentlichen Ergebnisse des siebten Kapitels zusammengefasst. Auf Basis der Berechnung thermodynamischer Gleichgewichte und im Rückgriff auf Informationen aus der Fachliteratur werden die Legierungen AlNi7,5Cu0,5, AlNi7,5Cu2,0, AlNi7,5Zr0,5 und AlNi7,5Mg1,0Si0,5 als im Rahmen dieser Arbeit zu untersuchende höherwertige Legierungen identifiziert. Die additive Verarbeitbarkeit im Sinne der Zielqualität (Rissfreiheit, Bauteildichte $\rho \geq 99{,}9$ %) wird mit den in Kapitel 5 ermittelten Prozessparametern für alle höherwertige Legierungen bestätigt.

Die maximale Zugfestigkeit bei Raumtemperatur kann mit einem Wert von 545 MPa für die Legierung AlNi7,5Cu2,0 bei einer Bruchdehnung von 10,1 % und die Legierung AlNi7,5Mg1,0Si0,5 bei einer Bruchdehnung von 5,7 % ermittelt werden. Mit einer Erhöhung des Cu-Anteils auf 2 Gew. % kann eine simultane Vergrößerung von Zugfestigkeit und Bruchdehnung im Vergleich zur Legierung AlNi7,5Cu0,5 bzw. AlNi7,5 dokumentiert werden. Eine systematische Steigerung der Dehngrenze und Zugfestigkeit der Legierungen in Folge durchgeführter Auslagerungen (variable Haltedauer bis 49 h, 160 °C) wird ausschließlich für die Legierung AlNi7,5Mg1,0Si0,5 ermittelt und bedingt maximal ermittelte Werte der Dehngrenze von 391 bzw. der Zugfestigkeit von 565 MPa. Für alle höherwertigen Legierungen kann oberhalb einer Haltezeit von 20 Stunden eine systematische Abnahme von Dehngrenze und Zugfestigkeit dokumentiert werden, die mit Überalterungseffekten erklärt werden kann. Die Festigkeitseigenschaften der Legierung AlNi7,5Zr0,5 weisen hierbei die vergleichsweise geringste Abnahme auf und können bis zur maximalen Haltedauer von 49 Stunden als weitestgehend konstant beschrieben werden. Eine systematische Änderung des Bruchverhaltens im Vergleich zum unbehandelten Zustand oder der binären Basislegierung wird in Folge der durchgeführten Wärmebehandlung bzw. Zugabe der Legierungszusätze an keiner der untersuchten höherwertigen Legierungen identifiziert.

Mit einer Erhöhung der Prüftemperatur der Zugversuche wird für alle untersuchten höherwertigen Legierungen eine kontinuierliche Abnahme der Dehngrenze und Zugfestigkeit sowie eine Angleichung dieser beiden Größen dokumentiert. Die vergleichsweise größte thermische Stabilität wird für die Legierung AlNi7,5Zr0,5 nachgewiesen. Bei einer Prüftemperatur von 250 °C können hierbei Werte der Dehngrenze und Zugfestigkeit von 203 bzw. 214 MPa ermittelt werden. Für die Legierungen AlNi7,5Cu0,5, AlNi7,5Cu2,0 und AlNi7,5Zr0,5 kann, analog zu den Ergebnissen der binären Basislegierung, eine Abnahme der Bruchdehnung oberhalb einer Prüftemperatur von 150 °C (A(280 °C) ~ 2-5 %) dokumentiert werden. Dieses Verhalten wird mit der festgestellten Versprödung der Korngrenzen bei erhöhter Prüftemperatur begründet. Für die Legierung AlNi7,5Mg1,0Si0,5 kann dieser systematische Verlauf der Bruchdehnung nicht festgestellt werden

(A(280 °C) ~ 13,2 %). Die Bruchart von P250MgSi wird daher im Gegensatz zu den analysierten Bruchflächen korrespondierender Prüfkörper der Legierung AlNi7,5Cu2,0 und AlNi7,5Zr0,5 nicht als Quasi-Sprödbruch ermittelt. Dennoch werden an allen untersuchten Prüfkörpern der höherwertigen Legierungen deren Prüfung bei 250 °C erfolgt ist Anteile eines Bauteilversagens an den Korngrenzen ermittelt. Im Gegensatz zu den anderen untersuchten Legierungen wird an der Legierung AlNi7,5Mg1,0Si0,5 der maßgebliche Mechanismus des Bauteilversagens auf eine duktile Schädigung über Hohlraumbildung, -wachstum und -vereinigung zurückgeführt. Eine Übersicht über die mechanischen und bruchmechanischen Kenngrößen der im Rahmen von Bruchflächenanalysen untersuchten höherwertigen Legierungen sind im Vergleich zur binären Basislegierung in Tabelle 10 dargestellt.

<table>
<tr><th>Prüf-temperatur</th><th></th><th>AlNi7,5</th><th>AlNi7,5Cu2,0</th><th>AlNi7,5Zr0,5</th><th>AlNi7,5Mg1,0Si0,5</th></tr>
<tr><td rowspan="5">RT</td><td>$Rp_{0,2}$ [MPa]</td><td>354</td><td>363</td><td>356</td><td>346</td></tr>
<tr><td>R_m [MPa]</td><td>484</td><td>545</td><td>501</td><td>538</td></tr>
<tr><td>A [%]</td><td>5,42</td><td>10,12</td><td>8,49</td><td>6,59</td></tr>
<tr><td>Bruchart</td><td colspan="4">Duktiler Scherbruch</td></tr>
<tr><td>Ursprung Bauteilversagen</td><td colspan="4">Interlayer</td></tr>
<tr><td rowspan="5">250 °C</td><td>$Rp_{0,2}$ [MPa]</td><td>164</td><td>151</td><td>203</td><td>168</td></tr>
<tr><td>R_m [MPa]</td><td>176</td><td>162</td><td>214</td><td>176</td></tr>
<tr><td>A [%]</td><td>4,76</td><td>5,45</td><td>9,01</td><td>13,19</td></tr>
<tr><td>Bruchart</td><td>Quasi-Sprödbruch</td><td>Quasi-Sprödbruch</td><td>Quasi-Sprödbruch</td><td>Übergang duktiler Trennbruch mit Scherlippen zu vollplastischem Einschnürbruch</td></tr>
<tr><td>Ursprung Bauteilversagen</td><td colspan="4">Korngrenzen</td></tr>
</table>

Tabelle 10 Übersicht über die ermittelten mechanischen und bruchmechanischen Kenngrößen der höherwertigen Legierung im Vergleich zur binären Basislegierung; Die Klassifizierung der Bruchart ist nach [62] erfolgt

Die Analyse der Mikrostruktur an wärmebehandelten Prüfkörpern (8 h, 160 °C) der höherwertigen Legierungen erfolgt zentriert um das Anlagerungs- und Ausscheidungsverhalten der Legierungszusätze. Grundlegende Veränderungen der Erstarrungsmorphologie werden nicht identifiziert. Im Rahmen der Analysen an Prüfkörpern der Legierung AlNi7,5Zr0,5 kann weder eine bevorzugte Anlagerung von Zr noch eine diskrete Ausscheidungsbildung identifiziert werden. Erklärungsansätze für diesen Sachverhalt umfassen die fehlende Existenz präferierter Anlagerungsbereiche, Überlagerungseffekte bedingt durch die Strukturgrößen Zr-haltiger Ausscheidungen sowie die unzureichende thermische Anregung zur Diffusion von Zr-Atomen in der Matrix. Im Rahmen der Analysen an Prüfkörpern der Legierung AlNi7,5Cu2,0 kann die Existenz von etwa 250 nm großen Cu-haltigen Ausscheidungen festgestellt werden. Eine Zuordnung dieser Ausscheidungen zur Θ-Phase der Al_2Cu-Ausscheidungsfolge wird angenommen. Weiterhin wird eine bevorzugte Anlagerung von Cu an den zellularen Strukturen der Al_3Ni-Phase festgestellt. Untersuchungen an Mg- und Si-haltigen höherwertigen Legierungen können sowohl Ausscheidungen identifizieren, die als primäre Si-Phasen vermutet werden, als auch solche, die der β''-Phase der Mg_2Si-Ausscheidungsfolge zugeordnet werden. Die Größenordnung der unterschiedlichen Ausscheidungen beträgt zwischen 10 nm und

100 nm. Die Zuordnung zur β''-Phase erfolgt auf Basis des nadelförmigen Erscheinungsbildes sowie der dokumentierten Zunahme von Dehngrenze und Zugfestigkeit nach erfolgter Wärmebehandlung. Weiterhin wird sowohl für Mg als auch Si eine bevorzugte Anlagerung an der zellularen Struktur der Al_3Ni-Phase ermittelt.

Über die beschriebenen Ergebnisse der höherwertigen Legierung im unbehandelten und wärmebehandelten Zustand ist eine Darstellung der Auswirkung der Zugabe der Legierungszusätze in definierter Art und Menge auf die mikrostrukturellen und mechanischen Eigenschaften erfolgt, was die zweite Forschungsfrage beantwortet. Auch das Ziel der Entwicklung von Aluminiumlegierungen mit Zugfestigkeiten ≥ 500 MPa im LPBF gefertigten Zustand (vgl. 3.4) wird mit den höherwertigen Legierungen erreicht.

8 Demonstration

Nach der Entwicklung von Prozessparametern für die defektfreie additive Verarbeitung einfacher Geometrien wird die Herstellung ausgewählter Geometrien demonstriert. Die Fertigung der Demonstratoren erfolgt an einer am Fraunhofer ILT entwickelten LPBF-Laboranlage. Der Fokus der Fertigung von Demonstratoren liegt neben der Bauteildichte auf der Oberflächenrauheit. Dieser Faktor kann maßgeblich durch Belichtungen entlang der Kontur beeinflusst werden. Aufgrund dieser Tatsache sowie des maschinentechnologischen Wechsels erfolgt daher die Anpassung der ermittelten Prozessparameter. Die Prozessparameter der Demonstratorfertigung können Tabelle 11 entnommen werden.

Prozessparameter	Wert
Wellenlänge [nm]	1070
Strahldurchmesser d_S [µm]	80
Schichtdicke D_S [µm]	30
Spurabstand Δy_S [µm]	130
Laserleistung Hatch P_L [W]	400
Scangeschwindigkeit Hatch v_s [mm/s]	1350
Laserleistung Kontur [W]	325
Scangeschwindigkeit Kontur [mm/s]	850
Laserleistung Stützstrukturen [W]	250
Scangeschwindigkeit Stützstrukturen [mm/s]	1350

Tabelle 11 Prozessparameter der Demonstratorfertigung

Auf Basis der gewonnenen Erkenntnisse aus Kapitel 7 erfolgt die Auswahl der Legierung AlNi7,5Zr0,25Mg0,5Si0,25 für die Demonstratorfertigung. Hierdurch wird sowohl eine Aushärtbarkeit und Steigerung der Festigkeitseigenschaften bei Raumtemperatur über die Zugabe von Mg & Si als auch eine erhöhte thermische Stabilität über die Zugabe von Zr angestrebt. An quadratischen Prüfkörpern mit einer Kantenlänge von 10 mm wird über die dargestellten Prozessparameter an der LPBF-Laboranlage eine Bauteildichte von 99,8 % erreicht. Der Mittenrauwert Ra an den Seitenflächen der Prüfkörper beträgt 5,1 µm und befindet sich somit auf einem gleichartigen Niveau zu in der Literatur dokumentierten Mittenrauwerten von Prüfkörpern der Legierung AlSi10Mg im LPBF gefertigten Zustand [212, 237]. Durch Zugversuche wird im unbehandelten Zustand bei Raumtemperatur eine Zugfestigkeit von 504 MPa und eine Bruchdehnung von 5,7 % ermittelt. Bei einer Prüftemperatur von 250 °C beträgt die Zugfestigkeit 203 MPa und die Bruchdehnung 18,1 %. Im Vergleich zur binären Basislegierung können somit für Prüfungen bei RT als auch 250 °C vergrößerte Werte der Zugfestigkeit und Bruchdehnung dokumentiert werden.

Die ausgewählten Geometrien umfassen einen Prüfdemonstrator des Fraunhofer IWM sowie eine im Automobilbereich eingesetzte Heißöse der BMW Group. Der Prüfdemonstrator wird durch drei symmetrisch angeordnete Löcher charakterisiert. Über zwei an den Seitenflächen diametral angeordnete Löcher wird die Einspannung des Prüfdemonstrators vorgenommen. Das dritte Loch in der Mittelachse des Prüfdemonstrators wird zur Übertragung von Druck- oder Zugspannungen eingesetzt. Die Demonstratorgeometrie ist so ausgelegt, dass im Belastungszustand ein homogener Spannungszustand über die Bauteilgeometrie vorherrscht und eine lokal aufgelöste optische Dehnungsmessung bzw. Deformationsanalyse ermöglicht wird. Aufgrund des benannten Spannungszustandes wird im Falle der Existenz eines Verarbeitungsfehlers an dieser Lokalisation bevorzugt die Schädigung der Demonstratorgeometrie erfolgen. Um die Verarbeitbarkeit des Prüfdemonstrators mittels LPBF zu gewährleisten erfolgt die Fertigung auf Stützstrukturen (vgl. Bild 74 links). Überprüfungen der Endkontur weisen eine Stauchung gefertigter Prüfdemonstratoren zur Mittelachse von maximal 2,7 mm auf (vgl. Bild 74 rechts). Als Ursache der Stauchung werden während des LPBF-Prozesses induzierte Eigenspannungen angenommen. Eine Wärmebehandlung der Prüfdemonstratoren vor Entfernung der Stützstrukturen zur Reduktion von Eigenspannungen ist nicht erfolgt. Weiterhin ist Hervorzuheben, dass nur eine punktuelle Untersuchung der Auswirkungen der Geometrie, Prozessparameter und Scanstrategie der Stützstrukturen auf die Demonstratorgeometrie erfolgt ist und somit Reduktionspotenzial hinsichtlich der resultierenden Eigenspannungen angenommen wird. Eine fotografische Aufnahme gefertigter Prüfdemonstratoren ist in Bild 75 dargestellt.

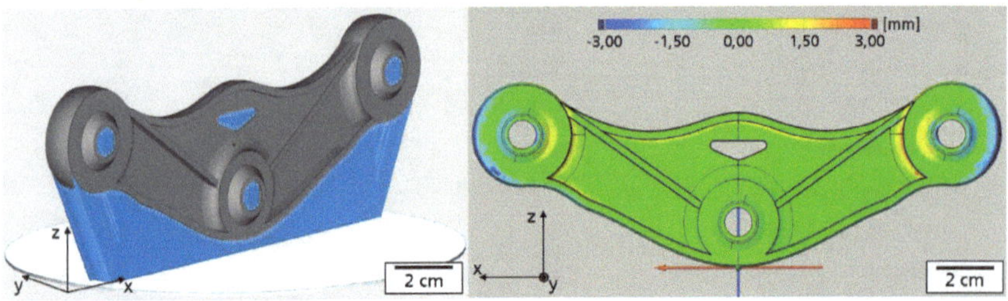

Bild 74 Modell eines Prüfdemonstrators auf der Bauplattform inklusive Stützstrukturen (links); Visualisierung der Abweichung der Endkontur eines gefertigten Prüfdemonstrators (rechts)

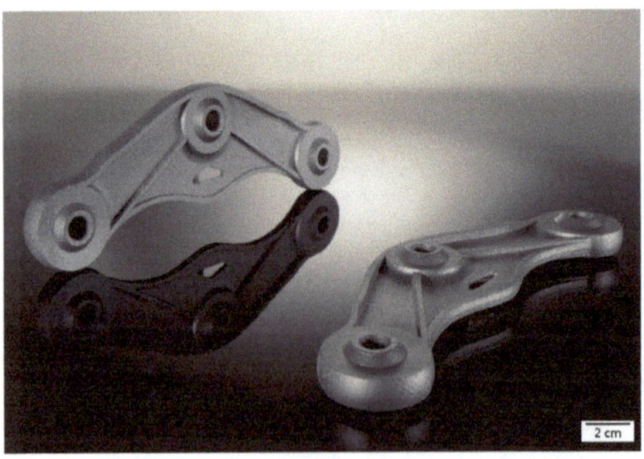

Bild 75 Fotografische Aufnahme der Prüfdemonstratorgeometrie des Fraunhofer IWM

Die ausgewählte Heißöse stellt in der aktuellen Anwendung eine Fe-Basiskomponenten dar, deren Auswahl als Demonstrator aufgrund der erreichten mechanischen Kennwerte im Rahmen des Forschungsvorhabens erfolgt ist. Die Möglichkeit der Substitution von Fe-Basislegierungen durch Al-Basislegierungen bedingt bei Konstanz der Bauteilgeometrie aufgrund der Differenz des spezifischen Gewichtes (Fe: 7,87 g/cm^3; Al: 2,69 g/cm^3) eine Gewichtseinsparung von etwa 66 %. Über die Heißöse kann somit das Leichtbaupotenzial von Al-Ni-Legierungen für die additive Fertigung sowie des Leichtbauwerkstoffs Aluminium aufgezeigt werden. Eine fotografische Aufnahme der gefertigten Heißöse kann Bild 76 entnommen werden.

Bild 76 Fotografische Aufnahme der gefertigten Heißöse der BMW Group

9 Zusammenfassung

Die Reduktion der Emission von Treibhausgasen ist in den vergangenen Jahren ein zentraler Aspekt des gesellschaftlichen und politischen Bewusstseins geworden. In der Mobilitätsindustrie ist daher die Realisierung von Gewichtseinsparungen an Bauteilen bei Konstanz der Funktionseigenschaften von Interesse, um den anfallenden Kraftstoffverbrauch zu reduzieren. Aluminium kommt als einem der wichtigstem Leichtbauwerkstoffe hierbei eine besondere Rolle zu. Die Verarbeitung von hochfesten Aluminiumlegierungen mittels LPBF ist aufgrund der ausgeprägten Heißrissneigung als herausfordernd zu beschreiben. Al-Ni-Legierungen werden aufgrund der dokumentierten Resistenz vor Heißrissbildung sowie der mechanischen Eigenschaften im konventionell gefertigten Zustand als vielversprechende Kandidaten zur Verarbeitung mittels LPBF identifiziert. Als Al-Ni-Legierungen werden hierbei Legierungen bezeichnet, die auf der Phasenzusammensetzung des α-Al + Al_3Ni-Eutektikums basieren. Im Rahmen dieser Arbeit erfolgt erstmalig eine umfassende Charakterisierung der mikrostrukturellen und mechanischen Eigenschaften von Al-Ni-Legierungen im LPBF gefertigten Zustand. Über die Erreichung definierter mechanischer Kennwerte (Zugfestigkeit bei Raumtemperatur/250 °C: 500 MPa/150 MPa) wird eine Etablierung dieser Werkstoffklasse für weiterführende Untersuchungen sowie den Einsatz als belastete Strukturkomponenten angestrebt.

Die Legierung AlNi7,5 kommt im Rahmen dieser Arbeit als Basislegierung zum Einsatz. Im Zuge von Parameterstudien mittels LPBF wird ein Parameterraum zur defektfreien (Rissfreiheit, Bauteildichte ≥ 99,9 %) Verarbeitung dieser Legierung identifiziert. Durch mikrostrukturelle Untersuchungen kann die eutektische Phasenzusammensetzung (α-Al + Al_3Ni) nachgewiesen werden. Die Erstarrung dieser Phasen wird in Folge der Bildgebung durch REM- und TEM-Aufnahmen als eutektisch angenommen, wenngleich keine gekoppelt eutektische Erstarrungsmorphologie vorliegt. Die Erstarrungsmorphologie variiert dabei in Abhängigkeit der identifizierten morphologischen Bereiche Schmelzspur (zellulär) und Interlayer (strukturlos). Die unterschiedlichen morphologischen Bereiche werden im Zuge von Lösungen der Wärmeleitungsgleichung auf lokale Änderungen der Erstarrungsbedingungen zurückgeführt. Durch EBSD-Analysen der Körner kann eine maßgeblich kolumnare Kornstruktur mit einer Vorzugsrichtung parallel zur Aufbaurichtung ermittelt werden. Die Größe der ermittelten Körner umfasst etwa 20-200 µm. Weiterhin werden unsystematisch auftretende Cluster maßgeblich globularer Kornstruktur identifiziert. Die Größenverteilung der Körner dieses Bereiches umfasst etwa 2-20 µm. Der Ursprung dieser Bereiche kann auf heterogene Keimbildner zurückgeführt werden. Als Keimbildner werden primäre α-Aluminium Mischkristalle vermutet. Annahmen zur Ursache dieser Ausprägung umfassen durch prozessinhärente Schmelzbaddynamiken verursachte lokale Inhomogenitäten der chemischen Zusammensetzung und Erstarrungsbedingungen.

Durch Zugversuche wird im mittels LPBF gefertigten Zustand für AlNi7,5 eine Zugfestigkeit von 485 MPa bei einer Bruchdehnung von 5,4 % ermittelt. Die Bruchart bei Raumtemperatur wird als duktiler Scherbruch klassifiziert. Der Bereich des Interlayers kann als Ursprung des Bauteilversagens identifiziert werden. Bei einer Prüftemperatur von 250 °C wird ein Bauteilversagen durch Quasi-Sprödbruch ermittelt, dessen Ursprung im Bereich der Korngrenzen erfolgt. Die ermittelte Zugfestigkeit bei einer Prüftemperatur von 250 °C beträgt 176 MPa bei einer Bruchdehnung von 4,8 %. Im Vergleich zu gängig eingesetzten Legierungen des Standes der Technik (Scalmalloy® R_m(250 °C) = 71 MPa) wird AlNi7,5 somit eine ausgeprägtere thermische Stabilität festgestellt. Als Ursache für dieses Verhalten wird die eutektische Phasenzusammensetzung angenommen.

Durch die Auswahl von Legierungszusätzen definierter Art und Menge ist die additive Verarbeitung der Legierungen AlNi7,5Cu0,5, AlNi7,5Cu2,0, AlNi7,5Zr0,5 und AlNi7,5Mg1,0Si0,5 erfolgt. Über Messungen der chemischen Zusammensetzungen wird ein von der Verdampfungstemperatur abhängiger relativer Abbrand der Legierungselemente ermittelt. Die defektfreie Verarbeitbarkeit der höherwertigen Legierungen kann bestätigt werden.

Die maximal erreichte Zugfestigkeit an den höherwertigen Legierungen im unbehandelten Zustand wird für AlNi7,5Cu2,0 und AlNi7,5Mg1,0Si0,5 mit einem Wert von 545 MPa bei einer von Bruchdehnung von 10,1 bzw. 5,7 % erreicht. Eine systematische Erhöhung der Dehngrenze und Zugfestigkeit in Folge durchgeführter Auslagerungen (variable Haltedauer bis 49 h, 160 °C) kann ausschließlich für die Legierung AlNi7,5Mg1,0Si0,5 ($Rp_{0,2}$ = 391 MPa; R_m = 565 MPa) festgestellt werden. Im Vergleich zu AlSi10Mg stellt dies eine Steigerung der Zugfestigkeit um 26 % dar. Bedingt durch Überalterungseffekte kann an allen höherwertigen Legierungen eine Abnahme der Dehngrenze und Zugfestigkeit oberhalb einer Haltedauer von 20 Stunden dokumentiert werden. Die vergleichsweise geringste Abnahme der Festigkeitseigenschaften bei der maximalen Haltedauer von 49 Stunden wird an der Legierung AlNi7,5Zr0,5 ($\Delta Rp_{0,2}$ = 11 MPa; ΔR_m = 16 MPa) dokumentiert. Eine systematische Änderung des Bruchverhaltens bei einer Prüfung unter Raumtemperatur in Folge der Zugabe der Legierungszusätze sowie der Durchführung von Auslagerungen wird an keiner höherwertigen Legierung identifiziert. Mit einer kontinuierlichen Erhöhung der Prüftemperatur der Zugversuche erfolgt eine sukzessive Abnahme von Dehngrenze und Zugfestigkeit. Die höherwertigen Legierungen weisen im Vergleich zur binären Basislegierung gesamtheitlich bis zu einer Prüftemperatur von 150 °C vergrößerte Werte der Bruchdehnung auf. Die vergleichsweise größte thermische Stabilität wird für die höherwertige Legierung AlNi7,5Zr0,5 ($Rp_{0,2}$(250 °C) = 203 MPa; R_m(250 °C) = 214 MPa) nachgewiesen. Im Vergleich zu den dokumentierten Eigenschaften von AlSi10Mg bei identischer Prüftemperatur wird somit eine Steigerung der Zugfestigkeit um 44 % erreicht. Die Bruchmechanik der Cu- und Zr-haltigen höherwertigen Legierungen bis 280 °C wird als gleichartig zur binären Basislegierung beschrieben. Im Gegensatz hierzu wird für die Legierung AlNi7,5Mg1,0Si0,5 mit einer Erhöhung der Prüftemperatur keine Korngrenzversprödung (A(280 °C) ~ 13,2 %) dokumentiert. Der dominante Mechanismus des Bauteilversagens wird hierbei auf eine duktile Schädigung in Folge der Bildung, des Wachstums und der Vereinigung von Hohlräumen zurückgeführt.

Durch mikrostrukturelle Untersuchungen an Prüfkörpern im ausgelagerten Zustand (8 h, 160 °C) kann für die Mg- & Si- sowie Cu-haltigen höherwertigen Legierungen Ausscheidungsbildung festgestellt werden. An Prüfkörpern der höherwertigen Legierung AlNi7,5Zr0,5 kann keine Ausscheidungsbildung ermittelt werden. Ob dieser Umstand auf die fehlende Bildung von Ausscheidungen oder die Größe dieser unterhalb der TEM-Auflösungsgrenze zurückzuführen ist, kann nicht geklärt werden. Die Anreicherung von Cu, Mg & Si wird präferiert an der zellularen Struktur der Al_3Ni-Phase ermittelt. Identifizierte Ausscheidungsphasen an Cu werden als Θ-Phase der Al_2Cu Ausscheidungsfolge vermutet. Lokale Anreicherungen an Mg & Si können sowohl gekoppelt als auch für Si separat identifiziert werden. Aufgrund des nadelförmigen Erscheinungsbildes gekoppelter Ausscheidungen werden diese als β''-Phasen der Mg_2Si Ausscheidungsfolge vermutet und mit der Erhöhung von Dehngrenze und Zugfestigkeit nach erfolgter Auslagerung in Verbindung gebracht.

Zur Validierung der additiven Verarbeitbarkeit von Al-Ni-Legierungen für komplexere Bauteilgeometrien ist die Fertigung eines Prüfdemonstrators sowie einer Heißöse erfolgt. In der aktuellen Anwendung stellt die Heißöse eine Eisenbasiskomponente dar, deren Auswahl als Demonstratorgeometrie auf Basis der ermittelten mechanischen Kennwerte erfolgt ist. Das Leichtbaupotenzial von Al-Ni-Legierungen für die additive Fertigung kann hierdurch hervorgehoben werden.

10 Ausblick und Desiderata

Zur Evaluierung des Anwendungspotenzials von Al-Ni-Legierungen ist die Bestimmung weiterer Kennwerte wie etwa der Ermüdungs- und Korrosionseigenschaften notwendig. Zusätzlich stellt die Produktivität des LPBF-Prozesses ein entscheidendes Maß zur industriellen Anwendbarkeit dar. Untersuchungen zur Erhöhung der Aufbaurate unter Konstanz der Funktionseigenschaften sind daher von besonderem Interesse. Ansätze umfassen hierbei die Erhöhung der Laserleistung, Scangeschwindigkeit und Schichtdicke sowie den simultanen Einsatz multipler Laserstrahlquellen.

Die im Zuge dieser Arbeit gewonnen Erkenntnisse zu Al-Ni-Legierungen basieren ausschließlich auf der binären Basislegierung AlNi7,5. Weiterführende Charakterisierungen der Materialeigenschaften unter Variation des Nickelgehaltes werden demnach empfohlen. Folglich wäre es etwa von Interesse ob unter Einsatz gleichartiger Prozessparameter die globale Einstellung einer gekoppelt eutektischen Mikrostruktur erfolgen kann. Ein besonderes Augenmerk im Kontext dieser Untersuchungen gilt weiterführend den erreichbaren spezifischen Festigkeiten, um eine Steigerung des Leichtbaupotenzials zu bewirken. Ebenfalls werden weitere Arbeiten unter Variation der Art und Menge ausgewählter Legierungszusätze empfohlen. Im Rahmen dieser Arbeit weisen die untersuchten Legierungszusätze eine höhere Löslichkeit auf, als dies durch thermodynamische Phasenrechnungen anzunehmen ist. Untersuchungen zu den Grenzen der Löslichkeit und Ausscheidungshärtung im LPBF gefertigten Zustand (insb. an Zr) sind daher von besonderem Interesse.

Weiterhin werden im Rahmen der Untersuchungen Verläufe der mechanischen Eigenschaften ermittelt, die aktuell nicht geklärt werden können. Beispielhaft kann hierbei die fehlende Festigkeitssteigerung an Prüfkörpern der Legierung AlNi7,5Zr0,5 nach erfolgter Wärmebehandlung genannt werden. Ein möglicher Erklärungsansatz hierfür besteht in der im Vergleich zu Literaturquellen (400 °C [122]) reduzierten Auslagerungstemperatur, welche gegebenenfalls unzureichend zur thermischen Anregung der Ausscheidungsbildung ist. Weiterhin kann die kontinuierliche Zunahme der Zugfestigkeit mit Erhöhung des Cu-Gehaltes bei annähernder Konstanz der Dehngrenze genannt werden. Theoretisch stellen sowohl Ausscheidungen als auch Gitterverzerrungen in Form von eingelagerten Atomen Hindernisse für Versetzungsbewegungen dar. Die Identifikation der Ursache, dass die Festigkeitssteigerung hierbei ausschließlich innerhalb des plastischen Verformungsbereiches erfolgt, ist daher von großem Interesse. Ebenfalls steht die dokumentierte systematische Abnahme der Bruchdehnung oberhalb einer Prüftemperatur von 150 °C im Gegensatz zu dokumentierten Kenngrößen gleichartiger Legierungen der Fachliteratur. Das Verhalten kann mit der Lokalisation des Bauteilversagens an den Korngrenzen in Verbindung gebracht werden. Detailliertere Untersuchungen (z.B. Hochauflösende Transmissionselektronenmikroskopie (HRTEM)) um die Wirkmechanismen der Ausscheidungsbildung sowie der ermittelten Korngrenzversprödung zu ergründen, sind daher wünschenswert.

Wie beschrieben können in Analysen der Kornstruktur lokal auftretende Cluster ermittelt werden, welche eine vergleichsweise globulare Kornstruktur und verringerte Korngröße aufweisen. Kornfeinende Effekte sind in der Regel aufgrund der festigkeitssteigernden Wirkung als vorteilhaft anzusehen. Über die Ausprägung globularer Kornstrukturen können vergleichsweise isotrope Eigenschaftszustände erreicht werden. Weiterführende Arbeiten zur Identifikation der abhängigen Variablen dieser Cluster werden daher empfohlen um eine Verstärkung dieses Effektes sowie potenziell eine globale Ausprägung dieser Cluster innerhalb der Prüfkörper zu bewirken.

11 Literaturverzeichnis

1. Gesamtverband der Aluminiumindustrie e.V. Ökologisch und wirtschaftliche Mobilität. http://www.aluinfo.de/mobilitaet.html. Zugriff am: 17 Jan 2022.
2. Gesamtverband der Aluminiumindustrie e.V. Absatzmärkte Aluminium. http://www.aluinfo.de/absatzmaerkte.html. Zugriff am: 17 Jan 2022.
3. Dursun T, Soutis C. Recent developments in advanced aircraft aluminium alloys. Materials & Design (1980-2015). 2014;56:862–71. doi:10.1016/j.matdes.2013.12.002.
4. Sankaran KK, Mishra RS. Aluminum Alloys. In: Metallurgy and Design of Alloys with Hierarchical Microstructures: Elsevier. 2017. p. 57–176. doi:10.1016/B978-0-12-812068-2.00004-7.
5. Mauduit A. Study of the suitability of aluminum alloys for additive manufacturing by laser powder bed fusion. UPB Scientific Bulletin, Series B: Chemistry and Materials Science. 2017;79.
6. Aversa A, Marchese G, Saboori A, Bassini E, Manfredi D, Biamino S, et al. New Aluminum Alloys Specifically Designed for Laser Powder Bed Fusion: A Review. Materials (Basel) 2019. doi:10.3390/ma12071007.
7. Institut für seltene Erden und strategische Metalle. Seltene Erd Elemente - Preise. https://institut-seltene-erden.de/unser-service-2/metall-preise/seltene-erden-preise/. Zugriff am: 17 Jan 2022.
8. Meiners W. Direktes selektives Laser Sintern einkomponentiger metallischer Werkstoffe [Dissertation]. Aachen: RWTH Aachen. 1999.
9. Schniedenharn M. Einfluss von Fokusshift und Prozessnebenprodukten auf den Laser Powder Bed Fusion Prozess [Dissertation]. Aachen: RWTH Aachen. 2020.
10. Jauer L. Laser Powder Bed Fusion von Magnesiumlegierungen [Dissertation]. Aachen: RWTH Aachen. 2018.
11. Ma M, Wang Z, Zeng X. A comparison on metallurgical behaviors of 316L stainless steel by selective laser melting and laser cladding deposition. Materials Science and Engineering: A. 2017;685:265–73. doi:10.1016/j.msea.2016.12.112.
12. Ali H, Ghadbeigi H, Mumtaz K. Effect of scanning strategies on residual stress and mechanical properties of Selective Laser Melted Ti6Al4V. Materials Science and Engineering: A. 2018;712:175–87. doi:10.1016/j.msea.2017.11.103.
13. Pauly S, Wang P, Kühn U, Kosiba K. Experimental determination of cooling rates in selectively laser-melted eutectic Al-33Cu. Additive Manufacturing. 2018;22:753–7. doi:10.1016/j.addma.2018.05.034.
14. Scipioni Bertoli U, Guss G, Wu S, Matthews MJ, Schoenung JM. In-situ characterization of laser-powder interaction and cooling rates through high-speed imaging of powder bed fusion additive manufacturing. Materials & Design. 2017;135:385–96. doi:10.1016/j.matdes.2017.09.044.
15. Pelleg J. Testing: Comparison of AM data with traditionally fabricated. In: Additive and Traditionally Manufactured Components: Elsevier. 2020. p. 49–176. doi:10.1016/B978-0-12-821918-8.00003-6.
16. Kurz W, Trivedi R. Rapid solidification processing and microstructure formation. Materials Science and Engineering. 1994;A179/180:46–51. doi:10.1016/0921-5093(94)90162-7.

17. Rappaz M, David SA, Vitek JM, Boatner LA. Development of microstructures in Fe-15Ni-15Cr single crystal electron beam welds. Metallurgical Transactions A. 1989;20 A:1125–38. doi:10.1007/BF02650147.
18. Rolink G. Entwicklung der laserbasierten additiven Fertigung für intermetallische Fe-Al-Legierungen [Dissertation]. Aachen: RWTH Aachen. 2016.
19. Gremaud M, Carrard M, Kurz W. The microstructure of rapidly solidified Al-Fe alloys subjected to laser surface treatment. Acta Metallurgica et Materialia. 1990;38:2587–99. doi:10.1016/0956-7151(90)90271-H.
20. Pirch N. Randschichtlegieren von Aluminiumwerkstoffen mit Laserstrahlung [Dissertation]. Aachen: RWTH Aachen. 1995.
21. Risse J. Additive Manufacturing of Nickel-Base Superalloy IN738LC by Laser Powder Bed Fusion [Dissertation]. Aachen: RWTH Aachen. 2019.
22. Kou S. Welding metallurgy. 3. Auflage: John Wiley & Sons, Inc. 2020. ISBN: 9781119524816.
23. Kurz W, Fisher DJ. Fundamentals of solidification. 4. Auflage: Trans Tech Publications. 2005. ISBN: 0878498044.
24. Ratke L. Heterogene Gleichgewichte. 2009. http://www.dlr.de/mp/en/Portaldata/22/Resources/lehrveranstaltungen/Skript-HetGleich-2009-k.pdf. Zugriff am: 17 Jan 2022.
25. Schultz L, Freudenberger J. Physikalische Werkstoffeigenschaften: Reale Zustandsdiagramme und ihre Interpretation. https://www.ifw-dresden.de/uploads/groups/ikm_folder/ikm_groups/MetalPhysics/lectures/Physikalische_Werkstoffeigenschaften/c4-grundl.pdf. Zugriff am: 17 Jan 2022.
26. Okamoto H, Schlesinger ME. ASM Handbook Volume 3: Alloy Phase Diagrams. 2016. ISBN: 978-1-62708-070-5.
27. Stefanescu DM. Science and Engineering of Casting Solidification. 2. Auflage: Springer-Verlag US. 2009. ISBN: 9780387746098.
28. Chanda B, Potnis G, Jana PP, Das J. A review on nano-/ultrafine advanced eutectic alloys. Journal of Alloys and Compounds. 2020;827:154226. doi:10.1016/j.jallcom.2020.154226.
29. Hunt JD, Jackson KA. Binary eutectic solidification. Transactions of the metallurgical society of Aime. 1966;236:843–52.
30. Atkins PW, Paula J de, Bär M. Physikalische Chemie. 5. Auflage: Wiley-VCH Verl. 2013. ISBN: 978-3-527-33247-2.
31. Buschow KHJ, Cahn RW, Flemings MC, Ilschner B, Kramer EJ, Mahajan S, editors. Encyclopedia of Materials: Science and Technology: Elsevier. 2001. ISBN: 978-0-08-043152-9.
32. Nave MD, Dahle AK, StJohn D. H. Halo formation in directional solidification. Acta Materialia. 2002:2837–49. doi:10.1016/S1359-6454(02)00104-0.
33. Kurz W, Giovanola B, Trivedi R. Theory of microstructural development during rapid solidification. Acta Metallurgica. 1986;34:823–30. doi:10.1016/0001-6160(86)90056-8.
34. Gäumann M, Benzencon P, Canalis P, Kurz W. Single-Crystal Laser Deposition of Superalloys: Processing Microstructure Maps. Acta Materialia. 2001:1051–62. doi:10.1016/S1359-6454(00)00367-0.
35. Kurz W, Bezençon C, Gäumann M. Columnar to equiaxed transition in solidification processing. Science and Technology of Advanced Materials. 2001;2:185–91. doi:10.1016/S1468-6996(01)00047-X.
36. Campbell FC. Phase Diagrams: Understanding the Basics: Eutectic Alloy Systems: ASM International. 2012. ISBN: 978-1-61503-835-0.
37. Ludwig A, Leibbrandt S. Generalised 'Jackson–Hunt' model for eutectic solidification at low and large Peclet numbers and any binary eutectic phase diagram. Materials Science and Engineering: A. 2004;375-377:540–6. doi:10.1016/j.msea.2003.10.108.

38. Messler RW. Principles of Welding: Processes, Physics, Chemistry, and Metallurgy: Wiley-VCH. 1999. ISBN: 0471253766.
39. Croker MN, Fidler RS, Smith RW. The characterization of eutectic structures. Proc. R. Soc. Lond. A. 1973;335:15–37. doi:10.1098/rspa.1973.0111.
40. Frederiksson H, Akerlind U. Solidification and Crystallization Processing in Metals and Alloys: Wiley-VCH. 2012. ISBN: 978-1-119-99305-6.
41. Boettinger WJ, Coriell SR. Microstructure Formation in Rapidly Solidified Alloys: Science and Technology of the Undercooled Melt. NATO ASI Series E-No. 114. 1986:81–109. doi:10.1007/978-94-009-4456-5_5.
42. Carrard M, Gremaud M, Zimmermann M, Kurz W. About the banded structure in rapidly solidified dendritic and eutectic alloys. Acta Metallurgica et Materialia. 1992;40:983–96. doi:10.1016/0956-7151(92)90076-Q.
43. King F. Aluminium and its alloys: Horwood. 1987. ISBN: 9780745800134.
44. Press F, Siever R, Grotzinger J. Allgemeine Geologie. 5. Auflage: Spektrum Akad. Verl. 2011. ISBN: 3827418127.
45. Bleck W. Ökobilanzen für Stahlprodukte, Werkstofftechnik der Stähle: RWTH Aachen 2016.
46. Nakashima PNH. The Crystallography of Aluminum and Its Alloys. In: Encyclopedia of Aluminum and Its Alloys. Boca Raton: CRC Press. 2019. doi:10.1201/9781351045636-140000245.
47. Davis JR, editor. Aluminum and aluminum alloys. 6. Auflage: ASM International. 2007. ISBN: 978-0-87170-496-2.
48. Bartl J, Baranek M. Emissivity of aluminium and its importance for radiometric measurement. Measurement Science Review. 2004;4.
49. Starke Jr. EA, Staley JT. Application of modern aluminium alloys to aircraft. Progress in Aerospace Sciences. 1996;32:131–72. doi:10.1016/0376-0421(95)00004-6.
50. Michi RA, Toinin JP, Seidman DN, Dunand DC. Ambient- and elevated-temperature strengthening by Al_3Zr-Nanoprecipitates and Al_3Ni-Microfibers in a cast Al-2.9Ni-0.11Zr-0.02Si-0.005Er (at.%) alloy. Materials Science and Engineering: A. 2019;759:78–89. doi:10.1016/j.msea.2019.05.018.
51. Davis JR, editor. Metals handbook. 2. Auflage: ASM International. 1998. ISBN: 978-0-87170-654-6.
52. Polmear IJ, StJohn D, Nie J-F, Qian M. Light alloys: Metallurgy of the light metals. 5. Auflage: Butterworth-Heinemann. 2017. ISBN: 9780080994314.
53. Miller WS, Zhuang L, Bottema J, Wittebrood AJ, Smet P de, Haszler A, Vieregge A. Recent development in aluminium alloys for the automotive industry. Materials Science and Engineering. 2000;A280:37–49. doi:10.1016/S0921-5093(99)00653-X.
54. Immarigeon J-P, Holt RT, Koul AK, Zhao L, Wallace W, Beddoes JC. Lightweight Materials for Aircraft Applications. Materials Characterization. 1995;35:41–67. doi:10.1016/1044-5803(95)00066-6.
55. Martin JH, Yahata BD, Hundley JM, Mayer JA, Schaedler TA, Pollock TM. 3D printing of high-strength aluminium alloys. Nature. 2017;549:365–9. doi:10.1038/nature23894.
56. Lee JA. Cast Aluminum Alloy for High Temperature Applications. TMS (The Minerals, Metals & Materials Society). 2003.
57. Koutsoukis T, Makhlouf MM. Alternatives to the Al–Si Eutectic System in Aluminum Casting Alloys. Inter Metalcast. 2016;10:342–7. doi:10.1007/s40962-016-0042-6.
58. Fan YY, Makhlouf MM. Castable Aluminium Alloys for High Temperature Applications. MSF. 2013;765:8–12. doi:10.4028/www.scientific.net/MSF.765.8.
59. Gottstein G. Materialwissenschaft und Werkstofftechnik: Physikalische Grundlagen. 4. Auflage: Springer Vieweg. 2014. ISBN: 978-3-642-36603-1.

60. Bargel H-J, Schulze G. Werkstoffkunde: Grundlagen der Metall- und Legierungskunde. 11. Auflage: Springer-Verlag. 2012. ISBN: 978-3-662-48628-3.
61. Kelly A, Nicholson R, editors. Strengthening methods in crystals: Elsevier Pub. Co. 1971. ISBN: 044420105X.
62. Ostermann F. Anwendungstechnologie Aluminium. 3. Auflage: Springer Vieweg. 2014. ISBN: 9783662438077.
63. Smith WF, Hashemi J. Foundations of materials science and engineering. 4. Auflage: McGraw-Hill. 2006. ISBN: 978-0-07-295358-9.
64. Hall EO. The Deformation and Ageing of Mild Steel: III Discussion of Results. Proc. Phys. Soc. B. 1951;64:747–53. doi:10.1088/0370-1301/64/9/303.
65. Petch NJ. The cleavage strength of polycrystals. Journal of the Iron and Steel Institute. 1953;174:25–8.
66. Kuo TY, Lin HC. Effects of pulse level of Nd-YAG laser on tensile properties and formability of laser weldments in automotive aluminum alloys. Materials Science and Engineering: A. 2006;416:281–9. doi:10.1016/j.msea.2005.10.041.
67. Sánchez-Amaya JM, Delgado T, Damborenea JJ de, Lopez V, Botana FJ. Laser welding of AA 5083 samples by high power diode laser. Science and Technology of Welding and Joining. 2009;14:78–86. doi:10.1179/136217108X347629.
68. Sánchez-Amaya JM, Delgado T, González-Rovira L, Botana FJ. Laser welding of aluminium alloys 5083 and 6082 under conduction regime. Applied Surface Science. 2009;255:9512–21. doi:10.1016/j.apsusc.2009.07.081.
69. Pierron N, Sallamand P, Matteï S. Study of magnesium and aluminum alloys absorption coefficient during Nd:YAG laser interaction. Applied Surface Science. 2007;253:3208–14. doi:10.1016/j.apsusc.2006.07.035.
70. Howard K, Lawson S, Zhou Y. Welding Aluminum Sheet Using a High-Power Diode Laser. Welding Journal. 2006;85:101–10.
71. Herzog D, Seyda V, Wycisk E, Emmelmann C. Additive manufacturing of metals. Acta Materialia. 2016:371–92. doi:10.1016/j.actamat.2016.07.019.
72. Aversa A, Lorusso M, Trevisan F, Ambrosio E, Calignano F, Manfredi D, et al. Effect of Process and Post-Process Conditions on the Mechanical Properties of an A357 Alloy Produced via Laser Powder Bed Fusion. Metals. 2017;7:68. doi:10.3390/met7020068.
73. Rao JH, Zhang Y, Zhang K, Huang A, Davies CHJ, Wu X. Multiple precipitation pathways in an Al-7Si-0.6Mg alloy fabricated by selective laser melting. Scripta Materialia. 2019;160:66–9. doi:10.1016/j.scriptamat.2018.09.045.
74. Vora P, Mumtaz K, Todd I, Hopkinson N. AlSi12 in-situ alloy formation and residual stress reduction using anchorless selective laser melting. Additive Manufacturing. 2015;7:12–9. doi:10.1016/j.addma.2015.06.003.
75. EOS GmbH. EOS Aluminium AlSi10Mg: Material Data Sheet. https://www.eos.info/03_system-related-assets/material-related-contents/metal-materials-and-examples/metal-material-datasheet/aluminium/material_datasheet_eos_aluminium-alsi10mg_en_web.pdf. Zugriff am: 17 Jan 2022.
76. Wu J, Wang XQ, Wang W, Attallah MM, Loretto MH. Microstructure and strength of selectively laser melted AlSi10Mg. Acta Materialia. 2016;117:311–20. doi:10.1016/j.actamat.2016.07.012.
77. Uzan NE, Shneck R, Yeheskel O, Frage N. High-temperature mechanical properties of AlSi10Mg specimens fabricated by additive manufacturing using selective laser melting technologies (AM-SLM). Additive Manufacturing. 2018;24:257–63. doi:10.1016/j.addma.2018.09.033.

78. Takata N, Kodaira H, Sekizawa K, Suzuki A, Kobashi M. Change in microstructure of selectively laser melted AlSi10Mg alloy with heat treatments. Materials Science and Engineering: A. 2017;704:218–28. doi:10.1016/j.msea.2017.08.029.
79. Li W, Li S, Liu J, Zhang A, Zhou Y, Wei Q, et al. Effect of heat treatment on AlSi10Mg alloy fabricated by selective laser melting: Microstructure evolution, mechanical properties and fracture mechanism. Materials Science and Engineering: A. 2016;663:116–25. doi:10.1016/j.msea.2016.03.088.
80. Martinez R, Russier V, Couzinié JP, Guillot I, Cailletaud G. Modeling of the influence of coarsening on viscoplastic behavior of a 319 foundry aluminum alloy. Materials Science and Engineering: A. 2013;559:40–8. doi:10.1016/j.msea.2012.07.096.
81. Tavitas-Medrano FJ, Mohamed AMA, Gruzleski JE, Samuel FH, Doty HW. Precipitation-hardening in cast AL–Si–Cu–Mg alloys. J Mater Sci. 2010;45:641–51. doi:10.1007/s10853-009-3978-6.
82. Palm F, Leuschner R, Schubert T, Kieback B. Scalmalloy® = A Unique High Strength AlMgSc Type Material Concept Processed by Innovative Technologies for Aerospace Applications. Proceedings of the World Powder Metallurgy Congress and Exhibition, World PM. 2010.
83. European Comission. Study on the EU's list of Critical Raw Materials: Final Report. 2020. https://ec.europa.eu/growth/sectors/raw-materials/specific-interest/critical_en. Zugriff am: 17 Jan 2022.
84. European Comission. Study on the EU's list of Critical Raw Materials: Critical raw materials factsheets. 2020. https://ec.europa.eu/growth/sectors/raw-materials/specific-interest/critical_en. Zugriff am: 17 Jan 2022.
85. Carpenter Additive. Scalmalloy® Datasheet. https://f.hubspotusercontent10.net/hubfs/6205315/Resources/Data%20Sheets/20201112-CT-PowderRange-AlSi10Mg-AM-DataSheet_Revs.pdf. Zugriff am: 17 Jan 2022.
86. Spierings AB, Dawson K, Kern K, Palm F, Wegener K. SLM-processed Sc- and Zr- modified Al-Mg alloy: Mechanical properties and microstructural effects of heat treatment. Materials Science and Engineering: A. 2017;701:264–73. doi:10.1016/j.msea.2017.06.089.
87. Li R, Chen H, Zhu H, Wang M, Chen C, Yuan T. Effect of aging treatment on the microstructure and mechanical properties of Al-3.02Mg-0.2Sc-0.1Zr alloy printed by selective laser melting. Materials & Design. 2019;168:107668. doi:10.1016/j.matdes.2019.107668.
88. Li N, Huang S, Zhang G, Qin R, Liu W, Xiong H, et al. Progress in additive manufacturing on new materials: A review. Journal of Materials Science & Technology. 2019;35:242–69. doi:10.1016/j.jmst.2018.09.002.
89. Kendig KL, Miracle DB. Strengthening mechanisms of an Al-Mg-Sc-Zr alloy. Acta Materialia. 2002;50:4165–75. doi:10.1016/S1359-6454(02)00258-6.
90. Griffiths S, Rossell MD, Croteau J, Vo NQ, Dunand DC, Leinenbach C. Effect of laser rescanning on the grain microstructure of a selective laser melted Al-Mg-Zr alloy. Materials Characterization. 2018;143:34–42. doi:10.1016/j.matchar.2018.03.033.
91. Croteau JR, Griffiths S, Rossell MD, Leinenbach C, Kenel C, Jansen V, et al. Microstructure and mechanical properties of Al-Mg-Zr alloys processed by selective laser melting. Acta Materialia. 2018;153:35–44. doi:10.1016/j.actamat.2018.04.053.
92. Griffiths S, Croteau JR, Rossell MD, Erni R, Luca A de, Vo NQ, et al. Coarsening- and creep resistance of precipitation-strengthened Al–Mg–Zr alloys processed by selective laser melting. Acta Materialia. 2020;188:192–202. doi:10.1016/j.actamat.2020.02.008.
93. Aversa A, Lorusso M, Cattano G, Manfredi D, Calignano F, Ambrosio EP, et al. A study of the microstructure and the mechanical properties of an Al Si Ni alloy produced via selective laser

melting. Journal of Alloys and Compounds. 2017;695:1470–8. doi:10.1016/j.jallcom.2016.10.285.

94. Manco DR, Churyumov AY, Pozdniakov AV, Ryabov DK, Korolev VA, Daubarayte DK. Novel heat-resistant Al-Si-Ni-Fe alloy manufactured by selective laser melting. Materials Letters. 2019:676–9. doi:10.1016/j.matlet.2018.11.033.
95. Wang ER, Hui XD, Wang SS, Zhao YF, Chen GL. Microstructure and mechanical properties of Al–Si–Ni–Ce alloys prepared by gas-atomization spark plasma sintering and hot-extrusion. Materials Science and Engineering: A. 2011;528:5764–71. doi:10.1016/j.msea.2011.03.102.
96. Li XP, Ji G, Chen Z, Addad A, Wu Y, Wang HW, et al. Selective laser melting of nano-TiB 2 decorated AlSi10Mg alloy with high fracture strength and ductility. Acta Materialia. 2017;129:183–93. doi:10.1016/j.actamat.2017.02.062.
97. Jia Q, Rometsch P, Cao S, Zhang K, Huang A, Wu X. Characterisation of AlScZr and AlErZr alloys processed by rapid laser melting. Scripta Materialia. 2018;151:42–6. doi:10.1016/j.scriptamat.2018.03.035.
98. Brice C, Shenoy R, Kral M, Buchannan K. Precipitation behavior of aluminum alloy 2139 fabricated using additive manufacturing. Materials Science and Engineering: A. 2015;648:9–14. doi:10.1016/j.msea.2015.08.088.
99. Nie X, Zhang H, Zhu H, Hu Z, Ke L, Zeng X. Analysis of processing parameters and characteristics of selective laser melted high strength Al-Cu-Mg alloys: From single tracks to cubic samples. Journal of Materials Processing Technology. 2018;256:69–77. doi:10.1016/j.jmatprotec.2018.01.030.
100. Nie X, Zhang H, Zhu H, Hu Z, Ke L, Zeng X. Effect of Zr content on formability, microstructure and mechanical properties of selective laser melted Zr modified Al-4.24Cu-1.97Mg-0.56Mn alloys. Journal of Alloys and Compounds. 2018;764:977–86. doi:10.1016/j.jallcom.2018.06.032.
101. Zhang H, Zhu H, Nie X, Yin J, Hu Z, Zeng X. Effect of Zirconium addition on crack, microstructure and mechanical behavior of selective laser melted Al-Cu-Mg alloy. Scripta Materialia. 2017;134:6–10. doi:10.1016/j.scriptamat.2017.02.036.
102. Wang P, Lao CS, Chen ZW, Liu YK, Wang H, Wendrock H, et al. Microstructure and mechanical properties of Al-12Si and Al-3.5Cu-1.5Mg-1Si bimetal fabricated by selective laser melting. Journal of Materials Science & Technology. 2020;36:18–26. doi:10.1016/j.jmst.2019.03.047.
103. Zhang H, Zhu H, Qi T, Hu Z, Zeng X. Selective laser melting of high strength Al–Cu–Mg alloys: Processing, microstructure and mechanical properties. Materials Science and Engineering: A. 2016;656:47–54. doi:10.1016/j.msea.2015.12.101.
104. Belelli F, Casati R, Riccio M, Rizzi A, Kayacan MY, Vedani M. Development of a Novel High-Temperature Al Alloy for Laser Powder Bed Fusion. Metals. 2021;11:35. doi:10.3390/met11010035.
105. Loh LE, Liu ZH, Zhang DQ, Mapar M, Sing SL, Chua CK, Yeong WY. Selective Laser Melting of aluminium alloy using a uniform beam profile. Virtual and Physical Prototyping. 2014;9:11–6. doi:10.1080/17452759.2013.869608.
106. Louvis E, Fox P, Sutcliffe CJ. Selective laser melting of aluminium components. Journal of Materials Processing Technology. 2011;211:275–84. doi:10.1016/j.jmatprotec.2010.09.019.
107. Maamoun AH, Xue YF, Elbestawi MA, Veldhuis SC. The Effect of Selective Laser Melting Process Parameters on the Microstructure and Mechanical Properties of Al6061 and AlSi10Mg Alloys. Materials (Basel) 2018. doi:10.3390/ma12010012.
108. Uddin SZ, Murr LE, Terrazas CA, Morton P, Roberson DA, Wicker RB. Processing and characterization of crack-free aluminum 6061 using high-temperature heating in laser powder bed

fusion additive manufacturing. Additive Manufacturing. 2018;22:405–15. doi:10.1016/j.addma.2018.05.047.

109. Roberts CE, Bourell D, Watt T, Cohen J. A Novel Processing Approach for Additive Manufacturing of Commercial Aluminum Alloys. Physics Procedia. 2016;83:909–17. doi:10.1016/j.phpro.2016.08.095.
110. Fulcher BA, Leigh DK, Watt TJ. Comparison of AlSi10Mg and Al 6061 processed through DMLS. Proceedings of the Solid Freeform Fabrication (SFF) Symposium 2014. doi:10.26153/tsw/15695.
111. Montero-Sistiaga ML, Mertens R, Vrancken B, Wang X, van Hooreweder B, Kruth J-P, van Humbeeck J. Changing the alloy composition of Al7075 for better processability by selective laser melting. Journal of Materials Processing Technology. 2016;238:437–45. doi:10.1016/j.jmatprotec.2016.08.003.
112. Kaufmann N, Imran M, Wischeropp TM, Emmelmann C, Siddique S, Walther F. Influence of Process Parameters on the Quality of Aluminium Alloy EN AW 7075 Using Selective Laser Melting (SLM). Physics Procedia. 2016;83:918–26. doi:10.1016/j.phpro.2016.08.096.
113. Qi T, Zhu H, Zhang H, Yin J, Ke L, Zeng X. Selective laser melting of Al7050 powder: Melting mode transition and comparison of the characteristics between the keyhole and conduction mode. Materials & Design. 2017;135:257–66. doi:10.1016/j.matdes.2017.09.014.
114. Le Zhou, Pan H, Hyer H, Park S, Bai Y, McWilliams B, et al. Microstructure and tensile property of a novel AlZnMgScZr alloy additively manufactured by gas atomization and laser powder bed fusion. Scripta Materialia. 2019;158:24–8. doi:10.1016/j.scriptamat.2018.08.025.
115. Li Y, Zhang P, Bai P, Wu L, Liu B, Zhao Z. Microstructure and properties of Ti/TiBCN coating on 7075 aluminum alloy by laser cladding. Surface and Coatings Technology. 2018;334:142–9. doi:10.1016/j.surfcoat.2017.11.034.
116. Mertens R, Baert L, Vanmeensel K, van Hooreweder B. Laser powder bed fusion of high strength aluminum. Mat Design & Process Comms. 2020;79:219. doi:10.1002/mdp2.161.
117. Olabode M. Weldability of high strength aluminium alloys [Dissertation]. Lappeenranta: Lappeenranta University of Technology. 2015.
118. Plotkowski A, Rios O, Sridharan N, Sims Z, Unocic K, Ott RT, et al. Evaluation of an Al-Ce alloy for laser additive manufacturing. Acta Materialia. 2017;126:507–19. doi:10.1016/j.actamat.2016.12.065.
119. Okamoto H. Supplemental Literature Review of Binary Phase Diagrams: Al-Ni, B-Hf, Ca-Sc, Cr-Sc, Fe-Rh, Hf-Mn, La-Sb, Ni-Re, Ni-Sm, Ni-Zr, Sb-Tb, and Ti-Zr. J. Phase Equilib. Diffus. 2019;40:830–41. doi:10.1007/s11669-019-00765-5.
120. Chen H-L, Doernberg E, Svoboda P, Schmid-Fetzer R. Thermodynamics of the Al3Ni phase and revision of the Al–Ni system. Thermochimica Acta. 2011;512:189–95. doi:10.1016/j.tca.2010.10.005.
121. Suwanpreecha C, Pandee P, Patakham U, Limmaneevichitr C. New generation of eutectic Al-Ni casting alloys for elevated temperature services. Materials Science and Engineering: A. 2018;709:46–54. doi:10.1016/j.msea.2017.10.034.
122. Pandey P, Makineni SK, Gault B, Chattopadhyay K. On the origin of a remarkable increase in the strength and stability of an Al rich Al-Ni eutectic alloy by Zr addition. Acta Materialia. 2019;170:205–17. doi:10.1016/j.actamat.2019.03.025.
123. Barclay RS, Kerr HW, Niessen P. Off-eutectic composite solidification and properties in Al-Ni and Al-Co alloys. Journal of Materials Science. 1971:1168–73. doi:10.1016/0010-4361(72)90397-7.

124. Cantor B, Chadwick GA. The growth crystallography of unidirectionally solidified Al-Al_3Ni and Al-Al_2Cu eutectics. Journal of Crystal Growth. 1974:12–20. doi:10.1016/0022-0248(74)90035-9.

125. Carrara AP, Kakitani R, Garcia A, Cheung N. Effect of cooling rate on microstructure and microhardness of hypereutectic Al–Ni alloy. Archiv.Civ.Mech.Eng 2021. doi:10.1007/s43452-020-00159-2.

126. Fan Y, Makhlouf MM. The Al-Al_3Ni Eutectic Reaction: Crystallography and Mechanism of Formation. Metall and Mat Trans A. 2015;46:3808–12. doi:10.1007/s11661-015-3051-9.

127. Aker A, Kaya H. Measurements of Microstructural, Mechanical, Electrical, and Thermal Properties of an Al–Ni Alloy. Int J Thermophys. 2013;34:267–83. doi:10.1007/s10765-013-1401-7.

128. Araujo IJC, Silva BLd, Spinelli JE, Garcia A. Evolution of eutectic spacing during unidirectional solidification of Al-Ni alloys. Mat. Res. 2011;14:268–73. doi:10.1590/S1516-14392011005000034.

129. Belov NA, Alabin AN, Eskin DG. Improving the properties of cold-rolled Al–6%Ni sheets by alloying and heat treatment. Scripta Materialia. 2004;50:89–94. doi:10.1016/j.scriptamat.2003.09.033.

130. Kitazono K, Sato E. Internal stress superplasticity in directionally solidified Al-Al_3Ni eutectic composite. Acta Materialia. 1998;47:135–42. doi:10.1016/s1359-6454(98)00326-7.

131. Tiwary CS, Kashyap S, Kim DH, Chattopadhyay K. Al based ultra-fine eutectic with high room temperature plasticity and elevated temperature strength. Materials Science and Engineering: A. 2015;639:359–69. doi:10.1016/j.msea.2015.05.024.

132. Suwanpreecha C, Perrin Toinin J, Michi RA, Pandee P, Dunand DC, Limmaneevichitr C. Strengthening mechanisms in Al-Ni-Sc alloys containing Al_3Ni microfibers and Al_3Sc nanoprecipitates. Acta Materialia. 2019:334–46. doi:10.1016/j.actamat.2018.10.059.

133. Guo JQ, Ohtera K. Microstructure and mechanical properties of rapidly solidified high strength Al-Ni based alloys. Acta Materialia. 1998;46:3829–38. doi:10.1016/S1359-6454(98)00065-2.

134. Uan JY, Chen LH, Lui TS. On the extrusion microstructural evolution of Al-Al_3Ni in situ composite. Acta Materialia. 2001;49:313–20. doi:10.1016/S1359-6454(00)00309-8.

135. Belov NA, Zolotorevskiy VS, Goto S, Alabin AN, Istomin-Kastrovskiy VV, Mishin VI. Effect of zirconium on liquidus and hardening of Al–6%Ni casting alloy. Proceedings of the 9th International Conference on Aluminium Alloys. 2004:533–8.

136. Belov NA. Aluminium Casting Alloys with High Content of Zirconium. MSF. 1996;217-222:293–8. doi:10.4028/www.scientific.net/MSF.217-222.293.

137. Shuhei M, Osamu T, Kazuhiko A. Heat-resistant low-thermal expansion coefficient aluminium alloy. 1990. Anmeldenummer: JP19890015262 19890125.

138. Nakagawa YG, Weatherly GC. The thermal stability of the rod Al_3Ni-Al eutectic. Acta Metallurgica 1972. doi:10.1016/0001-6160(72)90027-2.

139. Eskin DG, Toropova LS. Tensile and elastic properties of deformed heterogeneous aluminum alloys at room and elevated temper. Materials Science and Engineering 1994. doi:10.1016/0921-5093(94)90913-X.

140. Zhang Z, Akiyama E, Watanabe Y, Katada Y, Tsuzaki K. Effect of α-Al/Al3Ni microstructure on the corrosion behaviour of Al–5.4wt% Ni alloy fabricated by equal-channel angular pressing. Corrosion Science. 2007;49:2962–72. doi:10.1016/j.corsci.2007.02.007.

141. Akopyan TK, Aleshchenko AS, Belov NA, Galkin SP. Effect of Radial–Shear Rolling on the Formation of Structure and Mechanical Properties of Al–Ni and Al–Ca Aluminum–Matrix Composite Alloys of Eutectic Type. Phys. Metals Metallogr. 2018;119:241–50. doi:10.1134/S0031918X18010039.

142. Kakitani R, Reyes RV, Garcia A, Spinelli JE, Cheung N. Relationship between spacing of eutectic colonies and tensile properties of transient directionally solidified Al-Ni eutectic alloy. Journal of Alloys and Compounds. 2018;733:59–68. doi:10.1016/j.jallcom.2017.10.288.
143. Yu P, Deng C-J, Ma N-G, Ng DHL. Formation of Al_3Ni Nanofibers in an Al-Based Metal Matrix Composite Fabricated by Reaction Sintering. J. Mater. Res. 2004;19:1187–96. doi:10.1557/JMR.2004.0154.
144. Fukui Y, Okada H, Kumazawa N, Watanabe Y. Near-Net-Shape Forming of Al-Al_3Ni Functionally Graded Material over Eutectic Melting Temperature. Metallurgical Transactions A. 2000;31A:2627–36. doi:10.1007/s11661-000-0207-y.
145. Sun S-Y, Hu Q-D, Lu W-Q, Ding Z-Y, Xu M-Q, Xia M-X, Li J-G. In situ Study on the Growth Behavior of Primary Al_3Ni Phase in Solidifying Al–Ni Alloy by Synchrotron Radiography. Acta Metall. Sin. (Engl. Lett.). 2018;31:668–72. doi:10.1007/s40195-017-0684-2.
146. Fan Y, Huang K, Makhlouf MM. Precipitation Strengthening in Al-Ni-Mn Alloys. Metall and Mat Trans A. 2015;46:5830–41. doi:10.1007/s11661-015-3119-6.
147. Uan JY, Lui TS, Chen LH. Influence of calcium addition on the superplastic-like behavior of extruded Al-Al_3Ni eutectic alloy. Metallurgical and Materials Transactions A. 1999;30a:2258–60. doi:10.1007/s11661-999-0040-x.
148. Belov NA. Structure and strength of cast alloys of the system aluminum-nickel-zirconium. Metal Science and Heat Treatment. 1993;35:572–7. doi:10.1007/BF00778668.
149. Qian H, Zhu D, Hu C, Jiang X. Effects of Zr Additive on Microstructure, Mechanical Properties, and Fractography of Al-Si Alloy. Metals. 2018;8:124. doi:10.3390/met8020124.
150. Toschi S, Balducci E, Ceschini L, Mørtsell E, Morri A, Di Sabatino M. Effect of Zr Addition on Overaging and Tensile Behavior of 2618 Aluminum Alloy. Metals. 2019;9:130. doi:10.3390/met9020130.
151. Wang F, Qiu D, Liu Z-l, Taylor J, Easton M, Zhang M-x. Crystallographic study of Al_3Zr and Al_3Nb as grain refiners for Al alloys. Transactions of Nonferrous Metals Society of China. 2014;24:2034–40. doi:10.1016/S1003-6326(14)63309-4.
152. Eskin DG. Decomposition of supersaturated solid solutions in Al-Cu-Mg-Si alloys. J Mater Sci. 2003;38:279–90. doi:10.1023/A:1021109514892.
153. Kilaas R, Radmilovic V. Structure determination and structure refinement of Al2CuMg precipitates by quantitative high-resolution electron microscopy. Ultramicroscopy. 2001;88:63–72. doi:10.1016/S0304-3991(00)00107-8.
154. Ma Z, Samuel E, Mohamed AMA, Samuel AM, Samuel FH, Doty HW. Parameters controlling the microstructure of Al–11Si–2.5Cu–Mg alloys. Materials & Design (1980-2015). 2010;31:902–12. doi:10.1016/j.matdes.2009.07.033.
155. Reif W, Dutkiewicz J, Ciach R, Yu S, Król J. Effect of ageing on the evolution of precipitates in AlSiCuMg alloys. Materials Science and Engineering: A. 1997;234-236:165–8. doi:10.1016/S0921-5093(97)00181-0.
156. Andersen SJ, Marioara CD, Friis J, Wenner S, Holmestad R. Precipitates in aluminium alloys. Advances in Physics: X. 2018;3:1479984. doi:10.1080/23746149.2018.1479984.
157. Poznak A, Marceau RKW, Sanders PG. Composition dependent thermal stability and evolution of solute clusters in Al-Mg-Si analyzed using atom probe tomography. Materials Science and Engineering: A. 2018;721:47–60. doi:10.1016/j.msea.2018.02.074.
158. Hardouin Duparc O. Alfred Wilm and the beginnings of Duralumin. Rev. Met. Paris. 2004;101:353–60. doi:10.1051/metal:2004157.
159. Hornbogen E. Hundred years of precipitation hardening. Journal of Light Metals. 2001;1:127–32. doi:10.1016/S1471-5317(01)00006-2.

160. Schacherl R. Aushärtbarkeit von Al-Legierungen. Stuttgart: Universität Stuttgart, Institut für Materialwissenschaften.
161. Hatch JE. Aluminum: Properties and physical metallurgy: ASM International. 1984. ISBN: 9780871701763.
162. Zhou H. Corrosion Behavior of the Al2Cu Intermetallic Compound and Coupled Al2Cu/Al. Int. J. Electrochem. Sci. 2017:9542–54. doi:10.20964/2017.10.32.
163. Zhang J, Fan Z, Wang YQ, Zhou BL. Equilibrium pseudobinary Al–Mg 2 Si phase diagram. Science and Technology of Advanced Materials. 2001;17:494–6. doi:10.1179/026708301101510311.
164. Altenpohl D. Aluminium und Aluminiumlegierungen: Springer. 1965. ISBN: 978-3-662-30245-3.
165. Mondolfo LF. Aluminum Alloys: Structure and Properties: Elsevier Science. 2013. ISBN: 9781483144825.
166. Zoller H, Ried A. Metallkundliche Grundlagen der leicht preßbaren AlMgSi-Legierungen. Aluminium. 1965;41.
167. Murayama M, Hono K. Pre-Precipitate Clusters and Precipitation Processes in Al-Mg-Si alloys. Acta Metallurgica. 1999;47:1537–48. doi:10.1016/S1359-6454(99)00033-6.
168. Edwards GA, Stiller K, Dunlop GL, Couper MJ. The Precipitation Sequence in Al-Mg-Si alloys. Acta Metallurgica. 1998;46:3893–904. doi:10.1016/S1359-6454(98)00059-7.
169. Marioara CD, Andersen SJ, Zandbergen HW, Holmestad R. The Influence of Alloy Composition on Precipitates of the Al-Mg-Si System. Metallurgical and Materials Transactions A. 2005;36A:691–702. doi:10.1007/S11661-005-1001-7.
170. Marioara CD, Andersen SJ, Jansen J, Zandbergen HW. The influence of temperature and storage time at RT on nucleation of the β'' phase in a 6082 Al-Mg-Si alloy. Acta Materialia. 2003;51:789-96. doi:10.1016/S1359-6454(02)00470-6.
171. Vissers R, van Huis MA, Jansen J, Zandbergen HW, Marioara CD, Andersen SJ. The crystal structure of the β' phase in Al - Mg - Si alloys. Acta Materialia. 2007;55:3815 - 23. doi:10.1016/j.actamat.2007.02.032.
172. Castany P, Diologent F, Rossoll A, Despois J-F, Bezençon C, Mortensen A. Influence of quench rate and microstructure on bendability of AA6016 aluminum alloys. Materials Science and Engineering: A. 2013;559:558–65. doi:10.1016/j.msea.2012.08.141.
173. Apel M, Boussinot G, Döring M, Schmidt M. Eutectic solidification in Al-Ni for L-PBF conditions: a phase-field simulation study. Procedia CIRP. 2020;94:64–8. doi:10.1016/j.procir.2020.09.013.
174. Boussinot G, Döring M, Hemes S, Stryzhyboroda O, Apel M, Schmidt M. Laser powder bed fusion of eutectic Al–Ni alloys: Experimental and phase-field studies. Materials & Design. 2021;198:109299. doi:10.1016/j.matdes.2020.109299.
175. Farag MM, Abd El Latif, Mohamed H. An analysis of the mechanical behavior of Al-Al_3Ni composites. Metallurgical Transactions A. 1975:1353–8. doi:10.1007/BF02641928.
176. Kaya H, Böyük U, Cadirli E, Marasli N. Measurements of the microhardness electrical and thermal properties of the Al-Ni eutectic alloy. Materials & Design. 2012;34:707–12. doi:10.1016/j.matdes.2011.05.030.
177. Obara TJ, Cheung N, Kakitani R. Influence of cooling rate on microstructure of an eutectic Al-Ni alloy. revpibic 2019. doi:10.20396/revpibic2620181322.
178. Ly S, Rubenchik AM, Khairallah SA, Guss G, Matthews MJ. Metal vapor micro-jet controls material redistribution in laser powder bed fusion additive manufacturing. Sci Rep. 2017;7:4085. doi:10.1038/s41598-017-04237-z.

179. Kruth JP, Froyen L, van Vaerenbergh J, Mercelis P, Rombouts M, Lauwers B. Selective laser melting of iron-based powder. Journal of Materials Processing Technology. 2004;149:616–22. doi:10.1016/j.jmatprotec.2003.11.051.
180. Yang J, Han J, Yu H, Yin J, Gao M, Wang Z, Zeng X. Role of molten pool mode on formability, microstructure and mechanical properties of selective laser melted Ti-6Al-4V alloy. Materials & Design. 2016;110:558–70. doi:10.1016/j.matdes.2016.08.036.
181. Tenbrock C, Fischer FG, Wissenbach K, Schleifenbaum JH, Wagenblast P, Meiners W, Wagner J. Influence of keyhole and conduction mode melting for top-hat shaped beam profiles in laser powder bed fusion. Journal of Materials Processing Technology. 2020;278:116514. doi:10.1016/j.jmatprotec.2019.116514.
182. Cunningham R, Zhao C, Parab N, Kantzos C, Pauza J, Fezzaa K, et al. Keyhole threshold and morphology in laser melting revealed by ultrahigh-speed x-ray imaging. Science. 2019;363:849–52. doi:10.1126/science.aav4687.
183. Leung CLA, Marussi S, Atwood RC, Towrie M, Withers PJ, Lee PD. In situ X-ray imaging of defect and molten pool dynamics in laser additive manufacturing. Nat Commun. 2018;9:1355. doi:10.1038/s41467-018-03734-7.
184. Mishurova T, Artzt K, Haubrich J, Requena G, Bruno G. Exploring the Correlation between Subsurface Residual Stresses and Manufacturing Parameters in Laser Powder Bed Fused Ti-6Al-4V. Metals. 2019;9:261. doi:10.3390/met9020261.
185. Deutsches Institut für Normung e.V. DIN 50125. Prüfung metallischer Werkstoffe - Zugproben. doi:10.31030/2577390.
186. Rödler G, Fischer FG, Preußner J, Friedmann V, Fischer C, Weisheit A, Schleifenbaum JH. Additive manufacturing of high-strength eutectic aluminium-nickel alloys – Processing and mechanical properties. Journal of Materials Processing Technology. 2021;298:117315. doi:10.1016/j.jmatprotec.2021.117315.
187. Deutsches Institut für Normung e.V. DIN EN ISO 3923-1. Metallpulver - Ermittlung der Fülldichte - Teil 1: Trichterverfahren. Berlin: Beuth Verlag GmbH. doi:10.31030/2823249.
188. Özbilen S, Ünal A, Sheppard T. Influence of Atomizing Gases on the Oxide-Film Morphology and Thickness of Aluminum Powders. Oxidation of Metals. 2000;53:1–23. doi:10.1023/A:1004505728950.
189. Baitimerov R, Lykov P, Zherebtsov D, Radionova L, Shultc A, Prashanth KG. Influence of Powder Characteristics on Processability of AlSi12 Alloy Fabricated by Selective Laser Melting. Materials 2018. doi:10.3390/ma11050742.
190. Roman Engeli, Thomas Etter, Simone Hövel, Konrad Wegener. Processability of different IN738LC powder batches by selective laser melting. Journal of Materials Processing Technology. 2016;229:484–91. doi:10.1016/j.jmatprotec.2015.09.046.
191. Balbaa MA, Ghasemi A, Fereiduni E, Elbestawi MA, Jadhav SD, Kruth J-P. Role of powder particle size on laser powder bed fusion processability of AlSi10mg alloy. Additive Manufacturing. 2021;37:101630. doi:10.1016/j.addma.2020.101630.
192. Taheri H, Shoaib MRBM, Koester LW, Bigelow TA, Collins PC, Bond LJ. Powder-based additive manufacturing - a review of types of defects, generation mechanisms, detection, property evaluation and metrology. IJASMM. 2017;1:172. doi:10.1504/IJASMM.2017.088204.
193. Olakanmi EO, Cochrane RF, Dalgarno KW. A review on selective laser sintering/melting (SLS/SLM) of aluminium alloy powders: Processing, microstructure, and properties. Progress in Materials Science. 2015;74:401–77. doi:10.1016/j.pmatsci.2015.03.002.
194. Ng GKL, Jarfors AEW, Bi G, Zheng HY. Porosity formation and gas bubble retention in laser metal deposition. Appl. Phys. A. 2009;97:641–9. doi:10.1007/s00339-009-5266-3.

195. Oliveira JP, LaLonde AD, Ma J. Processing parameters in laser powder bed fusion metal additive manufacturing. Materials & Design. 2020;193:108762. doi:10.1016/j.matdes.2020.108762.
196. Xia M, Gu D, Yu G, Dai D, Chen H, Shi Q. Porosity evolution and its thermodynamic mechanism of randomly packed powder-bed during selective laser melting of Inconel 718 alloy. International Journal of Machine Tools and Manufacture. 2017;116:96–106. doi:10.1016/j.ijmachtools.2017.01.005.
197. Kasperovich G, Haubrich J, Gussone J, Requena G. Correlation between porosity and processing parameters in TiAl6V4 produced by selective laser melting. Materials & Design. 2016;105:160–70. doi:10.1016/j.matdes.2016.05.070.
198. Bauereiß A, Scharowsky T, Körner C. Defect generation and propagation mechanism during additive manufacturing by selective beam melting. Journal of Materials Processing Technology. 2014;214:2522–8. doi:10.1016/j.jmatprotec.2014.05.002.
199. Meier H, Haberland C. Experimental studies on selective laser melting of metallic parts. Mat.-wiss. u. Werkstofftech. 2008;39:665–70. doi:10.1002/mawe.200800327.
200. Liu QC, Elambasseril J, Sun SJ, Leary M, Brandt M, Sharp PK. The Effect of Manufacturing Defects on the Fatigue Behaviour of Ti-6Al-4V Specimens Fabricated Using Selective Laser Melting. AMR. 2014;891-892:1519–24. doi:10.4028/www.scientific.net/AMR.891-892.1519.
201. King WE, Barth HD, Castillo VM, Gallegos GF, Gibbs JW, Hahn DE, et al. Observation of keyhole-mode laser melting in laser powder-bed fusion additive manufacturing. Journal of Materials Processing Technology. 2014;214:2915–25. doi:10.1016/j.jmatprotec.2014.06.005.
202. Qiu C, Adkins NJE, Attallah MM. Microstructure and tensile properties of selectively laser-melted and of HIPed laser-melted Ti–6Al–4V. Materials Science and Engineering: A. 2013;578:230–9. doi:10.1016/j.msea.2013.04.099.
203. Lore Thijs, Frederik Verhaeghe, Tom Craeghs, Jan Van Humbeeck, Jean-Pierre Kruth". A study of the microstructural evolution during selective laser melting of Ti–6Al–4V. Acta Materialia. 2010:3303–12. doi:10.1016/j.actamat.2010.02.004.
204. Zhang B, Li Y, Bai Q. Defect Formation Mechanisms in Selective Laser Melting: A Review. Chin. J. Mech. Eng. 2017;30:515–27. doi:10.1007/s10033-017-0121-5.
205. Weibull W. A statistical theory of the strength of materials. Royal Swedish Institute for Engineering. 1939.
206. Weibull W. The phenomenon of rupture in solids. Proceedings of The Royal Swedish Institute for Engineering Research;1939.
207. Weibull W. A statistical distribution of wide applicability. ASME J Appl Mech. 1951:293–7. doi:10.1115/1.4010337.
208. Bolotin VV. Statistical Methods in Structural Mechanics. Journal of the American Statistical Association. 1970;65:1693. doi:10.2307/2284360.
209. Scipioni Bertoli U, Guss G, Wu S, Matthews MJ, Schoenung JM. In-situ characterization of laser-powder interaction and cooling rates through high-speed imaging of powder bed fusion additive manufacturing. Materials & Design. 2017;135:385–96. doi:10.1016/j.matdes.2017.09.044.
210. Verein Deutscher Eisenhüttenleute, editor. Erscheinungsformen von Rissen und Brüchen metallischer Werkstoffe. 2. Auflage: Stahleisen. 2012. ISBN: 3-514-00463-3.
211. Pirch N, Linnenbrink S, Gasser A, Wissenbach K, Poprawe R. Analysis of track formation during laser metal deposition. Journal of Laser Applications. 2017;29:22506. doi:10.2351/1.4983231.
212. Buchbinder D. Selective Laser Melting von Aluminiumgusslegierungen [Dissertation]. Aachen: RWTH Aachen. 2013.

213. Yang P, Rodriguez MA, Deibler LA, Jared BH, Griego J, Kilgo A, et al. Effect of thermal annealing on microstructure evolution and mechanical behavior of an additive manufactured AlSi10Mg part. J. Mater. Res. 2018;33:1701–12. doi:10.1557/jmr.2018.82.
214. Kong D, Dong C, Wei S, Ni X, Zhang L, Li R, et al. About metastable cellular structure in additively manufactured austenitic stainless steels. Additive Manufacturing. 2021;38:101804. doi:10.1016/j.addma.2020.101804.
215. Barkia B, Aubry P, Haghi-Ashtiani P, Auger T, Gosmain L, Schuster F, Maskrot H. On the origin of the high tensile strength and ductility of additively manufactured 316L stainless steel: Multiscale investigation. Journal of Materials Science & Technology. 2020;41:209–18. doi:10.1016/j.jmst.2019.09.017.
216. van Cauwenbergh P, Samaee V, Thijs L, Nejezchlebová J, Sedlák P, Iveković A, et al. Unravelling the multi-scale structure-property relationship of laser powder bed fusion processed and heat-treated AlSi10Mg. Sci Rep. 2021;11:6423. doi:10.1038/s41598-021-85047-2.
217. Andreau O, Koutiri I, Peyre P, Penot J-D, Saintier N, Pessard E, et al. Texture control of 316L parts by modulation of the melt pool morphology in selective laser melting. Journal of Materials Processing Technology. 2019;264:21–31. doi:10.1016/j.jmatprotec.2018.08.049.
218. Hadadzadeh A, Amirkhiz BS, Li J, Mohammadi M. Columnar to equiaxed transition during direct metal laser sintering of AlSi10Mg alloy: Effect of building direction. Additive Manufacturing. 2018;23:121–31. doi:10.1016/j.addma.2018.08.001.
219. Yang KV, Shi Y, Palm F, Wu X, Rometsch P. Columnar to equiaxed transition in Al-Mg(-Sc)-Zr alloys produced by selective laser melting. Scripta Materialia. 2018;145:113–7. doi:10.1016/j.scriptamat.2017.10.021.
220. Biscuola VB, Martorano MA. Mechanical Blocking Mechanism for the Columnar to Equiaxed Transition. Metall and Mat Trans A. 2008;39:2885–95. doi:10.1007/s11661-008-9643-x.
221. Todaro CJ, Easton MA, Qiu D, Zhang D, Bermingham MJ, Lui EW, et al. Grain structure control during metal 3D printing by high-intensity ultrasound. Nat Commun. 2020;11:142. doi:10.1038/s41467-019-13874-z.
222. Fischer C, Schweizer C, Augenstein E. Bewertung der prozessabhängigen Werkstoffeigenschaften von additiv gefertigtem AlSi10Mg unter statischer und niederzyklischer Ermüdungsbeanspruchung. Gießereipraxis. 2018:40–8.
223. Tetelman AS, McEvily AJ. Fracture of structural materials: Wiley. 1967. ISBN: 047185350X.
224. Li C, Liu ZY, Fang XY, Guo YB. Residual Stress in Metal Additive Manufacturing. Procedia CIRP. 2018;71:348–53. doi:10.1016/j.procir.2018.05.039.
225. Wu AS, Brown DW, Kumar M, Gallegos GF, King WE. An Experimental Investigation into Additive Manufacturing-Induced Residual Stresses in 316L Stainless Steel. Metall and Mat Trans A. 2014;45:6260–70. doi:10.1007/s11661-014-2549-x.
226. Mercelis P, Kruth J - P. Residual stresses in selective laser sintering and selective laser melting. Rapid Prototyping Journal. 2006;12:254-65. doi:10.1108/13552540610707013.
227. Lu Y, Wu S, Gan Y, Huang T, Yang C, Junjie L, Lin J. Study on the microstructure, mechanical property and residual stress of SLM Inconel-718 alloy manufactured by differing island scanning strategy. Optics & Laser Technology. 2015;75:197–206. doi:10.1016/j.optlastec.2015.07.009.
228. Kruth JP, Froyen L, van Vaerenbergh J, Mercelis P, Rombouts M, Lauwers B. Selective laser melting of iron-based powder. Journal of Materials Processing Technology. 2004;149:616–22. doi:10.1016/j.jmatprotec.2003.11.051.
229. Salmi A, Atzeni E, Iuliano L, Galati M. Experimental Analysis of Residual Stresses on AlSi10Mg Parts Produced by Means of Selective Laser Melting (SLM). Procedia CIRP. 2017;62:458–63. doi:10.1016/j.procir.2016.06.030.

230. Abe Y, Yoshida M. Warm forming of 5182 aluminum alloy sheets into double square sinks. Journal of Japan Institute of Light Metals. 1994;44:240–5. doi:10.2464/jilm.44.240.
231. Bobbio LD, Otis RA, Borgonia JP, Dillon RP, Shapiro AA, Liu Z-K, Beese AM. Additive manufacturing of a functionally graded material from Ti-6Al-4V to Invar: Experimental characterization and thermodynamic calculations. Acta Materialia. 2017;127:133–42. doi:10.1016/j.actamat.2016.12.070.
232. Ryen O, Laukli HI, Holmedal B, Nes E. Large strain work hardening of aluminum alloys and the effect of mg in solid solution. Metallurgical and Materials Transactions A 2006-2007. doi:10.1007/s11661-006-0143-6.
233. Bleck W, editor. Werkstoffprüfung in Studium und Praxis. 15. Auflage: Mainz. 2011. ISBN: 978-3-89653-563-4.
234. Havner KS. On the onset of necking in the tensile test. International Journal of Plasticity. 2004;20:965–78. doi:10.1016/j.ijplas.2003.05.004.
235. Scharf G, Grzemba B. Zähigkeitsverhalten von AlMgSi-Knetwerkstoffen. Aluminium. 1982;58:391–7.
236. Giovagnoli M, Silvi G, Merlin M, Di Giovanni MT. Optimisation of process parameters for an additively manufactured AlSi10Mg alloy: Limitations of the energy density-based approach on porosity and mechanical properties estimation. Materials Science and Engineering: A 2021. doi:10.1016/j.msea.2020.140613.
237. Kamarudin K, Wahab MS, Raus AA, Ahmed A, Shamsudin S. Benchmarking of dimensional accuracy and surface roughness for AlSi10Mg part by selective laser melting (SLM). Proceedings of the 7th International Conference on Mechanical and Manufacturing Engineering 2017. doi:10.1063/1.4981188.
238. Cahn RW, Haasen P, editors. Physical Metallurgy. 4. Auflage: North Holland. 1996. ISBN: 9780080538945.
239. Takeda M, Nagura Y, Igarashi A, Endo T. Copper Concentration inside Guinier-Preston I Zones Formed in an Al–Cu Alloy. MEKU. 2002;93:204–7. doi:10.3139/146.020204.
240. Buha J, Munroe PR, Lumley RN, Crosky AG, Hill AJ. Positron Studies of Precipitation in 6061 Aluminium Alloy. Proceedings of the 9th International Conference on Aluminium Alloys. 2004:1028–33.
241. Banhart J. The complexity of aging in Al 6000 alloys. Proceedings Aluminium Science and Technology ECAA Bremen. 2011.
242. Banhart J, Chang CST, Liang Z, Wanderka N, Lay MDH, Hill AJ. Natural Aging in Al-Mg-Si Alloys - A Process of Unexpected Complexity. Adv. Eng. Mater. 2010;12:559–71. doi:10.1002/adem.201000041.
243. Qiang Gao R, Stiller K, Hansen V, Oskarsson A, Danoix F. Influence of Aging Conditions on the Microstructure and Tensile Strength of Aluminium alloy 6063. MSF. 2002;396-402:1211–6. doi:10.4028/www.scientific.net/MSF.396-402.1211.
244. Keshavarzkermani A, Marzbanrad E, Esmaeilizadeh R, Mahmoodkhani Y, Ali U, Enrique PD, et al. An investigation into the effect of process parameters on melt pool geometry, cell spacing, and grain refinement during laser powder bed fusion. Optics & Laser Technology. 2019;116:83–91. doi:10.1016/j.optlastec.2019.03.012.
245. Das B, Nath AK, Bandyopadhyay PP. Online monitoring of laser remelting of plasma sprayed coatings to study the effect of cooling rate on residual stress and mechanical properties. Ceramics International. 2018;44:7524–34. doi:10.1016/j.ceramint.2018.01.152.
246. Anton du Plessis, Ina Yadroitsava, Igor Yadroitsev. Effects of defects on mechanical properties in metal additive manufacturing: A review focusing on X-ray tomography insights. Materials & Design 2020. doi:10.1016/j.matdes.2019.108385.

247. Macherauch E, Zoch H-W. Praktikum in Werkstoffkunde: 91 ausführliche Versuche aus wichtigen Gebieten der Werkstofftechnik. 11. Auflage: Vieweg + Teubner. 2011. ISBN: 9783834803436.
248. Rosenthal I, Shneck R, Stern A. Heat treatment effect on the mechanical properties and fracture mechanism in AlSi10Mg fabricated by additive manufacturing selective laser melting process. Materials Science and Engineering: A. 2018;729:310–22. doi:10.1016/j.msea.2018.05.074.
249. Bagherifard S, Beretta N, Monti S, Riccio M, Bandini M, Guagliano M. On the fatigue strength enhancement of additive manufactured AlSi10Mg parts by mechanical and thermal post-processing. Materials & Design. 2018;145:28–41. doi:10.1016/j.matdes.2018.02.055.
250. Levkulich NC, Semiatin SL, Gockel JE, Middendorf JR, DeWald AT, Klingbeil NW. The effect of process parameters on residual stress evolution and distortion in the laser powder bed fusion of Ti-6Al-4V. Additive Manufacturing. 2019;28:475–84. doi:10.1016/j.addma.2019.05.015.
251. Trevisan F, Calignano F, Lorusso M, Pakkanen J, Aversa A, Ambrosio EP, et al. On the Selective Laser Melting (SLM) of the AlSi10Mg Alloy: Process, Microstructure, and Mechanical Properties. Materials (Basel) 2017. doi:10.3390/ma10010076.

12 Abkürzungen und Formelzeichen

Abkürzung	Bedeutung
&	Und
Al	Aluminium
AlNi7,5	Al-7,5 Gew. % Ni
AlNi7,5Cu0,5	Al-7,5 Gew. % Ni-0,5 Gew. % Cu
AlNi7,5Cu2,0	Al-7,5 Gew. % Ni-2,0 Gew. % Cu
AlNi7,5Mg1,0Si0,5	Al-7,5 Gew. % Ni-1,0 Gew. % Mg-0,5 Gew. % Si
AlNi7,5Zr0,25Mg0,5Si0,25	Al-7,5 Gew. % Ni-0,25 Gew. % Zr-0,5 Gew. % Mg-0,25 Gew. % Si
AlNi7,5Zr0,5	Al-7,5 Gew. % Ni-0,5 Gew. % Zr
AsB-Detektor	REM-Detektor zur Ermittlung der Rückstreuelektronen
At. %	Atomprozent
B	Bor
BD	Aufbaurichtung
bzw.	Beziehungsweise
C	Kohlenstoff
Ca	Calzium
Ce	Cer
Cr	Chrom
Cu	Kupfer
DIN	Deutsches Institut für Normung
EBSD	Elektronenrückstreubeugung

EDX	Energiedispersive Röntgenspektroskopie
Er	Erbium
f	facettiert
Fe	Eisen
ff.	folgend
Gew. %	Gewichtprozent
ggf.	gegebenenfalls
GP	Guinier-Preston
H	Wasserstoff
h	Stunde
HAADF	Ringförmige Dunkelfeldabbildung
HRTEM	Hochauflösende Transmissionselektronenmikroskopie
ICP-OES	Optische Emissionsspektrometrie mittels induktiv gekoppeltem Plasma
ILT	Institut für Lasertechnik
InLens-Detektor	REM-Detektor zur Ermittlung der Sekundärelektronen
IPF	Inverse Polfigur
IQ	Bandkontrastaufnahme
IWM	Institut für Werkstoffmechanik
KGT	Kurz-Giovanola-Trigedi
Li	Lithium
LOM	Lichtmikroskopie
LPBF	Selektives Laserstrahlschmelzen (engl. Laser Powder Bed Fusion)
Mg	Magnesium
min	Minute

Mn	Mangan
Na	Natrium
ND	Ebenennormale
nf	nicht-facettiert
Ni	Nickel
NIR	Nahinfrarot-Bereich
O	Sauerstoff
P100	Zugprüfkörper der Legierung AlNi7,5, deren Prüfung bei einer Temperatur von 100 °C erfolgt ist
P250	Zugprüfkörper der Legierung AlNi7,5, deren Prüfung bei einer Temperatur von 250 °C erfolgt ist
P100Cu	Zugprüfkörper der Legierung AlNi7,5Cu2,0, deren Prüfung bei einer Temperatur von 100 °C erfolgt ist
P250Cu	Zugprüfkörper der Legierung AlNi7,5Cu2,0, deren Prüfung bei einer Temperatur von 250 °C erfolgt ist
P100MgSi	Zugprüfkörper der Legierung AlNi7,5Mg1,0Si0,5, deren Prüfung bei einer Temperatur von 100 °C erfolgt ist
P250MgSi	Zugprüfkörper der Legierung AlNi7,5Mg1,0Si0,5, deren Prüfung bei einer Temperatur von 250 °C erfolgt ist
P100Zr	Zugprüfkörper der Legierung AlNi7,5Zr0,5, deren Prüfung bei einer Temperatur von 100 °C erfolgt ist
P250Zr	Zugprüfkörper der Legierung AlNi7,5Zr0,5, deren Prüfung bei einer Temperatur von 250 °C erfolgt ist
RD	Referenzrichtung
REM	Rasterelektronenmikroskopie
s	Sekunde
Sc	Scandium
Si	Silizium

Sn	Zinn
TD	Querachse
TEM	Transmissionselektronenmikroskopie
Ti	Titan
vgl.	Vergleich
XRD	Röntgendiffraktometrie
YAG	Yttrium-Aluminium-Granat
z.B.	zum Beispiel
Zn	Zink
Zr	Zirkon

Formelzeichen	**Bedeutung**
[A]	Chemische Konzentration der Komponente A
[B]	Chemische Konzentration der Komponente B
$\Delta\sigma$	Spannungsänderung
μ	chemisches Potential
μ_L	chemisches Potential in der Schmelze
μ_S	chemisches Potential im Festkörper
A	Bruchdehnung
$c_{1,\dots,n}$	Chemische Konzentration der ausgewählten Legierung
c_E	Eutektische Konzentration
c_L	chemische Konzentration in der Schmelze
c_S	chemische Konzentration im Festkörper
d	Ausscheidungsgröße

d_{10}	Partikeldurchmesser bei dem 10 % der Gesamtpartikel einen kleineren Partikeldurchmesser aufweisen
d_{50}	Partikeldurchmesser bei dem 50 % der Gesamtpartikel einen kleineren Partikeldurchmesser aufweisen
d_{90}	Partikeldurchmesser bei dem 90 % der Gesamtpartikel einen kleineren Partikeldurchmesser aufweisen
D_i	Diffusionskoeffizient
d_i	Atomare Sprungweite
d_K	mittlerer Korndurchmesser
d_{max}	Ausscheidungsgröße maximaler Spannungsänderung
D_S	Schichtdicke
d_S	Strahldurchmesser in Fokusebene
E	Eutektischer Punkt
E_V	Volumenenergiedichte
f	Volumenanteil einer Phase
G	Temperaturgradient
K	Korngrenzwiderstand
L	Schmelze
n	Inkrement
Ø	Durchschnitt
P_L	Laserleistung
R	Gaskonstante
R_e	Streckgrenze
R_m	Zugfestigkeit
$Rp_{0,2}$	Dehngrenze bzw. Zugspannung bei der eine plastische Dehnung von 0,2 % gemessen wird

T	Temperatur
T	Abkühlrate
$T_{1,\ldots,n}$	Schmelztemperatur an ausgewählter chemischer Konzentration
T_E	Eutektische Erstarrungstemperatur
T_{mA}	Schmelztemperatur der Komponente A
T_{mB}	Schmelztemperatur der Komponente B
v_{EG}	Erstarrungsgeschwindigkeit
v_S	Scangeschwindigkeit
w	Gewichtsanteil
α	Mischkristall der Komponente A
β	Mischkristall der Komponente B
ΔS_f	Schmelzentropie
ΔT	Unterkühlung
Δy_S	Spurabstand
Θ	Beugungswinkel
$\Theta_{\alpha,\beta}$	Benetzungswinkel einer Komponente
ρ	Bauteildichte
$\rho_{1,\ldots,n}$	Dichte einer Komponente 1 bis n
σ_0	Startspannung der Versetzungsbewegung

13 Anhang

13.1 Auswirkungen einer Abweichung vom thermodynamischen Gleichgewicht auf die thermophysikalischen Kenngrößen

Abweichungen vom thermodynamischen Gleichgewicht können während der Erstarrung durch eine Erhöhung bzw. Existenz von Unterkühlung und Erstarrungsgeschwindigkeit bewirkt werden. Die Konsequenz solcher Abweichungen wird durch das Maß der Erhöhung beeinflusst. Generell sind Abweichungen vom thermodynamischen Gleichgewicht ab Erstarrungsgeschwindigkeiten > 10^{-2} m/s dokumentiert. [16]. Die schematische Unterteilung potenziell resultierender Zustände ist in Bild 77 dargestellt.

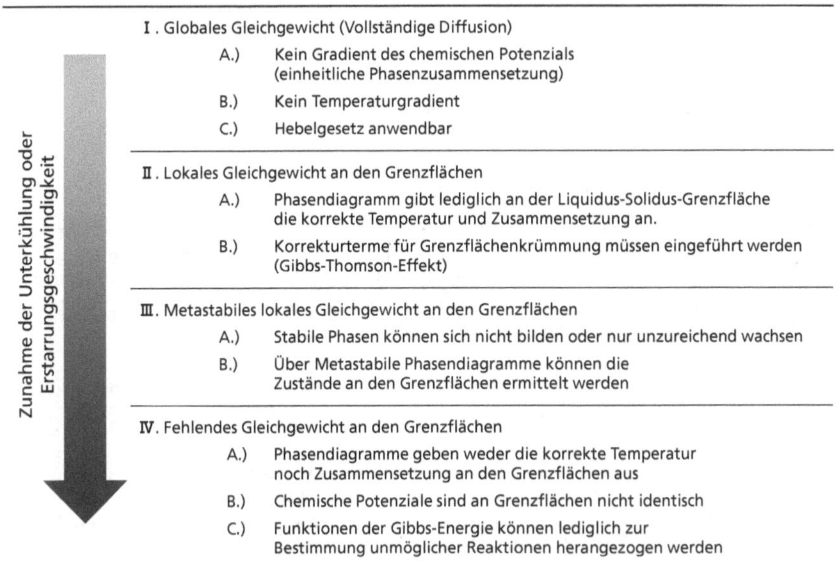

Bild 77 Hierarchie des Gleichgewichts nach [41]

Der im Diagramm dargestellte Zustand I beschreibt einen theoretischen Zustand globalen Gleichgewichts. In einem globalen Gleichgewicht findet unabhängig vom betrachteten Zeitraum keinerlei Veränderung statt [238]. Konventionelle Fertigungsverfahren wie Gussprozesse weisen Temperatur- und Konzentrationsgradienten in der Schmelze auf. Dennoch kann unter den damit verbundenen Bedingungen des Zustandes II mit hinreichender Genauigkeit eine Variation der Temperatur und chemischen Zusammensetzung innerhalb einzelner Phasen ermittelt werden. Phasendiagramme werden hierbei zur Bestimmung der Temperatur und Zusammensetzung an den Phasengrenzen herangezogen. Zustand III beschreibt das metastabile Gleichgewicht. Unter den Bedingungen dieses Zustandes kann die Unterdrückung stabiler Phasen sowie die Ausbildung metastabiler Phasen erfolgen. In der Literatur ist die Ausprägung metastabiler Phasen ab einer Erstarrungsgeschwindigkeit > 0,01 m/s dokumentiert [27]. Von Zustand I – III verbleiben die chemischen Potenziale der jeweiligen Komponenten an den Grenzflächen identisch, da die Erstarrungsgeschwindigkeit v_{EG} im Vergleich zum Quotienten aus Diffusionskoeffizienten D_i und atomarer Sprungweite d_i vernachlässigbar ist ($v_{EG} << D_i/d_i$) [59]. Diese Bedingung gilt für Zustand IV nicht mehr. Die Erstarrungsgeschwindigkeit übersteigt die Diffusionsgeschwindigkeit gelöster Atome in der Schmelze ($v_{EG} >> D_i/d_i$), wodurch diese eingefroren werden (Bild 78). [27, 41]

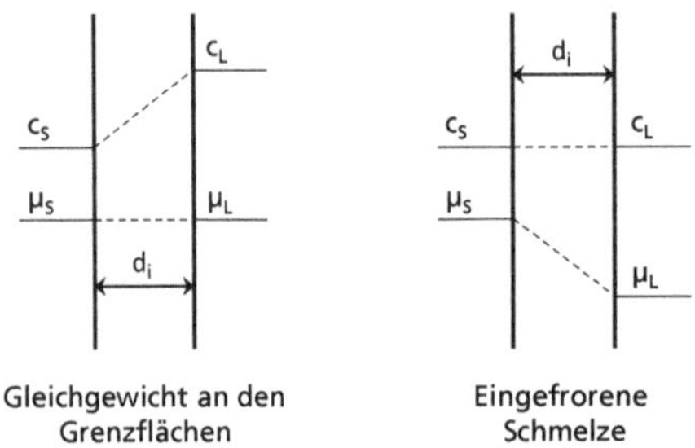

Bild 78 Schematische Darstellung des Einfrierens von Schmelze nach [27]

Aufgrund der Größenordnung der Erstarrungsgeschwindigkeit v_{EG} in Zustand IV verbleibt an Stelle der chemischen Potentiale die chemische Zusammensetzung über die Grenzfläche konstant [27]. Der Prozess des Einfrierens von Schmelze ist in der Literatur ab Erstarrungsgeschwindigkeiten > 5 m/s dokumentiert [16, 41]. Eine Ausprägung charakteristischer Erstarrungsmorphologien kann in diesem Zustand nicht erfolgen (vgl. 2.2.4).

13.2 Beschreibung der Al_2Cu-Ausscheidungsfolge bis zur Ausprägung von GP I-Zonen

In Folge der Abkühlung erfolgt aus dem übersättigten Mischkristall die Ausbildung von Kupfer/Leerstellen-Komplexe (Cu-Cluster), welche jedoch durch Kaltauslagerung in leerstellenfreie Cluster und GP I-Zonen umgewandelt werden [62]. GP I-Zonen sind scheibenförmige, monoatomare Schichten aus Cu-Atomen deren Bildung auf den {100}-Ebenen des α-Mischkristalls erfolgt (Bild 79).

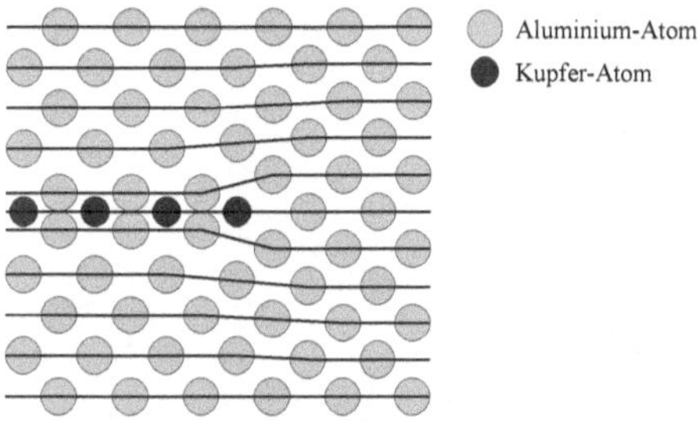

Bild 79 Schematischer Schnitt durch eine GP I-Zone nach [160]

GP I-Zonen sind charakteristisch für Kaltauslagerungen bis 80 °C. Der Durchmesser von GP I-Zonen ändert sich nicht mit erhöhter Dauer der Kaltauslagerung, jedoch erfolgt eine Erhöhung der Anzahl an GP I-Zonen sowie eine Erhöhung der Cu-Konzentration innerhalb der GP I-Zonen [161, 239]. GP I-Zonen liegen kohärent in der Kristallmatrix vor.

13.3 Kaltaushärtungsprozesse an Al-Mg-Si-Legierungen

Kaltaushärtungsprozesse an Al-Mg-Si-Legierungen sind an Raumtemperatur nach wenigen Tagen weitgehend abgeschlossen. Aufgrund der Zeitabhängigkeit der Prozesse sind die Temperaturgrenzen sowie der Übergang zu Warmaushärtungsprozessen fließend. Die Ausscheidungsfolge der Kaltaushärtung von Al-Mg-Si-Legierungen ist in Formel 8 dargestellt. [62]

Formel 8

$$\alpha_{\ddot{u}bers.} \rightarrow Si/Mg - Cluster \rightarrow Co - Cluster \rightarrow GP(I)$$

Die erste Stufe der Entmischung aus dem übersättigten α-Al-Mischkristall stellt die Bildung von Si-Clustern sowie die zeitlich verzögerte Bildung von Mg-Clustern dar [240]. Diese Vorgänge können bereits innerhalb der ersten Stunde nach dem Abschreckvorgang nachgewiesen werden [241]. Über den Verlauf der anschließenden Stunden bzw. Tage erfolgt die stetige Auflösung der Mg-Cluster sowie die simultane Anreicherung der Si-Cluster mit Mg zu Si/Mg Co-Clustern [242]. Im letzten Schritt der Kaltaushärtung erfolgt das Wachstum der Co-Cluster zu GP(I)-Zonen von etwa 2 nm Durchmesser. Sowohl die Co-Cluster als auch die GP(I)-Zonen weisen eine kugelartige Form unbekannter Struktur auf. Der Unterschied zwischen Co-Clustern und GP(I)-Zonen wird lediglich auf die vorliegende Größe zurückgeführt. Unterschiede hinsichtlich Struktur oder stöchiometrischer Zusammensetzung liegen nicht vor. [167–169, 243]

13.4 Kaustikmessung

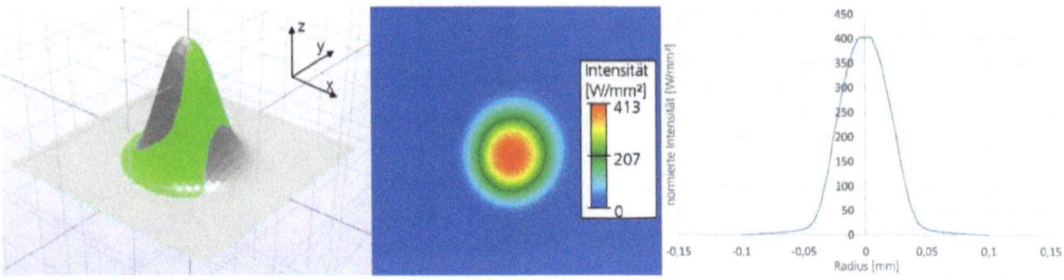

Bild 80 Exemplarische Kaustikmessung an eingesetzter LPBF-Anlage

13.5 Vergleich der mikrostrukturellen und mechanischen Eigenschaften von Prüfkörpern unterschiedlicher Prozessparameter der Legierung AlNi7,5

Um den potenziellen Einfluss einer Variation der Prozessparameter im Parameterraum der defektfreien Verarbeitung auf die mikrostrukturellen und mechanischen Eigenschaften punktuell zu untersuchen erfolgt die Analyse von Prüfkörpern, welche mit einer Laserleistung von 490 W und einer Scangeschwindigkeit von 1400 mm/s gefertigt werden. Im Folgenden werden kontextabhängig sowohl Würfel-, als auch Zugprüfkörper deren Fertigung mit diesem Parametersatz erfolgt ist als „ZP" bezeichnet. Weiterhin werden korrespondierenden Würfel-, und Zugprüfkörper deren Fertigung mit einer Laserleistung von 385 W und einer Scangeschwindigkeit von 1200 mm/s erfolgt ist als „RP" referenziert. Die Analysen umfassen hierbei vergleichende Betrachtungen der Mikrostruktur, Lösungen der Wärmeleitungsgleichung, sowie Ergebnisse der Zugversuche und Bruchflächenanalysen von ZP im Vergleich zu RP. Lichtmikroskopische Aufnahmen der Querschliffe von RP und ZP sind in Bild 81 dargestellt.

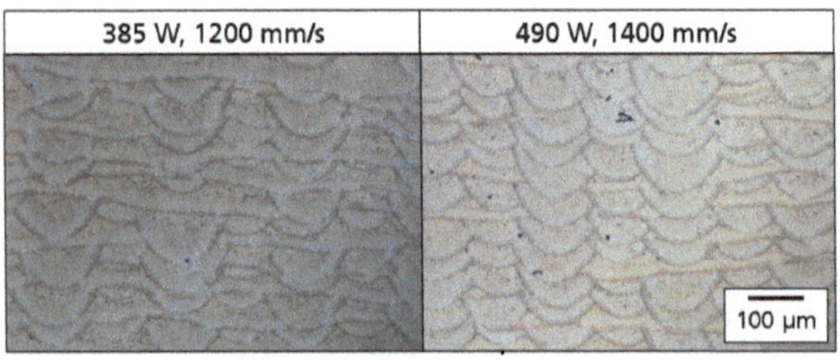

Bild 81 Lichtmikroskopische Aufnahmen an Querschliffen von RP (links) und ZP (rechts)

In lichtmikroskopischen Aufnahmen von ZP können dieselben, in 6.1 beschriebenen, charakteristischen morphologischen Bereiche wie bei RP (Schmelzspur und Interlayer) identifiziert werden. Die Identifikation weiterer charakteristische Bereiche kann im Rahmen der Analyse nicht erfolgen. Bestimmungen des Aspektverhältnisses an ZP weisen einen durchschnittlichen Wert von 0,88 auf. Dies entspricht einer Zunahme von etwa 40 % im Vergleich zu RP und wird mit der überproportionalen Zunahme der Schmelzspurtiefe im Vergleich zur Schmelzspurbreite durch Erhöhung der Laserleistung begründet [244]. Der Einfluss der vergrößerten Scangeschwindigkeit auf das Aspektverhältnis wird nach [244] in einer vergleichenden Betrachtung geringer eingestuft als der Einfluss der Laserleistung. Der korrespondierende Schmelzprozess ist nach [9] unverändert dem Einschweißen zuzuordnen. Als weitere Konsequenz der Variation der Prozessparameter wird neben der Zunahme des Aspektverhältnisses eine Veränderung der lokalen Erstarrungsbedingungen angenommen.

Um eine näherungsweise Quantifizierung der Änderung der lokalen Erstarrungsbedingungen zu ermöglichen erfolgt die Lösung der Wärmeleitungsgleichung für ZP nach [211]. Die korrespondierenden Ergebnisse sind in Bild 82 dargestellt.

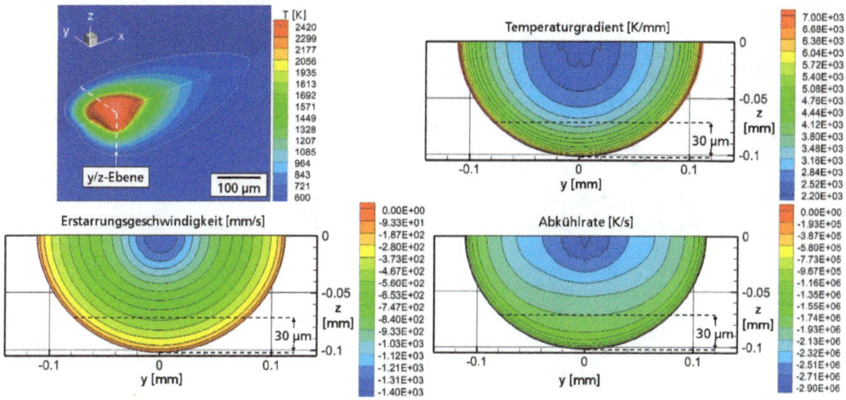

Bild 82 Errechneter Temperaturverlauf von ZP über eine Schmelzspur (oben links); Darstellung des Temperaturgradienten (oben rechts), der Erstarrungsgeschwindigkeit (unten links) und der Abkühlrate (unten rechts) von ZP in der y/z-Ebene einer Schmelzspur

Wie bei den betrachteten Querschliffen kann in den Lösungen der Wärmeleitungsgleichung eine Vergrößerung des Aspektverhältnisses mit der Änderung der Prozessparameter dokumentiert werden. Die Schmelzspurbreite errechneter Schmelzspuren von ZP weist eine Vergrößerung von etwa 8 % im Vergleich zu RP auf, während die Schmelzspurtiefe eine 13 %-ige Vergrößerung aufweist. Die radiale Zunahme des Betrages von Erstarrungsgeschwindigkeit und Abkühlrate zum Mittelpunkt der Oberfläche der Schmelzspur erfolgt analog zu RP. Für die Erstarrungsgeschwindigkeit beträgt der Maximalwert die angepasste Scangeschwindigkeit von 1400 mm/s, während die maximale Abkühlrate zu $2{,}9 \cdot 10^6$ K/s ermittelt werden kann. Für die unteren 30 µm der Schmelzspur können Werte der lokalen Erstarrungsgeschwindigkeit und Abkühlrate von 653 mm/s bzw. $1{,}93 \cdot 10^6$ K/s errechnet werden. Dies entspricht einer etwa 8 %-igen Verkleinerung der Abkühlrate im Vergleich zu RP. Mögliche Konsequenzen der reduzierten Abkühlrate umfassen eine Vergröberung der Kornstruktur sowie eine Reduktion der im Schmelzprozess induzierten Eigenspannungen [245]. Durch eine damit verbundene verringerte Behinderung der Versetzungsbewegung wird eine Abnahme der Festigkeitseigenschaften im Vergleich zu RP erwartet.

Im Rahmen der Arbeit ist eine vergleichende Analyse der grob- und feinkörnigen Bereiche der Mikrostruktur von ZP und RP erfolgt. Zur Darstellung der Gleichartigkeit der Mikrostruktur von ZP und RP erfolgt in Bild 83 mittels REM-Aufnahmen eine Darstellung der charakteristischen morphologischen Bereiche von ZP. Weiterhin erfolgt in Bild 84 eine exemplarische Gegenüberstellung von Aufnahmen der Erstarrungsmorphologie im Bereich der Schmelzspur von RP und ZP.

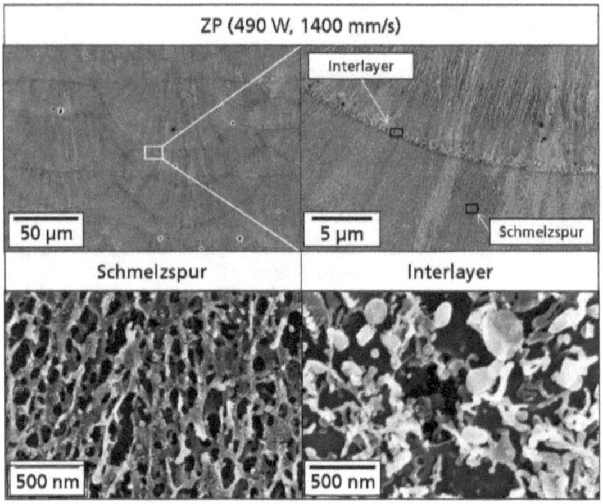

Bild 83 REM-Aufnahmen an Querschliffen innerhalb des grobkörnigen Bereiches von ZP (oben) sowie Detailaufnahmen an den charakteristischen Bereichen der Morphologie (unten) [Fraunhofer IWM]

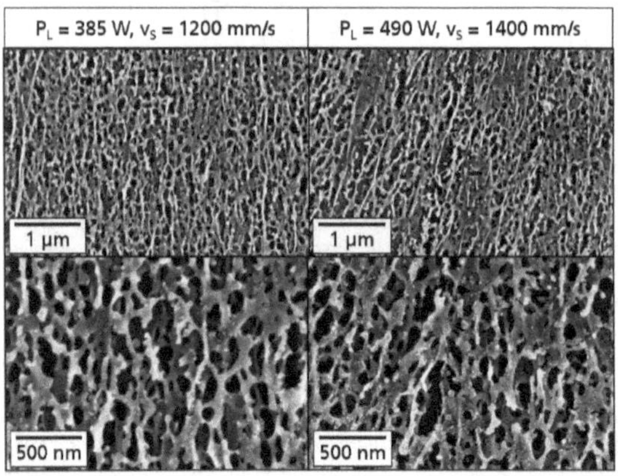

Bild 84 Vergleichende Betrachtung der Schmelzspurbereiche innerhalb des grobkörnigen Bereiches von RP (links) sowie ZP (rechts) [Fraunhofer IWM]

Innerhalb der REM-Aufnahmen von ZP können analog zu RP die charakteristischen morphologischen Bereiche des Schmelzspur und des Interlayers identifiziert werden. Das Erscheinungsbild der Morphologie im grobkörnigen Bereich von ZP kann als gleichartig im Vergleich zu RP beschrieben werden. Ein quantifizierter Vergleich der morphologischen Strukturgrößen ist aufgrund des irregulären Wachstums nicht sinnvoll möglich.

Um den Einfluss der Variation der Prozessparameter auf die mechanischen Eigenschaften zu untersuchen erfolgt die Durchführung von Zugversuchen an ZP. Exemplarische Spannungs-Dehnungs-Kurven der Legierung AlNi7,5 von ZP und RP sind in Bild 85 (links) dargestellt. Die ermittelten mittleren Dehngrenzen, Zugfestigkeiten und Bruchdehnungen können samt Standardabweichung Bild 85 (rechts) entnommen werden. Eine tabellarische Auflistung der mechanischen Kennwerte ist Tabelle 12 zu entnehmen.

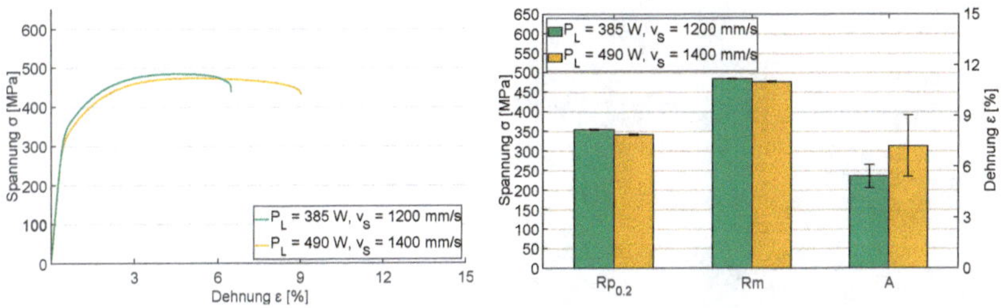

Bild 85 Vergleich der Ergebnisse der Zugversuche von RP (385 W, 1200 mm/s) und ZP (490 W, 1400 mm/s) (links) sowie ermittelte mechanische Kennwerte (rechts) [Fraunhofer IWM]

Legierung	Parametersatz P_L, v_S [W, mm/s]	Auslagerung [°C, h]	Streckgrenze $R_{p0,2}$ [MPa]	Zugfestigkeit R_m [MPa]	Gleichmaßdehnung A_g [%]	Bruchdehnung A [%]
AlNi7,5	385, 1200	Unbehandelt	354 ± 1,2	484 ± 0,8	3,95 ± 0,1	5,42 ± 0,69
	490, 1400	Unbehandelt	341 ± 2,1	476 ± 1,5	4,46 ± 0,20	7,21 ± 1,81

Tabelle 12 Identifizierte Mechanische Kenngrößen der binären Basislegierung AlNi7,5 samt Standardabweichung der zwei betrachteten Parametersätze im unbehandelten Zustand

Im Vergleich zu RP ($Rp_{0,2}$ = 354 MPa; R_m = 484 MPa; A = 5,4 %) können für ZP eine reduzierte Dehngrenze von 341 MPa und Zugfestigkeit von 476 MPa ermittelt werden. Simultan erfolgt eine Zunahme der Bruchdehnung auf 7,2 %. Aufgrund der verhältnismäßig geringen Standardabweichungen der ermittelten Festigkeitseigenschaften an Prüfkörpern beider Parametersätze (max. 2,1 MPa), kann die Differenz der Festigkeitseigenschaften auf die Auswirkungen der Parameteränderungen zurückgeführt werden.

Ein systematischer Einfluss von Prozessparametern auf die Eigenschaften der Bruchdehnung gleichartiger Legierungen kann in der Literatur nicht gefunden werden. Die resultierende Defektausprägung hingegen wird als maßgebliche Einflussgröße auf die Bruchdehnung additiv gefertigter Prüfkörper identifiziert [246]. Wie Kapitel 5 zu entnehmen ist, weisen ZP (99,91 %) eine geringere mittlere Bauteildichte auf als RP (99,96 %). Die mittlere Bauteildichte stellt im Zusammenhang mit der Bruchmechanik allerdings kein hinreichendes Kriterium zur Bewertung der Defektausprägung dar [236]. In der Literatur kann im Konsens zur „Weakest-Link"-Charakteristik der Bruchmechanik [205–208] an additiv gefertigten Prüfkörpern ein stärkerer Einfluss von kritischen Defektgrößen auf die resultierende Bruchdehnung im Vergleich zur Anzahl, bzw. dem Volumenanteil auftretender Defekte dokumentiert werden [246]. Eine eindeutige Begründung für die Reduktion der Festigkeitseigenschaften von RP zu ZP kann nicht gegeben werden. Argumente die eine Reduktion unterstützen sind etwa die berechnete verringerte Abkühlrate und Erstarrungsgeschwindigkeit in ZP [123].

Um einen potenziellen Einfluss der veränderten Korngrößenverteilung und mechanischen Eigenschaften auf die Bruchmechanik zu identifizieren, wird eine Bruchflächenanalyse an ZP nach erfolgtem Bauteilversagen durchgeführt. Die Ergebnisse der Bruchflächenanalyse sind in Bild 86, Bild 87 und Bild 88 dargestellt. Die Ausrichtung im Rahmen der mikroskopischen Betrachtung der Bruchflächen erfolgt hierbei wie in der Analyse von RP (6.2) parallel zur Bildebene.

Bild 86 Fotografische Aufnahmen von ZP der Legierung AlNi7,5 nach erfolgtem Bauteilversagen [Fraunhofer IWM]

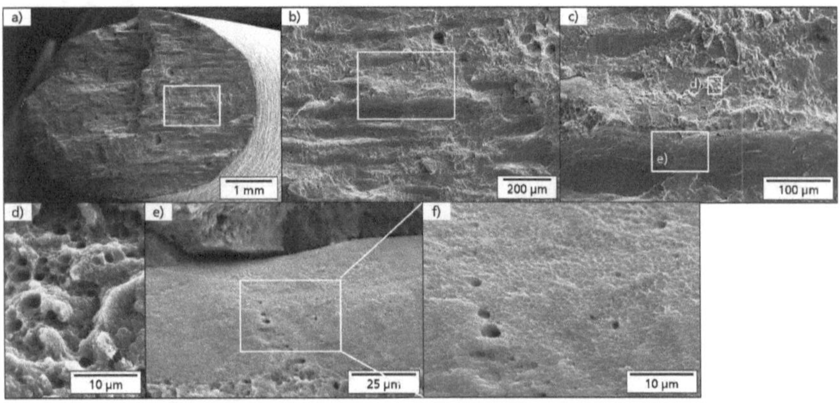

Bild 87 Gesamt- (a)) und Detailaufnahmen (b)-f)) der mikroskopischen Bruchflächen von ZP der Legierung AlNi7,5 [Fraunhofer IWM]

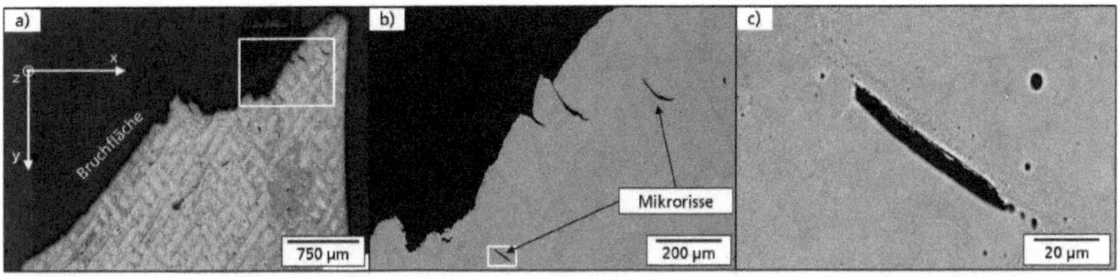

Bild 88 LOM- (a)) sowie REM-Aufnahmen (b)-c)) von Querschliffen geprüfter ZP der Legierung AlNi7,5 orthogonal zur Aufbaurichtung [Fraunhofer IWM]

Nach erfolgtem Bauteilversagen kann wie in der Analyse von Bruchflächen von RP eine 45° Neigung der Bruchflächen zur Zugrichtung festgestellt werden. Die Bruchart kann somit analog zum Referenzparametersatz nach [62] als duktiler Scherbruch klassifiziert werden. Ebenfalls erfolgt analog zu RP in einer mikroskopischen Betrachtung die Identifikation der charakteristischen Bereiche der Scherwaben sowie des verformungsarmen Scherbruchs. Weitere charakteristische Bereiche der Bruchflächen können im Rahmen der Untersuchungen von ZP nicht identifiziert werden. Mikrorisse im Bereich der Interlayer mit einer Orientierung in Richtung der maximalen Schubspannung (45° Neigung zur Zugrichtung) können wie bei RP als Ursache des Bauteilversagens und mechanische Schwachstelle identifiziert werden. Zusammenfassend können in einer vergleichenden Betrachtung von Zugprüfkörpern der beiden Parametersätze keine Auswirkungen der Parameteränderung auf die Art des Bauteilversagens oder die Bruchmechanik identifiziert werden.

13.6 Auswirkungen exemplarischer Auslagerungen auf die mikrostrukturellen und mechanischen Eigenschaften der binären Basislegierung AlNi7,5

Um exemplarisch die potenziellen Auswirkungen erhöhter Temperaturen auf die identifizierten Erstarrungsmorphologien zu beschreiben, erfolgt die Auslagerung gefertigter Prüfkörper für eine Dauer von 4 Stunden bei einer Temperatur von 325 °C. Die gewählte Auslagerungstemperatur befindet sich somit 65 °C oberhalb des empirischen Grenzwertes zur Aktivierung von Rekristallisations- und Kriechprozessen (0,4 · Schmelztemperatur T_m), sodass morphologische Veränderungen zu erwarten sind [247]. Eine vergleichende Darstellung von REM-Detailaufnahmen an tiefengeätzten Prüfkörpern im unbehandelten und ausgelagerten Zustand ist in Abhängigkeit der charakteristischen morphologischen Bereiche Bild 89 zu entnehmen.

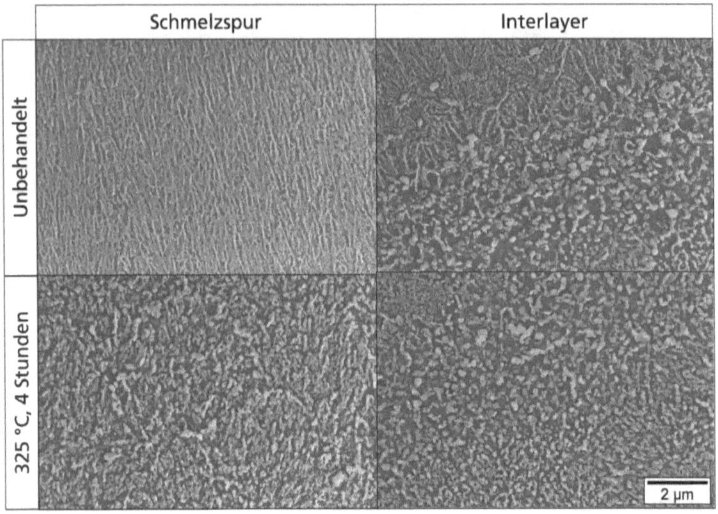

Bild 89 REM-Detailaufnahmen der charakteristischen Bereiche Schmelzspur (links) und Interlayer (rechts) an tiefengeätzten Prüfkörpern im unbehandelten (oben) und ausgelagerten (325 °C, 4 Stunden) Zustand (unten) [Fraunhofer IWM]

Im ausgelagerten Zustand der Schmelzspur kann im Vergleich zum unbehandelten Zustand eine ausgeprägtere Phasenabgrenzung identifiziert werden. Eine Angleichung der Morphologie des Bereiches der Schmelzspur zur Morphologie des Interlayers kann beobachtet werden. Eine grundsätzliche Veränderung in der Morphologie des Interlayers kann in Folge der durchgeführten Auslagerung nicht beobachtet werden. In beiden charakteristischen Bereichen ist mit erfolgter Auslagerung eine Vergröberung der Strukturgrößen zu beobachten. Eine Quantifizierung dieser Vergröberung ist aufgrund des irregulären Wachstums der Morphologie, gekoppelt mit der betrachteten Größenordnung der Strukturen im Bereich von nm, nicht sinnvoll möglich.

Im Bereich des Interlayers können, wie in 6.1.1 beschrieben lokal reduzierte Erstarrungsgeschwindigkeiten und Abkühlraten ermittelt werden. Hierdurch wird eine thermodynamisch gleichgewichtsnähere Erstarrungsmorphologie im Vergleich zum Bereich der Schmelzspur angenommen [20]. Ein Argument für diese Annahme besteht in der dargestellten Angleichung der Erstarrungsmorphologie von Schmelzspur und Interlayer durch die erfolgte Auslagerung.

Um exemplarisch die Auswirkungen potenzieller Wärmebehandlungen auf die mechanischen Eigenschaften abzuschätzen, werden Zugprüfkörper vor deren Prüfung bei unterschiedlichen Temperaturen ausgelagert. Für jeden Auslagerungszustand erfolgt die Untersuchung von fünf Zugprüfkörpern. Exemplarische ermittelte technische Spannungs-Dehnungskurven an Prüfkörpern der binären Basislegierung im unbehandelten Zustand sowie den unterschiedlich ausgelagerten Zuständen sind in Bild 90 (links) dargestellt. Die durchschnittlich ermittelten mechanischen Kennwerte und Standardabweichungen sind für die jeweiligen Zustände in Bild 90 (rechts) zusammengefasst. Eine tabellarische Auflistung der ermittelten mechanischen Kennwerte und Standardabweichungen der binären AlNi7,5 Legierung im unbehandelten und unterschiedlich ausgelagerten Zustand ist Tabelle 13 zu entnehmen.

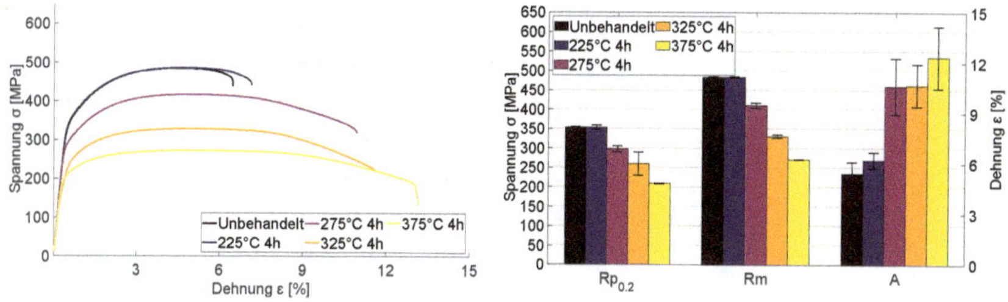

Bild 90 Exemplarische technische Spannungs-Dehnungskurve für Prüfkörper der binären Basislegierung AlNi7,5 in unterschiedlich ausgelagerten Zuständen (links) sowie Darstellung der mechanischen Kennwerte inklusive ermittelter Standardabweichung (rechts) [Fraunhofer IWM]

Auslagerung [°C, h]	Streckgrenze $R_{p0,2}$ [MPa]	Zugfestigkeit R_m [MPa]	Gleichmaßdehnung A_g [%]	Bruchdehnung A [%]
Unbehandelt	354 ± 1,2	484 ± 0,8	3,95 ± 0,1	5,42 ± 0,69
225, 4	354 ± 5,6	484 ± 1,5	4,03 ± 0,1	6,21 ± 0,47
275, 4	298 ± 7,3	410 ± 6,5	4,38 ± 0,22	10,62 ± 1,67
325, 4	260 ± 30,0	331 ± 4,1	4,15 ± 0,61	10,68 ± 1,27
375, 4	209 ± 1	271 ± 1,0	4,71 ± 0,16	12,34 ± 1,84

Tabelle 13 Mechanische Kenngrößen der binären AlNi7,5 Legierung im unbehandelten und unterschiedlich ausgelagerten Zustand

Neben einer Vergrößerung der Bruchdehnung von 5,4 auf 6,2 % verbleiben die mechanischen Kenngrößen in Folge einer vierstündigen Auslagerung bei 225 °C im Vergleich zum unbehandelten Zustand unverändert ($Rp_{0,2}$ = 354 MPa; R_m = 484 MPa). Für eine Erhöhung der Auslagerungstemperatur von 225 °C bis 375 °C kann eine kontinuierliche Verkleinerung der Dehngrenze und Zugfestigkeit auf 209 MPa bzw. 271 MPa ermittelt werden. Die Bruchdehnung weist bei Erhöhung der Auslagerungstemperatur von 225 °C auf 275 °C eine diskrete Erhöhung auf einen Wert von 10,6 % auf. Eine weitere Erhöhung der Auslagerungstemperatur auf 375 °C führt zu einer Vergrößerung der Bruchdehnung auf 12,3 %.

In vergleichbaren Arbeiten zu AlSi10Mg wird die Erhöhung der Bruchdehnung sowie die simultane Abnahme der Festigkeitseigenschaften bei steigender Temperatur und Haltedauer der Wärmebehandlung, mit dem Abbau prozessbedingter Eigenspannungen sowie der Vergröberung von Strukturgrößen wie Körnern erklärt [248–250]. Die Abnahme der Festigkeitseigenschaften erfolgt hierbei gemäß der Hall-Petch-Beziehung mit der Vergrößerung des mittleren Korndurchmessers [63–65, 251]. Eine reduzierende Wirkung von Wärmebehandlungen mit moderaten Haltezeiten (≤ 4 Stunden) auf die Festigkeitseigenschaften von Al-Ni-Legierungen kann bei Temperaturen ≤ 225 °C durch die dokumentierte Konstanz der Festigkeitseigenschaften ausgeschlossen werden. Dementsprechend wird keine Vergröberung der Strukturgrößen bei Temperaturen ≤ 225 °C erwartet.

13.7 Ermittelte Eigenspannungen

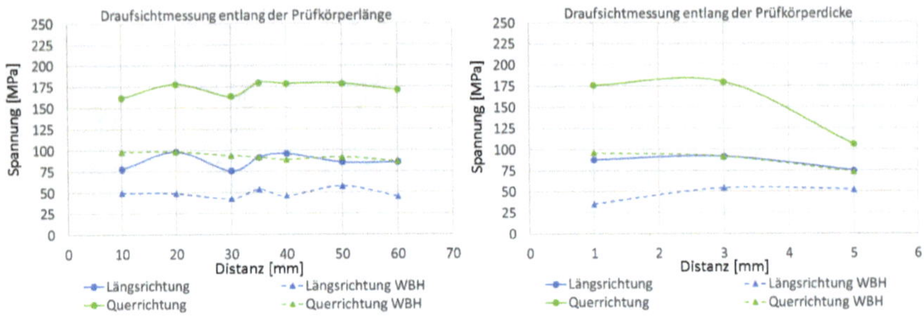

Bild 91 Eigenspannungsmessungen der Draufsicht Prüfkörper der Legierung AlNi7,5 im unbehandelten und WBH Zustand [Fraunhofer IWM]

Richtung	Koordinaten	Eigenspannungen im unbehandelten Zustand [MPa]				Eigenspannungen im wärmebehandelten Zustand (160 °C, 8h) [MPa]			
		Profil		Draufsicht		Profil		Draufsicht	
		Längs-richtung	Aufbau-richtung	Längs-richtung	Quer-richtung	Längs-richtung	Aufbau-richtung	Längs-richtung	Quer-richtung
Messung entlang der Länge	(10,3)	25	207	78	162	8	97	50	98
	(20,3)	15	210	98	178	10	95	49	98
	(30,3)	8	183	76	164	8	88	43	94
	(40,3)	10	183	96	179	4	93	46	89
	(50,3)	13	196	86	179	5	92	58	92
	(60,3)	19	193	86	171	7	88	45	87
Messung entlang der Dicke	(35,1)	6	137	88	176	2	56	35	96
	(35,3)	12	187	92	180	2	72	54	92
	(35,5)	14	223	75	106	14	100	52	73

Tabelle 14 Tabellarische Auflistung der gemessenen Eigenspannungen im unbehandelten und WBH Zustand an gefertigten Prüfkörpern der Legierung AlNi7,5

13.8 Ermittelte mechanische Kennwerte unter Variation der Prüftemperatur

Legierung	Prüftemperatur [°C]	Auslagerung [°C, h]	Streckgrenze $R_{p0,2}$ [MPa]	Zugfestigkeit R_m [MPa]	Gleichmaßdehnung A_g [%]	Bruchdehnung A [%]
AlNi7,5	RT	Unbehandelt	354	484	3,95	5,42
	100	Unbehandelt	318	399	2,86	7,53
	150	Unbehandelt	282	325	2,07	7,23
	200	Unbehandelt	230	250	1,42	4,85
	250	Unbehandelt	164	176	0,78	3,92
	280	Unbehandelt	127	138	0,81	2,73

Tabelle 15 Mechanische Kennwerte der binären AlNi7,5 Basislegierung bei Prüftemperaturen von RT bis 280 °C

Legierung	Prüftemperatur [°C]	Auslagerung [°C, h]	Streckgrenze $R_{p0,2}$ [MPa]	Zugfestigkeit R_m [MPa]	Bruchdehnung A [%]
Scalmalloy®	RT	325°C, 4h	486,7	504	14,6
	100	325°C, 4h	388,3	388,3	29,8
	150	325°C, 4h	273,9	273,9	29,2
	200	325°C, 4h	147	154,1	17,7
	250	325°C, 4h	64	70,6	18,1
	280	325°C, 4h	45	48,4	20,4

Tabelle 16 Mechanische Kennwerte der Legierung Scalmalloy® bei Prüftemperaturen von RT bis 280 °C

Legierung	Prüftemperatur [°C]	Auslagerung [°C, h]	Streckgrenze $R_{p0,2}$ [MPa]	Zugfestigkeit R_m [MPa]	Gleichmaßdehnung A_g [%]	Bruchdehnung A [%]
AlNi7,5 Cu0,5	RT	Unbehandelt	353	502	4,68	6,28
	100	Unbehandelt	309	364	2,88	11,75
	150	Unbehandelt	266	303	2,39	7,60
	200	Unbehandelt				
	250	Unbehandelt	129	143	0,95	2,74
	280	Unbehandelt	95	106	0,98	2,34

Tabelle 17 Mechanische Kennwerte der Legierung AlNi7,5Cu0,5 bei Prüftemperaturen von RT bis 280 °C

Legierung	Prüftemperatur [°C]	Auslagerung [°C, h]	Streckgrenze $R_{p0,2}$ [MPa]	Zugfestigkeit R_m [MPa]	Gleichmaßdehnung A_g [%]	Bruchdehnung A [%]
AlNi7,5 Cu2,0	RT	Unbehandelt	363	545	5,04	10,12
	100	Unbehandelt	349	415	2,43	13,96
	150	Unbehandelt	283	312	1,98	12,17
	200	Unbehandelt	207	231	1,60	11,91
	250	Unbehandelt	151	162	0,86	5,45
	280	Unbehandelt	108	120	1,05	4,44

Tabelle 18 Mechanische Kennwerte der Legierung AlNi7,5Cu2,0 bei Prüftemperaturen von RT bis 280 °C

Legierung	Prüftemperatur [°C]	Auslagerung [°C, h]	Streckgrenze $R_{p0,2}$ [MPa]	Zugfestigkeit R_m [MPa]	Gleichmaßdehnung A_g [%]	Bruchdehnung A [%]
AlNi7,5 Zr0,5	RT	Unbehandelt	356	501	4,09	8,49
	100	Unbehandelt	336	414	2,99	9,71
	150	Unbehandelt	302	341	2,38	10,40
	200	Unbehandelt	254	277	2,23	10,39
	250	Unbehandelt	203	214	1,37	9,01
	280	Unbehandelt	170	175	0,71	2,88

Tabelle 19 Mechanische Kennwerte der Legierung AlNi7,5Zr0,5 bei Prüftemperaturen von RT bis 280 °C

Legierung	Prüftemperatur [°C]	Auslagerung [°C, h]	Streckgrenze $R_{p0,2}$ [MPa]	Zugfestigkeit R_m [MPa]	Gleichmaßdehnung A_g [%]	Bruchdehnung A [%]
AlNi7,5 Mg1,0Si0,5	RT	Unbehandelt	346	538	5,28	6,59
	100	Unbehandelt	330	460	4,49	11,45
	150	Unbehandelt	316	386	3,39	11,52
	200	Unbehandelt	246	259	1,54	8,15
	250	Unbehandelt	168	176	0,84	13,19
	280	Unbehandelt	119	130	1,08	13,23

Tabelle 20 Mechanische Kennwerte der Legierung AlNi7,5Mg1,0Si0,5 bei Prüftemperaturen von RT bis 280 °C

13.9 Ermittelte mechanische Kennwerte der höherwertigen Legierungen unter Variation der Auslagerungsdauer

Legierung	Auslagerung [°C, h]	Streckgrenze $R_{p0,2}$ [MPa]	Zugfestigkeit R_m [MPa]	Gleichmaßdehnung A_g [%]	Bruchdehnung A [%]
AlNi7,5Cu0,5	160, 0	353	502	4,68	6,28
	160, 0,25	350	502	4,73	5,89
	160, 0,5	351	503	4,46	6,35
	160, 1,25	350	501	4,46	6,35
	160, 3,0	348	505	4,63	7,72
	160, 8,0	343	497	4,85	7,56
	160, 20,0	341	486	4,46	7,95
	160, 49,0	332	473	4,62	9,90

Tabelle 21 Ermittelte mechanische Kennwerte der Legierung AlNi7,5Cu0,5 unter Variation der Auslagerungsdauer bei einer Auslagerungstemperatur von 160 °C

Legierung	Auslagerung [°C, h]	Streckgrenze $R_{p0,2}$ [MPa]	Zugfestigkeit R_m [MPa]	Gleichmaßdehnung A_g [%]	Bruchdehnung A [%]
AlNi7,5Cu2,0	160, 0	363	545	5,04	10,12
	160, 0,25	353	548	5,11	10,12
	160, 0,5	358	550	5,14	7,73
	160, 1,25	355	551	5,32	9,51
	160, 3,0	359	546	5,16	8,83
	160, 8,0	358	536	4,96	8,30
	160, 20,0	360	526	4,83	10,53
	160, 49,0	337	494	4,67	8,27

Tabelle 22 Ermittelte mechanische Kennwerte der Legierung AlNi7,5Cu2,0 unter Variation der Auslagerungsdauer bei einer Auslagerungstemperatur von 160 °C

Legierung	Auslagerung [°C, h]	Streckgrenze $R_{p0,2}$ [MPa]	Zugfestigkeit R_m [MPa]	Gleichmaßdehnung A_g [%]	Bruchdehnung A [%]
AlNi7,5Zr0,5	160, 0	354	500	4,61	9,27
	160, 0,25	355	503	4,55	9,31
	160, 0,5	354	503	4,74	9,19
	160, 1,25	352	503	4,66	10,47
	160, 3,0	353	501	4,59	10,20
	160, 8,0	352	499	4,64	9,68
	160, 20,0	347	492	4,64	9,09
	160, 49,0	343	484	4,57	8,61

Tabelle 23 Ermittelte mechanische Kennwerte der Legierung AlNi7,5Zr0,5 unter Variation der Auslagerungsdauer bei einer Auslagerungstemperatur von 160 °C

Legierung	Auslagerung [°C, h]	Streckgrenze $R_{p0,2}$ [MPa]	Zugfestigkeit R_m [MPa]	Gleichmaßdehnung A_g [%]	Bruchdehnung A [%]
AlNi7,5 Mg1,0Si0,5	160, 0	358	545	5,53	5,65
	160, 0,25	365	553	5,56	5,92
	160, 0,5	369	556	5,76	5,92
	160, 1,25	380	556	5,03	5,07
	160, 3,0	391	553	4,32	4,33
	160, 8,0	383	525	5,26	6,26
	160, 20,0	368	500	5,04	7,22
	160, 49,0	336	472	4,86	8,22

Tabelle 24 Ermittelte mechanische Kennwerte der Legierung AlNi7,5Mg1,0Si0,5 unter Variation der Auslagerungsdauer bei einer Auslagerungstemperatur von 160 °C

In der Reihe **Ergebnisse aus der Lasertechnik** zuletzt erschienen:

Rödler, Georg:
Entwicklung des selektiven Laserstrahlschmelzens für Al-Ni-Legierungen
ISBN: 978-3-98555-118-7
Erscheinungsdatum: 03.11.2022

Ünal-Saewe, Talu:
Ortsaufgelöste Prozessüberwachung für die Additive Fertigung mittels laserbasierter Directed Energy Deposition
ISBN: 978-3-98555-113-2
Erscheinungsdatum: 10.10.2022

Helm, Johanna:
Prozessstabilität und Prozesseffizienz beim Laserstrahlfügen von hoch reflektiven Kupferwerkstoffen
ISBN: 978-3-98555-112-5
Erscheinungsdatum: 10.10.2022

Meineke, Georg:
Opto-kalorisches Schalten zur Sortierung fluoreszenzmarkierter Partikel in Mikrofluidiken
ISBN: 978-3-98555-109-5
Erscheinungsdatum: 10.10.2022

Edition Wissenschaft
Apprimus

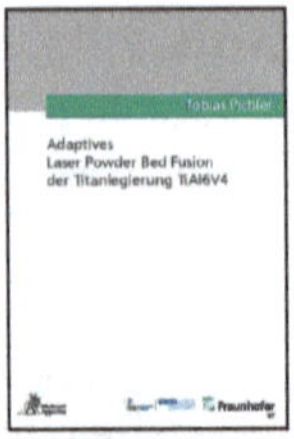

Pichler, Tobias:

Adaptives Laser Powder Bed Fusion der Titanlegierung TiAl6V4

ISBN: 978-3-98555-096-8

Erscheinungsdatum: 17.08.2022

Tenbrock, Christian:

Large-Format Machine for Multi-Scanner Laser Powder Bed Fusion

ISBN: 978-3-98555-091-3

Erscheinungsdatum: 27.07.2022

Saewe, Jasmin:

Untersuchungen der Verarbeitbarkeit des Schnellarbeitsstahls HS6-5-3-8 mittels Laser Powder Bed Fusion

ISBN: 978-3-98555-097-5

Erscheinungsdatum: 27.07.2022

Adams, Martin:

Modellierung der katastrophalen optischen Degradation von Hochleistungslaserdioden unter externer optischer Rückkopplung

ISBN: 978-3-98555-068-5

Erscheinungsdatum: 22.04.2022

Gayer, Christoph:

Selektives Lasersintern von Polylactid-basierten Kompositwerkstoffen

ISBN: 978-3-98555-037-1

Erscheinungsdatum: 26.01.2022

Edition Wissenschaft
Apprimus

FSC
www.fsc.org
MIX
Papier | Fördert gute Waldnutzung
FSC® C083411

Zeitfracht Medien GmbH
Ferdinand-Jühlke-Straße 7
99095 Erfurt, Deutschland
produktsicherheit@kolibri360.de